白色有機EL照明技術
Technologies of White OLEDs for Lighting Application

《普及版／Popular Edition》

監修 三上明義

シーエムシー出版

写真1 高演色性マルチユニット白色有機ELパネル
（パナソニック電工，6編1章参照）

写真2 有機EL照明器具「ELRING」
（「2010 ライト＆ビルディングショー（ハンブルグ）」最優秀賞受賞，長根寛・小野さやか，6編3章参照）

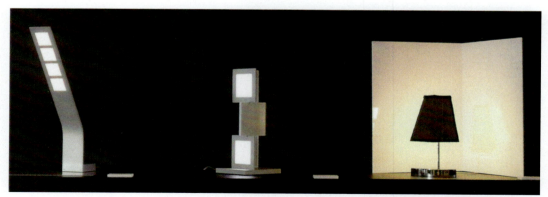

写真3 有機EL照明器具の試作品
（有機EL照明カタログより，カネカ）

写真4 色変換方式有機ELディスプレイ
（富士電機，対角6.5インチQHD 960RGB×540，色再現性96％，2編1章参照）

写真5 照明用多色有機ELパネル
（ライティング・フェア2011，2011年3月，カネカ）

写真6 次世代光源を活用した照明例
（アルミ構造体を用いた環境共生型住宅・寝室エリアの例，金谷末子，6編4章参照）

はじめに

　2008年3月5日，経済産業省は「Cool Earth—エネルギー革新技術計画」を発表し，温室効果ガス排出量を現状に比して2050年までに半減するという長期目標を発表した。その対象技術のひとつに有機EL照明が挙げられ，技術ロードマップには発光効率を2020年までに100 lm/W，2030年までに200 lm/Wに高めるという数値目標が掲げられた。有機EL照明の実現を目指した本格的な国家プロジェクトのスタートであった。

　照明装置の年間電力消費量は全体の約20％を占めている。経産省の発表にあるように，白色有機ELは白熱電球や蛍光灯を代替可能な，次世代照明用の固体光源として重要な位置付けにある。これは高い発光効率，低電圧直流駆動，面光源という有機ELの本質的な特徴を生かして，光利用効率の高い照明装置が作れると共に，蛍光灯で使用されている水銀，ガラス管，変圧器，昇圧器，反射板などを省けることから，廃棄物のない環境に優しい照明装置が実現できるためである。更に，薄型化，軽量化，フレキシブル化に適した有機素材を使用することから，器具設計の自由度が増し，多様なデザインの照明装置の開発が可能になる。蛍光灯を中心とした照明装置の開発を振り返ると，明るさを追求した1980年代，省エネ化を推進した1990年代，高演色照明を実現した2000年代と続いてきた。2010年代は環境と調和した"次世代照明システム"への技術革新が期待されており，このためにも有機EL照明の実現が要求されている。

　基盤研究の位置づけとして，有機EL照明の高効率化・高演色性を目指した国内プロジェクトは2007年に開始され，2010年からは消費電力の半減および量産化への基盤技術の確立を目指したプロジェクトに引き継がれている。また，欧州におけるOLLA計画（2003～），OLED100.eu計画（2008～）およびOLAE計画（2011～），米国におけるEnergy Star計画（2008～）など，海外においても高効率化，長寿命化，高演色化，大面積化，フレキシブル化に向けた複数の国際プロジェクトが継続的に推進されている。これらのプロジェクトにより白色有機EL素子の基本性能は確実に向上してきた。有機EL照明は既に基礎的な研究段階を終え，新規市場形成に向けた開発期，創世期の段階に移行しつつあるように見える。民間のリサーチレポートによれば，有機EL照明は2011年頃から急成長し，数年後には数十億ドルの市場規模に成長すると予想されている。しかし，実際にはどうだろう。光利用効率，パネル寿命，製造コストなどの点では，先行するLED技術には遠く及ばす，数多くの技術課題が残されている。むしろ，もう一度，基礎科学に立ち戻り，材料技術，パネル構造技術，長寿命化・高信頼化技術，光取り出し技術，成膜プロセス技術などの改善に向けた研究と開発への取り組みが必要な段階にあるように思える。

　このような背景を踏まえて，本書は白色有機EL照明を実現するための技術課題を中心に，材料，デバイス設計，周辺技術，製造プロセスなどにおける最新技術を集成することを目的として

いる。また，本書は2007年に刊行された「有機ELのデバイス物理・材料化学・デバイス応用」（監修：安達千波矢，シーエムシー出版）以降の進展と現時点での白色有機EL照明の最前線を紹介し，その将来性を展望している。このため，有機ELの一般的な解説を目的とはせず，これからの10年を見据えた新規技術の紹介，有機EL照明が抱えている本質的な重要課題を打破するための要素技術などに焦点を絞った。第1編では，有機ELの輝度・効率・耐久性の向上に不可欠な「材料技術」に焦点を当て，発光材料，キャリア輸送材料，電極材料の現状と新規技術を紹介している。第2編ではデバイス構造，パネル設計，発光材料の観点から白色化技術を取り上げている。第3編では，高効率化・低消費電力化における重要課題である「光取り出し効率向上化技術」について，理論解析を含めて有機ELの光学的効果を詳しく説明している。第4編では，有機ELにおける最大の課題である「信頼性向上化技術」に焦点を当て，"信頼性の評価技術"を紹介している。第5編および第6編では，「量産プロセス技術」，「応用技術」，「技術戦略」，「市場展望」など，現実的な課題について，産業界における開発現場の生きた情報を提供している。第6編には「有機EL照明のデザイン設計」について論じた項目を含めた。フレキシブル性を備えた面光源の照明デザインへの影響に関する情報は少なく，本書では有益な議論が展開されている。今後，有機ELが担うべき役割は，電力消費，形態・部材，生産技術などのすべてにおいて，省エネルギー，省マテリアル，省スペースに対応できる"ソフトデバイス"の実現であり，有機EL照明はそのための重要な開発テーマになるものと考えられる。

　本書は有機ELの研究・開発に携わる現場および研究機関で活躍されている第一線の研究者の方々にご執筆を依頼しており，産学官がそれぞれの立場で，現状とその技術的課題を正面から注視し，その解決策と指針を述べている。有機EL照明の事業化を目指している企業の多くは，2020年までに100 lm/Wの発光効率を達成するという経産省が掲げた数値目標を前倒しする計画で開発を進めている。本書が，有機EL照明の向かうべき技術開発の方向性を示し，その実現を夢見る技術者・研究者に少しでも有益な情報が提供できれば幸いである。同時に，有機EL照明の成功が，その後に到来するであろう「有機エレクトロニクスの世界」の"さきがけ"となることを期待したい。

　最後に，本書籍の出版に際して原稿作成を快く承諾し，貴重な研究・開発データを提供して頂いた執筆者の方々，並びに監修の遅延に耐えながら，かつ完成度の高い書籍に仕上げて頂いた出版社の担当者の皆様に対し，感謝の意を表すると共に，衷心よりお礼を申し上げます。

2011年6月

金沢工業大学　三上明義

普及版の刊行にあたって

本書は2011年に『白色有機EL照明技術』として刊行されました。普及版の刊行にあたり，内容は当時のままであり加筆・訂正などの手は加えておりませんので，ご了承ください。

2017年8月

シーエムシー出版　編集部

執筆者一覧（執筆順）

三上 明義	金沢工業大学　工学部　情報通信工学科　教授	
秋山 誠治	㈱三菱化学科学技術研究センター　太陽電池PJ　主席研究員	
仲矢 忠雄	大阪市立大学名誉教授	
荒金 崇士	出光興産㈱　電子材料部　電子材料開発センター　ELソリューショングループ　主任	
坂上 恵	九州大学　最先端有機光エレクトロニクス研究センター　教授	
内田 孝幸	東京工芸大学　工学部　メディア画像学科　教授	
河村 幸則	富士電機㈱　技術開発本部　先端技術研究所　応用技術研究センター　メカトロニクス研究部　MEMSグループ　グループマネージャー	
森 竜雄	名古屋大学　大学院工学研究科　電子情報システム専攻　准教授	
中村 伸宏	旭硝子㈱　中央研究所　ガラス材料技術ファンクション　主幹	
岡本 隆之	㈳理化学研究所　基幹研究所　河田ナノフォトニクス研究室　先任研究員	
三崎 雅裕	神戸大学　自然科学系先端融合研究環　重点研究部　助教	
吉田 郵司	㈳産業技術総合研究所　太陽光発電研究センター　有機新材料チーム　研究チーム長	
内藤 裕義	大阪府立大学大学院　工学研究科　電子・数物系専攻　教授	
皆川 正寛	長岡工業高等専門学校　電子制御工学科　准教授	
松本 栄一	トッキ㈱　R&Dセンター　課長	
大森 裕	大阪大学　大学院工学研究科　教授	
中 茂樹	富山大学　大学院理工学研究部（工学）　准教授	
岡田 裕之	富山大学　大学院理工学研究部（工学）　教授	
菰田 卓哉	パナソニック電工㈱　先行技術開発研究所　技監	
赤星 治	㈱アイエスジェー　代表取締役	
長根 寛	東京デザインパーティー　代表，照明デザイナー	
増田 淳三	IHSアイサプライ・ジャパン㈱　京都オフィス　ディスプレイディレクター，山形大学　客員教授	
金谷 末子	㈱ビジュアル・テクノロジー研究所　代表取締役社長，金沢工業大学　客員教授	

執筆者の所属表記は，2011年当時のものを使用しております。

目 次

はじめに　　三上明義

【第1編　白色有機EL材料技術】

第1章　有機EL発光材料　　秋山誠治

1 はじめに …………………………… 3
2 蛍光材料 …………………………… 3
　2.1 縮合多環芳香族炭化水素 ……… 3
　2.2 ビニレン系色素 ………………… 5
　2.3 複素環 …………………………… 5
3 りん光材料 ………………………… 6
　3.1 イリジウム錯体の構造的特徴 … 7
　3.2 アニオン性2座配位子 ………… 7
　3.3 イリジウム錯体の有機EL特性 … 12
4 おわりに …………………………… 15

第2章　白色発光単一有機化合物（低分子・高分子）
―究極の白色発光体―　　仲矢忠雄

1 はじめに …………………………… 20
2 炭素（C）とケイ素（Si）はどこが違うのか ……………………………… 21
3 π-電子共役系化合物が有機半導体材料に使われるのはなぜか ………… 22
4 有機ELから有機スピンELへ …… 23
5 単一白色発光，キナクリドン誘導体の発見 ……………………………… 24
6 その他の白色発光単一有機低分子 … 26
7 白色発光単一高分子 ……………… 29
8 その他の白色発光単一高分子 …… 31
9 フルカラー表示 …………………… 35
10 おわりに ………………………… 37

第3章　低分子型有機EL材料　　荒金崇士

1 はじめに …………………………… 40
2 低分子型有機EL素子の構成 …… 40
3 有機EL材料の開発経緯 ………… 41
4 高効率化に向けた取組み ………… 41
　4.1 再結合確率の向上〜新規電荷輸送材料の開発〜 ………………… 42
　4.2 Triplet-Triplet Fusionによる高効率化 ……………………………… 43
　4.3 三重項励起子の活用 …………… 46
5 白色有機ELへの適用 …………… 47
6 おわりに …………………………… 48

第4章　駆動電圧の低減化に向けた材料・デバイス設計　　坂上　恵

1　有機ELデバイスの構造と電荷の注入… 49
2　低電圧化に向けた取り組み ………… 50
　2.1　エネルギー障壁の低減 ………… 50
3　白色有機ELデバイス ………………… 54
4　おわりに ……………………………… 58

第5章　大面積白色有機ELと透明電極材料　　内田孝幸

1　はじめに ……………………………… 60
2　アモルファス透明導電膜 …………… 67
3　AZO，GZO …………………………… 69
4　マルチフォトンエミッション素子 … 69
5　導電性高分子を用いた電極 ………… 70
6　その他の電極 ………………………… 71
7　まとめ ………………………………… 72

【第2編　白色パネル構造設計技術】

第1章　色変換方式有機ELディスプレイ　　河村幸則

1　有機ELディスプレイの課題 ………… 77
2　色変換法 ……………………………… 77
　2.1　有機ELのフルカラー化技術 …… 77
　2.2　色変換法（CCM法）の特長 …… 78
　2.3　大面積化に適したAdvanced CCM
　　　技術 ……………………………… 80
3　今後のAdvanced CCM技術の展開 … 86

第2章　有機ELの白色化方式とその技術課題　　森　竜雄

1　はじめに ― 白色光とは ― ………… 89
2　白色EL素子の発光層構造 …………… 92
3　照明用有機EL素子の課題 …………… 96
4　おわりに ……………………………… 96

【第3編　白色有機EL光取り出し向上化技術】

第1章　有機EL素子の光学モード解析と光取り出し向上化技術　　三上明義

1　はじめに ……………………………… 103
2　有機EL素子における様々な光学現象
　　とその解析方法 …………………… 103
3　非伝搬光の光学モード分布と表面プラ
　　ズモン損失 ………………………… 105
4　伝搬光の光学モード分布と光取り出し

効率 …………………………… 107	取り出し技術 ……………………… 114
5　光学モード分布の素子構造依存性 …… 110	6.3　フォトニック効果を利用した光取
6　種々の光取り出し効率向上化技術 …… 111	り出し技術 ……………………… 115
6.1　光散乱・屈折効果を利用した光取	6.4　その他の光取り出し技術 ………… 115
り出し技術 ……………………… 112	7　まとめ …………………………… 116
6.2　回折効果・干渉効果を利用した光	

第2章　光散乱効果を利用した光取り出し技術　　中村伸宏

1　はじめに …………………………… 118	5　光取り出し効率 …………………… 122
2　光取り出し基板の構成と原理 ………… 119	6　その他の効果 ……………………… 124
3　高屈折率散乱層の要件 ………………… 119	7　まとめ …………………………… 126
4　散乱層用ガラス材料及びプロセス …… 121	

第3章　表面プラズモン効果を利用した光取り出し技術　　岡本隆之

1　はじめに …………………………… 127	4　白色有機ELにおける光取り出し …… 132
2　表面プラズモンへのエネルギー散逸の	5　大面積金属陰極表面への凹凸構造の導
割合 ……………………………… 128	入 ……………………………… 132
3　プラズモニック結晶による光取り出し … 130	6　おわりに …………………………… 133

第4章　分子配向制御による光取り出し技術　　三崎雅裕，吉田郵司

1　はじめに …………………………… 135	3　高分子の分子配向制御 ……………… 137
2　低分子の分子配向制御 ……………… 135	3.1　ポリフルオレンの摩擦転写膜 …… 137
2.1　分子配向と光学的異方性 ………… 135	3.2　ポリフルオレンの偏光有機EL … 138
2.2　オリゴフェニレンの一軸配向制御 … 136	4　おわりに …………………………… 140
2.3　オリゴフェニレンの偏光有機EL … 137	

【第4編　白色有機ELの長寿命・高信頼化技術】

第1章　インピーダンス分光による有機デバイスの電子物性評価　　内藤裕義

1　はじめに …………………………… 145
2　インピーダンス分光（IS） ………… 146
3　等価回路 …………………………… 146
　3.1　単一電荷注入機構 …………… 146
　3.2　複注入機構 …………………… 149
4　移動度評価 ………………………… 150
　4.1　走行時間効果によるサセプタンスの極大値からの移動度評価法（$-\Delta B$法） ………………………… 150
　4.2　走行時間効果によるコンダクタンス変化からの移動度評価法（$\omega\Delta G$法） ……………………… 151
5　トラップ分布評価 ………………… 152
6　おわりに …………………………… 153

第2章　白色有機ELパネルの長寿命化技術　　皆川正寛

1　はじめに …………………………… 155
2　車載向け有機ELディスプレイに求められる性能 ……………………… 155
3　有機EL素子の寿命特性 …………… 157
4　有機EL素子の長寿命化技術 ……… 158
5　今後に向けて ……………………… 163

【第5編　白色有機EL成膜プロセス・新規技術】

第1章　真空成膜技術による有機ELの製作　　松本栄一

1　はじめに …………………………… 169
2　低分子材料の真空蒸着技術 ……… 169
　2.1　低分子材料の蒸発特性 ……… 169
　2.2　真空度 ………………………… 170
　2.3　蒸発源 ………………………… 171
　2.4　レートコントロール技術 …… 172
　2.5　ドーピング蒸着技術 ………… 173
　2.6　膜厚均一性 …………………… 174
　2.7　材料使用効率 ………………… 175
3　金属材料の真空蒸着技術 ………… 176
　3.1　アルミニウムの蒸発特性 …… 176
　3.2　アルミニウム用蒸発源 ……… 176
　3.3　アルカリ金属用の量産用蒸発源 … 177
4　パターニング技術 ………………… 177
　4.1　アライメント機構 …………… 177
　4.2　マスク蒸着技術 ……………… 178
5　有機ELの真空成膜装置 …………… 178
　5.1　実験装置 ……………………… 178
　5.2　量産装置 ……………………… 179
6　おわりに …………………………… 179

第2章　印刷・塗布技術による有機ELの作製　　大森　裕

1 はじめに …………………………… 181
2 高分子有機EL発光材料 …………… 181
3 ポリフルオレン高分子を用いた有機EL
　と白色発光 ………………………… 184
4 まとめ ……………………………… 186

第3章　溶液プロセスを用いた低分子系有機ELの作製　　中　茂樹, 岡田裕之

1 はじめに …………………………… 188
2 有機EL用薄膜に求められる条件 … 189
3 スピンコート法による有機EL素子の
　作製 ………………………………… 189
4 スプレイ法による白色有機EL素子の
　作製 ………………………………… 191
5 自己整合IJPマルチカラー有機EL素
　子 …………………………………… 192
6 まとめ ……………………………… 195

【第6編　白色有機EL照明の応用技術】

第1章　照明用白色有機ELの現状　　菰田卓哉

1 はじめに …………………………… 199
2 照明デバイスとしての有機EL …… 200
3 高演色性マルチユニット白色有機EL
　パネル ……………………………… 201
　3.1 デバイス構造 ………………… 201
　3.2 白色有機ELの開発事例 ……… 203
4 省資源型有機EL製造技術 ………… 204
　4.1 高速薄膜塗布プロセス ……… 205
　4.2 高速・高材料使用効率蒸着プロセ
　　　ス ……………………………… 205
5 結論 ………………………………… 207

第2章　白色有機ELパネルの生産技術と性能改善
── 量産経験の開発知見から ──　　赤星　治

1 はじめに …………………………… 209
2 OLED開発および事業化の現状 …… 209
3 性能における問題点 ……………… 211
4 生産における問題点 ……………… 212
5 課題と今後の対策 ………………… 213
6 性能向上への対応方法と課題 …… 214
7 おわりに …………………………… 216

第3章　デザインからみる有機EL照明 ― 照明デザイナーからの視点を活かしフロンティアを獲得する ―　　　長根　寛

1　はじめに …………………………………… 217
2　照明デザインとは何か？ ………………… 217
3　なぜ光が大事なんだろう？ ……………… 218
　3.1　「照明って大事だよね！」………… 218
4　光の活用とは？ …………………………… 219
5　有機EL照明器具『ELRING』…………… 220
6　有機EL照明実用化に向けての課題 …… 221
　6.1　技術面1：照度アップ／寿命アップ／低コストについて ………………… 222
　6.2　技術面2：実用に耐えうる生産方法の確立 ……………………………… 223
　6.3　供給面：製作会社不足と流通形態 ……………………………………… 223
　6.4　ソフト：使用目的による開発の方向性 ………………………………… 223
　6.5　社会性：有機EL照明の宣伝と基準 ……………………………………… 224
7　有機EL照明の将来性 …………………… 225
8　デザイン例 ………………………………… 225
　8.1　病院の大部屋の例 ………………… 226
　8.2　ホテルの客室の例 ………………… 227

第4章　有機ELディスプレイ市場と有機EL照明の展望　　　増田淳三, 金谷末子

1　はじめに …………………………………… 228
2　有機ELディスプレイ ― 小型は普及した，大型開発はこれから ― ………… 228
　2.1　有機ELディスプレイの構造 ……… 229
　2.2　有機ELディスプレイの市場動向 … 230
　2.3　まとめ ……………………………… 235
3　有機ELディスプレイ照明の市場展望 ― 光環境の視点から ― ……………… 236
　3.1　はじめに …………………………… 236
　3.2　照明システム効率 ………………… 236
　3.3　光環境要件に関連する国内外の動向 ……………………………………… 238
　3.4　居住空間における照明の要件 …… 238
　3.5　省エネルギー対策と新しい照明方式 ………………………………………… 239
　3.6　「照度設計」から空間の「アピアランス設計」へ ……………………… 240
　3.7　白色有機EL照明と創る，あかり新時代 ………………………………… 242

第1編

白色有機 EL 材料技術

第1章　有機EL発光材料

秋山誠治*

1　はじめに

　有機化合物からなる発光材料は化学修飾による発光波長調整が容易であり，赤，緑，青（RGB）の他，橙，黄色，黄緑色といった中間色も含め，近紫外光から近赤外光まで発光色を色々と変えることが可能である。発光材料は発光メカニズムにより，蛍光材料とりん光材料との2つに分類することができる。本章では，有機EL用途として検討されている蛍光材料，りん光材料について，最近の報告例を交えながら紹介したい。

2　蛍光材料

　蛍光材料は，π電子を有する骨格で構成されている。主な骨格としては，アントラセン，ペリレンなどの縮合多環芳香族炭化水素，2重結合（ビニレン）により連結されたビニレン系色素，ピラン，クマリン，ポルフィリンなどの複素環などが挙げられる。一般的には，π共役系が伸びるほど発光波長はレッドシフトする。発光波長の調整は置換基の導入により行うことができるが，溶解性や耐久性の問題もあり，主に用いられているのはアルキル基，フェニル基，アリールアミノ基である。

　蛍光材料は一重項励起状態（S1）からの発光であるため，電界励起では25％しか光に変換できず，高効率化の点では限界があるものの，耐久性の点では非常に優れており，利用環境によっては十分使用可能であると考えられる。また三重項励起状態から一重項励起状態へのエネルギー移動による遅延蛍光を利用できれば，蛍光材料においても25％以上の励起子生成効率を得ることが理論的に可能であり，今なお検討の余地が残されている[1]。以下，骨格別に分子構造と発光波長の相関関係について説明する。

2.1　縮合多環芳香族炭化水素

　亀の甲として知られているベンゼン環，その環が複数縮合したものを縮合多環芳香族炭化水素という。一般的に環の数が増えるに従いπ共役長が拡がり，発光波長はレッドシフトする。この骨格の特徴として，高濃度では分子間でのππスタッキング相互作用により分子会合体を形成しやすい。会合体形成は濃度消光の要因となるため，有機EL用途ではアルキル基，フェニル基，

---

*　Seiji Akiyama　㈱三菱化学科学技術研究センター　太陽電池PJ　主席研究員

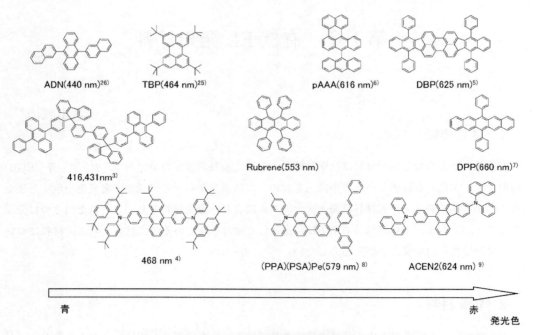

図1 置換基を有する縮合多環芳香族炭化水素の発光特性

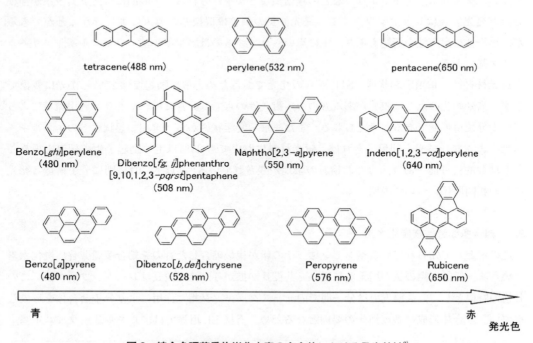

図2 縮合多環芳香族炭化水素の会合体における発光特性[2]

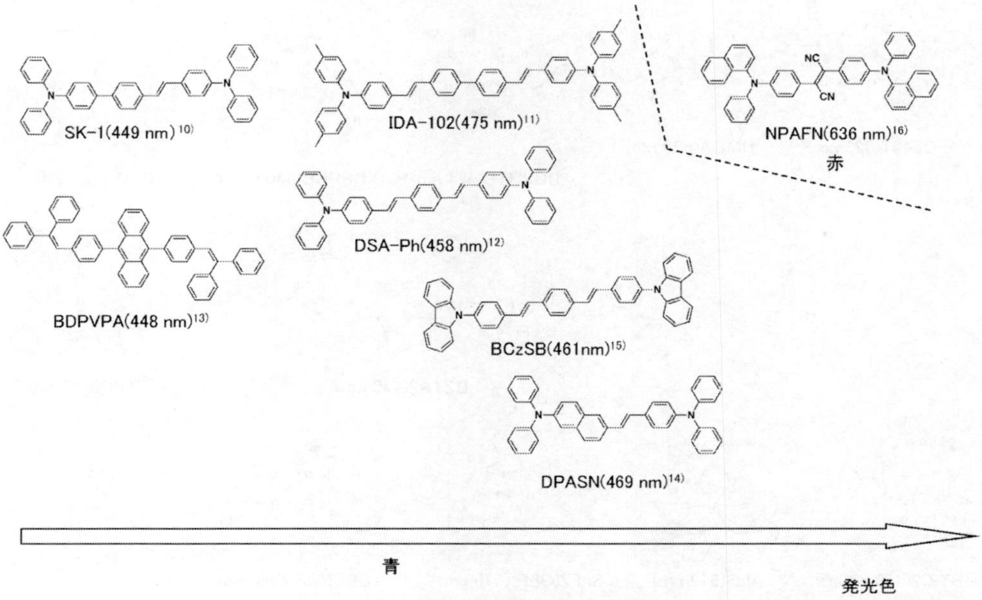

第1章　有機EL発光材料

図3　ビニレン系色素の発光特性

アリールアミノ基などの置換基を入れた誘導体が主に利用されている（図1）。その一方で，会合体からの発光を有機ELに利用する試みもなされている（図2）。単体の発光に比べて発光強度は劣るものの，寿命が大幅に向上することが確認されており，新たな材料設計の指針になると考えられる[2]。なお，縮合多環芳香族炭化水素は，正孔輸送能を有しているものも多く，正孔輸送材料やホスト材料としても利用可能である。

2.2　ビニレン系色素

二重結合（ビニレン基）で連結された一連の化合物で，青色蛍光を示すものが多い（図3）。これらの化合物は高いキャリア輸送性を示すものも多く，ホスト材料としても利用することができる。置換基により波長調整が可能であり，例えば二重結合にシアノ基を置換すると赤色まで長波長化する[18]。ポリマーの構成要素としても利用されており，ポリフェニレンビニレン（PPV）が代表として挙げられる。

2.3　複素環

酸素や窒素などのヘテロ原子を含む環状化合物で，ピランやクマリン誘導体など，レーザー色素として利用されていたものが多い（図4）。ピリジンやキノリンなどのアクセプター性の高い複素環を有する化合物では電子輸送性を示すため，電子輸送材料としても利用可能である。複素環を含む骨格では，アルミニウム（Al），亜鉛（Zn），スズ（Sn）などの様々な金属と錯形成さ

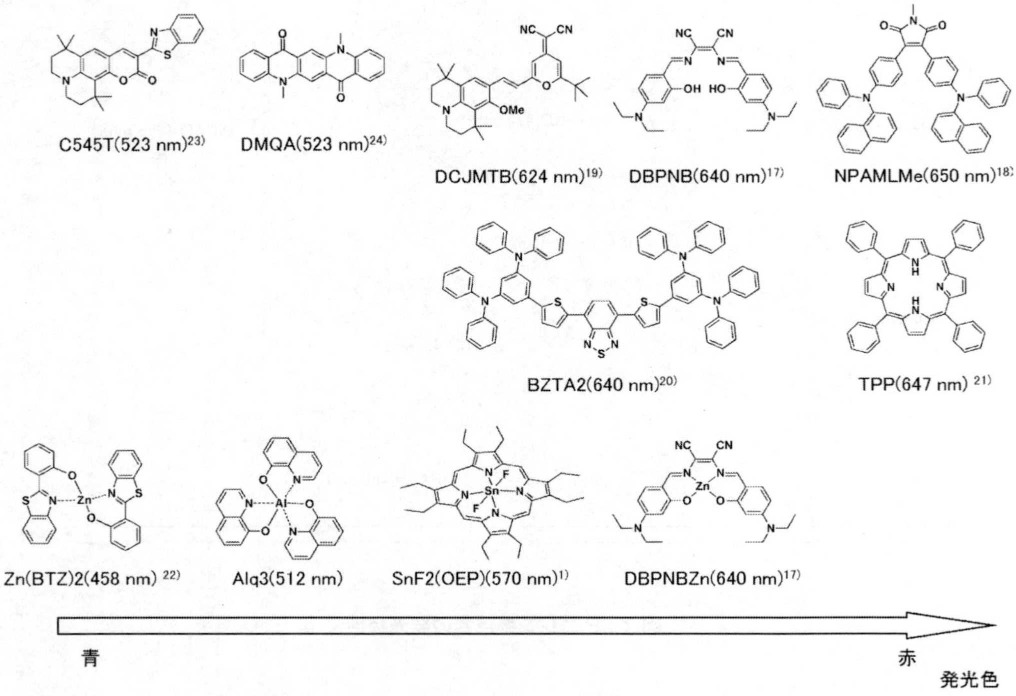

図4 複素環の発光特性

せることもできる（遷移金属との錯体に関してはりん光発光を示すため，次項で述べる）。また，Snを含むポルフィリンにおいては強い遅延蛍光を示すことが知られており，遅延蛍光を利用した有機ELも検討されている[1]。

3 りん光材料

りん光材料には，ベンゾフェノンやケトクマリンなどのカルボニル系有機化合物と有機配位子で構成された遷移金属錯体が知られている。カルボニル系有機化合物の場合，極低温下でしかりん光発光せず，りん光寿命も長いことから，電界励起ではTriplet-Triplet Annihilation（TTA）を生じやすく，高効率の発光を得ることはできない。一方，遷移金属錯体では，スピン-軌道相互作用（重原子効果）により一重項励起状態から三重項励起状態への項間交差，および三重項励起状態から一重項基底状態への放射過程が促進されるため，りん光寿命も比較的短く室温でも強いりん光を示す。このような遷移金属錯体を有機ELに用いた場合，三重項励起子生成確率が75％であり，さらに残り25％の一重項励起子も項間交差により三重項励起状態へシフトすると，最大100％の内部発光量子効率が可能となる。

遷移金属としては，7族から11族の遷移金属[27]のほか，スカンジウム（Sc），イットリウム

第1章　有機EL発光材料

（Y），および15種類のランタノイド[28]）がりん光発光性を示す。これまでに数多くの金属錯体が有機EL用途として検討されているが，高効率発光が得られているのは，銅（Cu(I)）錯体[27d]，ルテニウム（Ru）錯体[27c]，オスミウム（Os）錯体[27e, 29, 30a]，イリジウム（Ir）錯体[27b, 30]，白金（Pt）錯体[30a, 31]である。特にイリジウム錯体を用いた有機EL素子においては，発光内部量子効率がほぼ100%に到達するものも見出されており[32]，他の金属錯体を用いた素子に比べて圧倒的に優れた性能を示している。以下，イリジウム錯体について詳しく説明する。

3.1 イリジウム錯体の構造的特徴

イリジウム錯体は3価の六配位八面体構造をとる。アニオン性2座配位子を3つ用いると価数が一致し，かつ配位場を埋めることができるので，安定な錯体を得ることができる。アニオン性2座配位子からなるイリジウム錯体は，単一の2座配位子のみで構成されるHomoleptic錯体と，異なる2座配位子との組合せで構成されるHeteroleptic錯体に分類することができる。Homoleptic錯体の場合，facial（*fac*）体とmeridional（*mer*）体の2つの構造異性体を生じるが，熱力学的な差を利用して作り分けることが可能である[33]。アニオン性3座配位子も導入可能であるが，中性の錯体を得るためには，異なる配位子と組み合わせる必要があるため，全てHeteroleptic錯体となる。

3.2 アニオン性2座配位子

アニオン性2座配位子は配位元素によりC^N, C^C, N^N, C^P, O^N, O^O, P^P, N^P, P^O型に分類することができる。一般的にC^N, C^C型配位子は発光性配位子として，N^N, C^P, O^N, O^O, P^P, N^P, P^O型配位子は発光波長を調整する補助配位子として用いられることが多い。2座配位子と中心金属との間で形成される環構造は，5員環，もしくは6員環が安定であるため，報告されている殆ど全ての配位子が5員環もしくは6員環を形成するように設計されている。

3.2.1 発光性2座配位子と発光波長との相関関係

これまでに報告されている発光性2座配位子（L）を3つ有するHomoleptic錯体，もしくはアセチルアセトナート（acac）を補助配位子に持つHeteroleptic錯体に関して，発光性2座配位子と発光極大波長との相関関係を表1に示す[34]。置換基の影響については後述するため，ここでは無置換，もしくはアルキル置換の配位子のみを抽出し，発光極大波長は室温における溶液中での値を示している。全般的に配位子の共役系が拡張するに従い，発光波長は長波長化することが分かる。C^N型配位子が最も報告例が多く，緑色から近赤外発光可能な配位子に関しては，数多くのラインナップが揃っている。N^N配位子は，補助配位子として用いられることが多いが，組み合わせる補助配位子によっては発光性配位子としても利用可能である。C^C配位子は，含窒素ヘテロ環状カルベン（NHC）を有する特徴的な構造をしており，他の配位子に比べてバンドギャップが広く，近紫外から青色発光を示す。

表1 発光性2座配位子と発光波長の相関関係

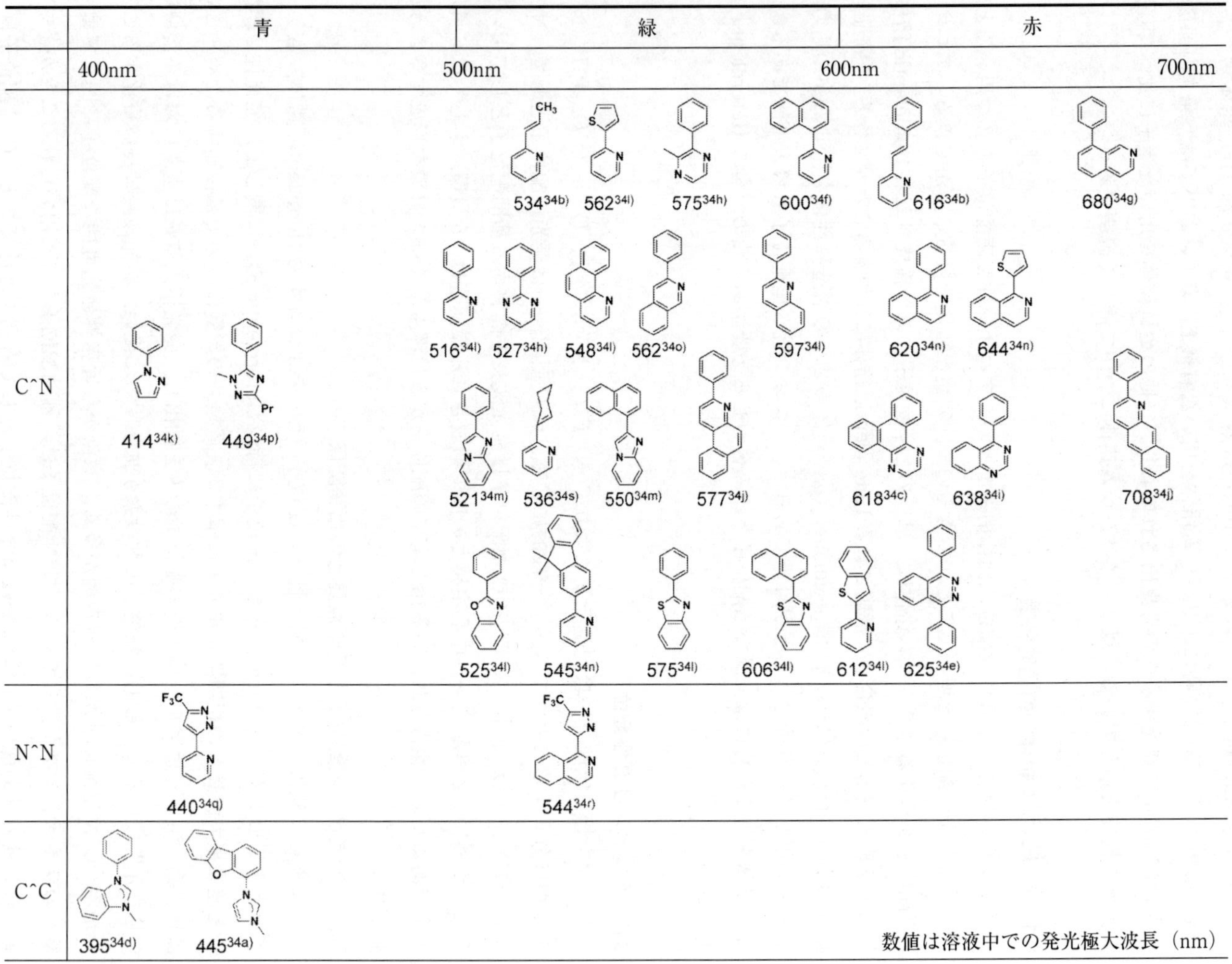

数値は溶液中での発光極大波長 (nm)

第1章　有機EL発光材料

3.2.2　発光性2座配位子の置換基効果

上記で示した発光性2座配位子は置換基により波長調整することができる。表2にフェニルピリジン配位子への置換基効果を示す[34k, 34l, 35]。錯体としてはHomoleptic錯体と，補助配位子にアセチルアセトナート（acac），ピナコレート（pic）を有するHeteroleptic錯体を取り上げた。置換基の数や置換位置にもよるが，フェニル基上にフッ素原子（F），トリフルオロメチル基（CF_3），シアノ基（CN）を導入すると，ブルーシフトさせることができる。特にHomoleptic錯体において3,6位にフッ素原子，5位にCN基を導入した場合，発光極大波長は448nmまでブルーシフトさせることができる[35o]。また，3,6位にフッ素原子，5位の炭素原子を窒素原子（N）に変えた場合（正確にはフェニルピリジン配位子ではない）には438nmまでブルーシフトさせることができる[35k]。なお，acac錯体の場合には，3,6位にフッ素原子，3位にCF_3基を導入すると458nmまで，pic錯体の場合には，3,6位にフッ素原子，5位にCF_3基を導入すると457nm[35i]まで，それぞれブルーシフトさせることができる。

一方，フェニル基の4位にアセチル（CH_3CO）基[35m]，ジフェニルアミノ（Ph_2N）基[35c]，Ph_2PO基[35c]，$PhSO_2$基[35c]，$(Mes)_2B$基[35c]などの置換基を導入した場合には，程度の差はあるがいずれもレッドシフトする。また，ピリジル基の4位にベンゾイル（PhCO）基を導入したacac錯体では，623nmまでレッドシフトさせることができる[35n]。このようにフェニルピリジン配位子だけを取り上げてみても，置換基により青色から赤色まで発光色を調整することが可能であることが分かる。

3.2.3　補助配位子と発光波長との相関関係

発光配位子への置換基導入に加え，補助配位子との組合せを変えることによりさらに発光波長を調整することができる。$Ir(4,6-Fppy)_2L^{\wedge}X$錯体における補助配位子と発光波長の相関関係を表3に示す。N^N配位子ではテトラキスピラゾリルボレート配位子[36i]，ピリジルトリアゾール配位子[36h]において，458nmまでブルーシフトさせることができる。また，リン原子（P）を配位子元素に用いたP^P[36i]，P^N[36b]，C^P[36d]配位子においても448-457nmまでブルーシフトさせることができる。なお，補助配位子の場合にも，発光配位子と同様に置換基を変えることにより発光波長を調整することが可能であるが，発光配位子への置換基導入に比べてその効果は小さい。

表2 フェニルピリジン配位子への置換基効果

第1章 有機EL発光材料

表3 補助配位子と発光波長との相関関係

3.2.4 アニオン性3座配位子の可能性

アニオン性2座配位子に比べて配位子設計が難しく,報告例は少ないが,アニオン性3座配位子を用いても青色から赤色まで発光波長を調整することができる(図5)[37]。溶液中での発光量子効率(ϕ)も0.7以上を示すものもあり,有機EL素子への応用が期待できる。

3.3 イリジウム錯体の有機EL特性

このように配位子への置換基導入や補助配位子との組み合わせにより,近紫外発光から近赤外発光まで自由自在に発光波長を変えることが可能である。なお,今回は発光極大波長しか明記していないが,ディスプレイや照明用途として用いる場合には色純度が重要であり,発光波長の半値幅も重要である。表4,5にイリジウム錯体を用いた有機EL特性【CIE(x,y)と外部量子効率(η_{ext}%)】の具体例を示す。水色から赤色発光素子に関してはホスト材料の選択,素子最適化により,外部量子効率が20%を超える素子が報告されており,耐久性も実用可能な段階まで到達している。青色発光素子に関しても,耐久性には未だ課題が残されているが,外部量子効率が10%を超える素子も報告されており,今後の展開が期待される。

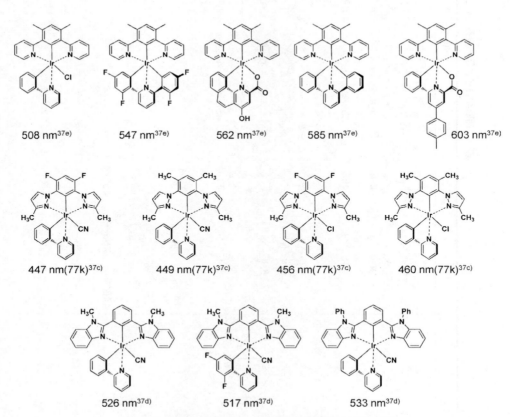

図5 3座配位子を有するイリジウム錯体とその発光特性

第1章 有機EL発光材料

表4 イリジウム錯体の有機EL特性

構造式					
名称	FIrfpy	FIrpic	Ir(dfpypy)₃	FCNIr	—
CIE (x,y)	0.13, 0.23	0.13, 0.30	0.14, 0.12[35l]	0.14, 0.15	0.147, 0.210
η_{ext} (%)	9.4[36g]	26[42]	18.4[39]		23.3[50]
構造式					
名称	FIrN4	Ir(dbfmi)₃	[Ir(fppz)₂(dfbdp)]	[Ir(dfpbpy)₂(P^N)]	[Ir(fbppz)₂(dfbdp)]
CIE (x,y)	0.15, 0.28	0.15, 0.19	0.152, 0.110	0.154, 0.215	0.155, 0.106
η_{ext} (%)	9.4[36a]	18.6[34a]	11.9[41]	12.6[36i]	11.7[41]
構造式					
名称	—	(fbmb)₂Ir(bptz)	FCNIrpic	—	FIr6
CIE (x,y)	0.156, 0.199	0.158, 0.128	0.16, 0.26	0.16, 0.18	0.16, 0.27
η_{ext} (%)	10.2[36j]	6.0[44]	10.7[35l]	8.5[43]	18[49]

表5 イリジウム錯体の有機EL特性

構造式					
名称	(CF$_3$ppy)$_2$Ir(pic)	ppy$_2$Ir(acac)	m-Ir(pmb)$_3$		Ir(F2-mppy)$_3$
CIE (x,y)	0.163, 0.145	0.168, 0.281	0.17, 0.06	0.170, 0.265	0.18, 0.36
η_{ext} (%)	6.9[36b)]	7.1[36c)]	5.8[34d)]	7.4[36e)]	15[45)]
構造式					
名称	(CF$_3$ppy)$_2$Ir(pic)	ppy$_2$Ir(acac)	Ir(ppy)$_3$	Ir(chpy)$_3$	Ir(PBQ)$_2$(acac)
CIE (x,y)	0.20, 0.43	0.31, 0.64	0.35, 0.62	0.40, 0.59	0.50, 0.49
η_{ext} (%)	11[35e)]	23.7[40)]	26.9[47)]	18.7[34s)]	14.6[51)]
構造式					
名称	Ir(2-phq)$_3$	(bt)$_2$Ir(dipba)	Ir(MDQ)$_2$acac	btp$_2$Ir(acac)	Ir(piq)$_3$
CIE (x,y)	0.57, 0.42	0.64, 0.36	0.60, 0.39	0.66, 0.31	0.67, 0.33
η_{ext} (%)	20.3[46)]	15.4[48)]	12.4[34c)]	9.9[38)]	18.5[47)]

4 おわりに

　有機EL素子への適用を契機に有機発光材料の開発は急速に加速し，最近ではフィルム状態でも蛍光量子収率が80%を超える発光材料も数多く開発されている。今後ディスプレイ用途から白色照明用途へと市場が拡大すると考えられるが，照明用途では使用用途や使用場所に応じて求められる発光色，明度，耐久性が異なるため，RGB以外の中間色の発光材料も利用できるようになるのではないかと考えている。また，夜間時にのみ必要な誘導灯，空間を演出する間接照明，植物栽培用照明，アミューズメント用照明など，用途毎にカスタマイズされた照明も開発が進むのではないかと考えられる。有機EL以外の展開としては，波長変換フィルム，発光トランジスタ，近赤外発光を利用した医療用マーカー，波長変換や3重項を利用した有機太陽電池用途などが挙げられる。本章を発光材料のさらなる高性能化検討，有機EL白色照明の実用化検討，新しい用途への可能性検討へと役立てて頂ければ幸いである。

文　　献

1) A. Endo, M. Ogasawara, A. Takahashi, D. Yokoyama, Y. Kato and C. Adachi, *Adv. Mater.*, **21**, 4802 (2009)
2) V. V. Jarikov, *J. Appl. Phys.*, **100**, 014901 (2006)
3) S. Ye, J. Chen, C. Di, Y. Liu, K. Lu, W. Wu, C. Du, Y. Liu, Z. Shuai and G. Yu, *J. Mater. Chem.*, **20**, 3186 (2010)
4) K. H. Lee, J. N. You, S. Kang, J. Y. Lee, H. J. Kwon, Y. K. Kim and S. S. Yoon, *Thin Solid Films*, **518**, 6253 (2010)
5) K. Okumoto, H. Kanno, Y. Hamada, H. Takahashi and K. Shibata, *Appl. Phys. Lett.*, **89**, 013502 (2006)
6) B. X. Mi, Z. Q. Gao, M. W. Liu, K. Y. Chan, H. L. Kwong, N. B. Wong, C. S. Lee, L. S. Hung and S. T. Lee, *J. Mater. Chem.*, **12**, 1307 (2002)
7) L. Türker, A. Tapan and S. Gümüş, *Polycyclic Aromatic Compounds*, **29**, 139 (2009)
8) S. Toguchi, Y. Morioka, H. Ishikawa, A. Oda and E. Hasegawa, *Synth. Met.*, **111-112**, 57 (2000)
9) T.-H. Huang, J. T. Lin, Y.-T. Tao and C.-H. Chuen, *Chem. Mater.*, **15**, 4854 (2003)
10) M.-H. Ho, Y.-S. Wu, S.-W. Wen, T.-M. Chen and C. H. Chen, *Appl. Phys. Lett.*, **91**, 083515 (2007)
11) K. Suzuki, A. Seno, H. Tanabe and K. Ueno, *Synth. Met.*, **143**, 89 (2004)
12) J. M. Kauffman and G. Moyna, *J. Org. Chem.*, **68** (3), 839 (2003)
13) Y. Kim, E. Oh, D. Choi, H. Lim and C.-S. Ha, *Nanotechnology*, **15**, 149 (2004)
14) J.-H. Jou, P.-H. Chiang, Y.-P. Lin, C.-Y. Chang and C.-L. Lai, *Appl. Phys. Lett.*, **91**,

043504 (2007)
15) D. Yokoyama, A. Sakaguchi, M. Suzuki and C. Adachi, *Org. Electron.*, **10**, 127 (2009)
16) H.-C. Yeh, S.-J. Yeh and C.-T. Chen, *Chem. Commun.*, 2632 (2003)
17) P. Wang, Z. Hong, Z. Xie, S. Tong, O. Wong, C.-S. Lee, N. Wong, L. Hung and S. Lee, *Chem. Commun.*, 1664 (2003)
18) H.-C. Yeh, L.-H. Chan, W.-C. Wu and C.-T. Chen, *J. Mater. Chem.*, **14**, 1293 (2004)
19) B. Chen, X. Lin, L. Cheng, C.-S Lee, W. A. Gambling and S.-T. Lee, *J. Phys. D : Appl. Phys.*, **23**, 30 (2001)
20) K. R. J. Thomas, J. T. Lin, M. Velusamy, Y.-T. Tao and C.-H. Chuen, *Adv. Funct. Mater.*, **14** (1), 83 (2004)
21) L.-J. Zhu, J. Wang, T.-G. Reng, C.-Y. Li, D.-C. Guo and C.-C. Guo, *J. Phys. Org. Chem.*, **23**, 190 (2010)
22) G. Yu, S. Yin, Y. Liu, Z. Shuai and D. Zhu, *J. Am. Chem. Soc.*, **125** (48), 14816 (2003)
23) Z. Liu, M. G. Helander, Z. Wang and Z. Lu, *J. Phys. Chem. C.*, **114**, 11931 (2010)
24) H. Tang, X. Wang, Y. Li, W. Wang and R. Sun, *Displays*, **29** (5), 502 (2008)
25) T.-H. Liu, W.-J. Shen, C.-K. Yen, C.-Y. Iou, H.-H. Chen, B. Banumathy and C. H. Chen, *Synth. Met.*, **137**, 1033 (2003)
26) Y. Li, M. K. Fung, Z. Xie, S.-T. Lee, L.-S. Hung and J. Shi, *Adv. Mater.*, **14** (18), 1317 (2002)
27) (a) R. C. Evans, P. Douglas and C. J. Winscom, *Coord. Chem. Rev.*, **250**, 2093 (2006); (b) L. Xiao, Z. Chen, B. Qu, J. Luo, S. Kong, Q. Gong and J. Kido, *Adv. Mater.*, **23** (8), 926 (2011); (c) Y.-L. Tung, L.-S. Chen, Y. Chi, P.-T. Chou, Y.-M. Cheng, E. Y. Li, G.-H. Lee, C.-F. Shu, F.-I. Wu and A. J. Carty, *Adv. Funct. Mater.*, **16**, 1615 (2006); (d) Q. Zhang, Q. Zhou, Y. Cheng, L. Wang, D. Ma, X. Jing and F. Wang, *Adv. Funct. Mater.*, **16**, 1203 (2006); (e) T.-H. Liu, S.-F. Hsu, M.-H. Ho, C.-H. Liao, Y.-S. Wu, C.-H. Chen, Y.-L. Tung, P.-C. Wu and Y. Chi, *Appl. Phys. Lett.*, **88**, 063508 (2006)
28) M. A. Katkova and M. N. Bochkarev, *Dalton Trans.*, **39**, 6599 (2010)
29) P.-T. Chou and Y. Chi, *Eur. J. Inorg. Chem.*, 3319 (2006)
30) (a) P.-T. Chou and Y. Chi, *Chem. Eur. J.*, **13**, 380 (2007); (b) S. Kappaun, C. Slugovc and E. J. W. List, *Int. J. Mol. Sci.*, **9**, 1527 (2008); (c) E. Baranoff, J.-H. Yum, M. Graetzel and M. K. Nazeeruddin, *J. Organomet. Chem.*, **694**, 2661 (2009); (d) W.-Y. Wong and C.-L. Ho, *J. Mater. Chem.*, **19**, 4457 (2009); (e) Y. You and S. Y. Park, *Dalton Trans.*, 1267 (2009); (f) Y. Chi and P.-T. Chou, *Chem. Soc. Rev.*, **39**, 638 (2010); (g) L. Duan, L. Hou, T.-W. Lee, J. Qiao, D. Zhang, G. Dong, L. Wang and Y. Qiu, *J. Mater. Chem.*, **20**, 6392 (2010); (h) H. Sasabe and J. Kido, *Chem. Mater.*, **23**, 621 (2011); (i) 中澄博行編, FPD・DSS・光メモリーと機能性色素の最新技術と材料開発, pp.374-393, エヌ・ティー・エス (2008)
31) (a) V. Adamovich, J. Brooks, A. Tamayo, A. M. Alexander, P. I. Djurovich, B. W. D'Andrade, C. Adachi, S. R. Forrest and M. E. Thompson, *New J. Chem.*, **26**, 1171 (2002); (b) C.-M. Che, S.-C. Chan, H.-F. Xiang, M. C. W. Chan, Y. Liu and Y. Wang,

第 1 章 有機 EL 発光材料

Chem. Commun., 1484 (2004);(c) A. S. Ionkin, W. J. Marshall and Y. Wang, *Organometallics*, **24**, 619 (2005);(d) B. Ma, P. I. Djurovich, S. Garon, B. Alleyne and M. E. Thompson, *Adv. Funct. Mater.*, **16**, 2438 (2006);(e) S.-Y. Chang, J. Kavitha, S.-W. Li, C.-S. Hsu, Y. Chi, Y.-S. Yeh, P.-T. Chou, G.-H. Lee, A. J. Carty, Y.-T. Tao and C.-H. Chien, *Inorg. Chem.*, **45**, 137 (2006);(f) Z. He, W.-Y. Wong, X. Yu, H.-S. Kwok and Z. Lin, *Inorg. Chem.*, **45**, 10922 (2006);(g) C. Borek, K. Hanson, P. I. Djurovich, M. E. Thompson, K. Aznavour, R. Bau, Y. Sun, S. R. Forrest, J. Brooks, L. Michalski and J. Brown, *Angew. Chem. Int. Ed.*, **46**, 1109 (2007);(h) W. Wu, C. Cheng, W. Wu, H. Guo, S. Ji, P. Song, K. Han, J. Zhao, X. Zhang, Y. Wu and G. Du, *Eur. J. Inorg. Chem.*, 4683 (2010);(i) D. A. K. Vezzu, J. C. Deaton, J. S. Jones, L. Bartolotti, C. F. Harris, A. P. Marchetti, M. Kondakova, R. D. Pike and S. Huo, *Inorg. Chem.*, **49**, 5107 (2010);(j) Z. M. Hudson, M. G. Helander, Z.-H. Lu and S. Wang, *Chem. Commun.*, **47**, 755 (2011);(k) X. Yang, Z. Wang, S. Madakuni, J. Li and G. E. Jabbour, *Adv. Mater.*, **20**, 2405 (2008)

32) (a) Y. Kawamura, K. Goushi, J. Brooks, J. J. Brown, H. Sasabe and C. Adachi, *Appl. Phys. Lett.*, **86**, 071104 (2005);(b) C. Adachi, M. A. Baldo, M. E. Thompson and S. R. Forrest, *J. Appl. Phys.*, **90** (10), 5048 (2001);(c) E. L. Williams, K. Haavisto, J. Li and G. E. Jabbour, *Adv. Mater.*, **19**, 197 (2007)

33) 日本学術振興会情報科学用有機材料第 142 委員会 C 部会編, 有機半導体デバイス―基礎から最先端材料・デバイスまで―, 第 1 章 1-70 (りん光), 蛍光材料, オーム社 (2010)

34) (a) H. Sasabe, J. Takamatsu, T. Motoyama, S. Watanabe, G. Wagenblast, N. Langer, O. Molt, E. Fuchs, C. Lennartz and J. Kido, *Adv. Mater.*, **22**, 5003 (2010);(b) B. M. J. S. Paulose, D. K. Rayabarapu, J.-P. Duan and C.-H. Cheng, *Adv. Mater.*, **16** (22), 2003 (2004);(c) J.-P. Duan, P.-P. Sun and C.-H. Cheng, *Adv. Mater.*, **15** (3), 224 (2003);(d) R. J. Holmes, S. R. Forrest, T. Sajoto, A. Tamayo, P. I. Djurovich, M. E. Thompson, J. Brooks, Y.-J. Tung, B. W. D'Andrade, M. S. Weaver, R. C. Kwong and J. J. Brown, *Appl. Phys. Lett.*, **87**, 243507 (2005);(e) B. X. Mi, P. F. Wang, Z. Q. Gao, C. S. Lee, S. T. Lee, H. L. Hong, X. M. Chen, M. S. Wong, P. F. Xia, K. W. Cheah, C. H. Chen and W. Huang, *Adv. Mater.*, **21**, 339 (2009);(f) W. G. Zhu, Y. Ke, F. Wang, C. Z. Liu, M. Yuan and Y. Cao, *Synth. Met.*, **137**, 1079 (2003);(g) H.-C. Li, P.-T. Chou, Y.-H. Hu, Y.-M. Cheng and R.-S. Liu, *Organometallics*, **24**, 1329 (2005);(h) G. Ge, J. He, H. Guo, F. Wang and D. Zou, *J. Organomet. Chem.*, **694**, 3050 (2009);(i) C.-H. Yang, K.-H. Fang, W.-L. Su, S.-P. Wang, S.-K. Su and I-W. Sun, *J. Organomet. Chem.*, **691**, 2767 (2006); (j) J. Qiao, L. Duan, L. Tang, L. He, L. Wang and Y. Qiu, *J. Mater. Chem.*, **19**, 6573 (2009);(k) A. B. Tamayo, B. D. Alleyne, P. I. Djurovich, S. Lamansky, I. Tsyba, N. N. Ho, R. Bau and M. E. Thompson, *J. Am. Chem. Soc.*, **125** (24), 7377 (2003);(l) S. Lamansky, P. Djurovich, D. Murphy, F. Abdel-Razzaq, H.-E. Lee, C. Adachi, P. E. Burrows, S. R. Forrest and M. E. Thompson, *J. Am. Chem. Soc.*, **123** (18), 4304 (2001);(m) S. Takizawa, J. Nishida, T. Tsuzuki, S. Tokito and Y. Yamashita, *Inorg. Chem.*, **46** (10), 4308 (2007);(n) A. Tsuboyama, H. Iwawaki, M. Furugori, T.

Mukaide, J. Kamatani, S. Igawa, T. Moriyama, S. Miura, T. Takiguchi, S. Okada, M. Hoshino and K. Ueno, *J. Am. Chem. Soc.*, **125** (42), 12971 (2003); (o) C.-L. Li, Y.-J. Su, Y.-T. Tao, P.-T. Chou, C.-H. Chien, C.-C. Cheng and R.-S. Liu, *Adv. Funct. Mater.*, **15** (3), 387 (2005); (p) S.-C. Lo, C. P. Shipley, R. N. Bera, R. E. Harding, A. R. Cowley, P. L. Burn and I. D. W. Samuel, *Chem. Mater.*, **18** (21), 5119 (2006); (q) Y.-S. Yeh, Y.-M. Cheng, P.-T. Chou, G.-H. Lee, C.-H. Yang, Y. Chi, C.-F. Shu and C.-H. Wang, *ChemPhysChem*, **7**, 2294 (2006); (r) K. Chen, C.-H. Yang, Y. Chi, C.-S. Liu, C.-H. Chang, C.-C. Chen, C.-C. Wu, M.-W. Chung, Y.-M. Cheng, G.-H. Lee and P.-T. Chou, *Chem. Eur. J.*, **16**, 4315 (2010); (s) D. M. Kang, J.-W. Kang, J. W. Park, S. O. Jung, S.-H. Lee, H.-D. Park, Y.-H. Kim, S. C. Shin, J.-J. Kim and S.-K. Kwon, *Adv. Mater.*, **20**, 2003 (2008)

35) (a) X. Ren, M. E. Kondakova, D. J. Giesen, M. Rajeswaran, M. Madaras and W. C. Lenhart, *Inorg. Chem.*, **49**, 1301 (2010); (b) R. Ragni, E. A. Plummer, K. Brunner, J. W. Hofstraat, F. Babudri, G. M. Farinola, F. Naso and L. De Cola, *J. Mater. Chem.*, **16**, 1161 (2006); (c) G. Zhou, C.-L. Ho, W.-Y. Wong, Q. Wang, D. Ma, L. Wang, Z. Lin, T. B. Marder and A. Beeby, *Adv. Funct. Mater.*, **18**, 499 (2008); (d) J. Hu, G. Zhang, H.-H. Shih, P. Sun and C.-H. Cheng, *Synth. Met.*, **158**, 912 (2008); (e) S. Tokito, T. Iijima, T. Tsuzuki and F. Sato, *Appl. Phys. Lett.*, **83** (12), 2459 (2003); (f) T. Tsuzuki, N. Shirasawa, T. Suzuki and S. Tokito, *Adv. Mater.*, **15** (17), 1455 (2003); (g) V. V. Grushin, N. Herron, D. D. LeCloux, W. J. Marshall, V. A. Petrov and Y. Wang, *Chem. Commun.*, 1494 (2001); (h) A. F. Rausch, M. E. Thompson and H. Yersin, *J. Phys. Chem. A.*, **113** (20), 5927 (2009); (i) S. Takizawa, H. Echizen, J. Nishida, T. Tsuzuki, S. Tokito and Y. Yamashita, *Chem. Lett.*, **35** (7), 748 (2006); (j) I. R. Laskar, S.-F. Hsu and T.-M. Chen, *Polyhedron*, **24**, 189 (2005); (k) S. J. Lee, K.-M. Park, K. Yang and Y. Kang, *Inorg. Chem.*, **48**, 1030 (2009); (l) J. H. Seo, G. Y. Kim, J. H. Kim, J. S. Park, B. M. Seo, K. H. Lee, S. S. Yoon and Y. K. Kim, *Jpn. J. Appl. Phys.*, **48**, 082103 (2009); (m) N. Agarwal and P. K. Nayak, *Tetrahedron Lett.*, **49**, 2710 (2008); (n) K. H. Lee, H. J. Kang, J. K. Park, J. H. Seo, Y. K. Kim and S. S. Yoon, *Thin Solid Films*, **518**, 6188 (2010); (o) S. H. Kim, J. Jang, S. J. Lee and J. Y. Lee, *Thin Solid Films*, **517**, 722 (2008); (p) M. Xu, R. Zhou, G. Wang, Q. Xiao, W. Du and G. Che, *Inorg. Chim. Acta.*, **361**, 2407 (2008); (q) S. O. Jung, Q. Zhao, J.-W. Park, S. O. Kim, Y.-H. Kim, H.-Y. Oh, J. Kim, S.-K. Kwon and Y. Kang, *Org. Electron.*, **10**, 1066 (2009)

36) (a) S.-J. Yeh, M.-F. Wu, C.-T. Chen, Y.-H. Song, Y. Chi, M.-H. Ho, S.-F. Hsu and C. H. Chen, *Adv. Mater.*, **17** (3), 285 (2005); (b) Y.-C. Chiu, Y. Chi, J.-Y. Hung, Y.-M. Cheng, Y.-C. Yu, M.-W. Chung, G.-H. Lee, P.-T. Chou, C.-C. Chen, C.-C. Wu and H.-Y. Hsieh, *Appl. Mater. & Interfaces*, **1** (2), 433 (2009); (c) P. Coppo, E. A. Plummer and L. D. Cola, *Chem. Commun.*, 1774 (2004); (d) J.-Y. Hung, Y. Chi, I.-H. Pai, Y.-C. Yu, G.-H. Lee, P.-T. Chou, K.-T. Wong, C.-C. Chen and C.-C. Wu, *Dalton Trans.*, 6472 (2009); (e) E. Orselli, G. S. Kottas, A. E. Konradsson, P. Coppo, R. Fröhlich, L. D. Cola, A. v. Dijken, M. Büchel and H. Börner, *Inorg. Chem.*, **46** (26), 11082 (2007); (f) Y. You, J.

第1章 有機EL発光材料

Seo, S. H. Kim, K. S. Kim, T. K. Ahn, D. Kim and S. Y. Park, *Inorg. Chem.*, **47**, 1476 (2008) ; (g) P.-I Shih, C.-H. Chien, C.-Y. Chuang, C.-F. Shu, C.-H. Yang, J.-H. Chen and Y. Chi, *J. Mater. Chem.*, **17**, 1692 (2007) ; (h) E. Orselli, R. Q. Albuquerque, P. M. Fransen, R. Fröhlich, H. M. Janssen and L. D. Cola, *J. Mater. Chem.*, **18**, 4579 (2008)

37) (a) J. A. G. Williams, *Chem. Soc. Rev.*, **38**, 1783 (2009) ; (b) J. A. G. Williams, A. J. Wilkinson and V. L. Whittle, *Dalton Trans.*, 2081 (2008) ; (c) L. Yang, F. Okuda, K. Kobayashi, K. Nozaki, Y. Tanabe, Y. Ishii and M. Haga, *Inorg. Chem.*, **47**, 7154 (2008) ; (d) S. Obara, M. Itabashi, F. Okuda, S. Tamaki, Y. Tanabe, Y. Ishii, K. Nozaki and M. Haga, *Inorg. Chem.*, **45**, 8907 (2006) ; (e) A. J. Wilkinson, H. Puschmann, J. A. K. Howard, C. E. Foster and J. A. G. Williams, *Inorg. Chem.*, **45**, 8685 (2006) ; (f) A. J. Wilkinson, A. E. Goeta, C. E. Foster and J. A. G. Williams, *Inorg. Chem.*, **43**, 6513 (2004)

38) Y.-Y. Lyu, J. Kwak, W. S. Jeon, Y. Byun, H. S. Lee, D. Kim, C. Lee and K. Char, *Adv. Funct. Mater.*, **19**, 420 (2009)

39) S. O. Jeon, K. S. Yook, C. W. Joo and J. Y. Lee, *Adv. Funct. Mater.*, **19**, 3644 (2009)

40) Y. Tao, Q. Wang, C. Yang, C. Zhong, J. Qin and D. Ma, *Adv. Funct. Mater.*, **20**, 2923 (2010)

41) Y.-C. Chiu, J.-Y. Hung, Y. Chi, C.-C. Chen, C.-H. Chang, C.-C. Wu, Y.-M. Cheng, Y.-C. Yu, G.-H. Lee and P.-T. Chou, *Adv. Mater.*, **21**, 2221 (2009)

42) S.-J. Su, E. Gonmori, H. Sasabe and J. Kido, *Adv. Mater.*, **20**, 4189 (2008)

43) C.-H. Yang, Y.-M. Cheng, Y. Chi, C.-J. Hsu, F.-C. Fang, K.-T. Wong, P.-T. Chou, C.-H. Chang, M.-H. Tsai and C.-C. Wu, *Angew. Chem. Int. Ed.*, **46**, 2418 (2007)

44) C.-F. Chang, Y.-M. Cheng, Y. Chi, Y.-C. Chiu, C.-C. Lin, G.-H. Lee, P.-T. Chou, C.-C. Chen, C.-H. Chang and C.-C. Wu, *Angew. Chem. Int. Ed.*, **47**, 4542 (2008)

45) S. Chew, C. S. Lee, S.-T. Lee, P. Wang, J. He, W. Li, J. Pan, X. Zhang and H. Kwong, *Appl. Phys. Lett.*, **88**, 093510 (2006)

46) J.-H. Jou, S.-M. Shen, S.-H. Chen, M.-H. Wu, W.-B. Wang, H.-C. Wang, C.-R. Lin, Y.-C. Chou, P.-H. Wu and J.-J. Shyue, *Appl. Phys. Lett.*, **96**, 143306 (2010)

47) S.-J. Su, C. Cai and J. Kido, *Chem. Mater.*, **23** (2), 274 (2011)

48) T. Peng, H. Bi, Y. Liu, Y. Fan, H. Gao, Y. Wang and Z. Hou, *J. Mater. Chem.*, **19**, 8072 (2009)

49) Y. Zheng, S.-H. Eom, N. Chopra, J. Lee, F. So and J. Xue, *Appl. Phys. Lett.*, **92**, 223301 (2008)

50) H.-J. Seo, K.-M. Yoo, M. Song, J. S. Park, S.-H. Jin, Y. I. Kim, J.-J. Kim, *Organic Electronics*, **11** (4), 564 (2010)

51) C. Li, H.-H. Shih, X. Jiang, P. Sun, Y. Pan and C.-H. Cheng, *Synth. Met.*, **159**, 2070 (2009)

第2章　白色発光単一有機化合物（低分子・高分子）
―究極の白色発光体―

仲矢忠雄[*]

1　はじめに

　最近，エレクトロルミネセンス EL（電界発光）分野においてたった一つの有機[1,2]や無機[3]化合物で白色発光する発光体に関心が集まっている。有機化合物は熱や光に対して弱いという欠点はあるが，高分子など千差万別の色々な化合物を合成することができ，高分子にすることによって，フィルムなどに加工しやすく，又軽量化も可能になりその美点は大きい。

　有機物を半導体として用いるにあたり，まず炭素化合物の特質と限界について述べ，次いで有機半導体にπ電子（エチレン，アセチレン，ベンゼンなどの構成ユニット）系化合物が何故使われるのかを説明する。これら有機物を使って，ターンらはどのようにして現在の有機 EL の製作に成功したのかについて述べ，更に最近注目され始めている有機 EL の機能の向上を目指した有機スピン EL[4]についても触れる。

　筆者らは 2001 年にたった一つの有機色素（単一有機化合物）が白色発光することを，次いで 2005 年には新規縮合系主鎖型共役系高分子が白色発光することをそれぞれ世界で初めて報告した[1,2]。

　当初はよく理解できない人もいたが，最近になって続々と究極の単一白色発光体が合成されるに及んで，にわかに白色発光単一有機化合物（低分子・高分子）が有機 EL の最大のトピックスになってきた。それは青と黄，紫と黄緑，緑と赤紫といった補色関係にある 2 色か赤，緑，青の 3 原色により白色を生み出す，ニュートン，マックスウェルによる通常の混合，混色の方法でなく[5~7]，単一有機分子や高分子化合物で白色発光を実現するものである。

　白色発光単一有機化合物を使用する利点は一つの化合物を作ればすむこと，又混合の場合，発光体の寿命差による白色の変色を回避できること，又各発光体のブレンドによる相分離が抑えられること，更に EL 素子構成の作成の簡素化につながることなどである。

　単一白色発光体の利用としては，小型白色照明装置，液晶ディスプレイのバックライトの代替，更に可視部発光をカバーしている白色光をカラーフィルターを通して色再現し，カラー表示装置として使用するなど，興味津々たるものである。

　本稿では筆者らが白色発光単一有機化合物（低分子・高分子）の発見に至る経緯，合成，物性，発光メカニズムについて述べ，更にそれと関連する最近報告されている他の興味ある白色発光単一低分子・高分子について触れる。

---

　[*]　Tadao Nakaya　大阪市立大学名誉教授，工学博士

第2章 白色発光単一有機化合物（低分子・高分子）―究極の白色発光体―

2 炭素（C）とケイ素（Si）はどこが違うのか[8, 9]

　有機物は元々生物由来の化合物で，この炭素化合物を取り扱う学問が有機化学である。一方ケイ素は地球で酸素に次いで多く存在する元素であり，また，現在の半導体工業の主役でもある。このCとSiの違いはどこにあるのか。それはそれらの原子の電子配置にある。すなわち，炭素原子の電子配置は $1s^2$, $2s^2$, $2p^2$ であり，$1s^2$ の電子は原子核と強く結ばれており今のところ考えなくてよい。一方，炭素の3d軌道は随分エネルギーの高いところに存在し，3d軌道は無視してよいだろう。かくして，$2s^2$, $2p^2$ からのみで4価の原子を作り出し，4価以上の原子価を取るのは難しい。したがって，頑に4価を守るという保守性を持つ。

　それに対し，ケイ素原子の電子配置は $1s^2$, $2s^2$, $2p^6$, $3s^2$, $3p^2$, (3d) であり，ここで空軌道の3d軌道は $3p^2$ のすぐ近くに存在し，電子が入って来ると，空の3d軌道が使えるようになる。言い換えると1個の電子が入ってきたら，空の3d軌道があいているためその電子をもらい原子価は5価となることができる。SiはCに比べ反応性が高いといえよう。それゆえ，$CCl_4 + H_2O$ の反応はほとんど起こらないのに対し，$SiCl_4 + 2H_2O$ では激しく反応して $SiO_2 + 4HCl$ となる。一般に炭素に関する反応の2分子求核置換（S_N2）反応では次のようになる。

$$Cl^- + RCl \rightarrow [Cl-R-Cl]^- \rightarrow Cl-R + Cl^-$$

　カッコ内の遷移状態の炭素原子は3中心4電子系であるので少し量子力学的共鳴安定化されるが，S_N2 反応の遷移状態では，図1のように，反応中心の炭素は，5価を要求される。ところが炭素では前述したように5価にはなりにくく，遷移状態での寿命も短くなり，したがって，遷移状態は安定化されにくい。すなわち，反応性は低い。

　一方，反応中心の原子がSiの場合は上の模式図の如く5配位になりやすいため，遷移状態の安定化を引き起こす。したがって，反応は起こりやすくなり，反応性が高い（X$\cdots$SiR$_3\cdots$X）。

　それ故，4価の炭素は反応性が低く，安定化した多数の化合物が作り出され，安定性を保持できるため炭素化合物が生命を宿すことができる。これに対し，ケイ素化合物は反応性が高く，周

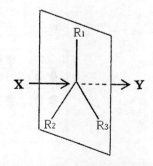

図1　2分子求核置換反応（S_N2）型遷移状態の構造図

りのイオンや分子と反応してしまう。したがって，ケイ素化合物では生命を宿すことはできない。光励起や電界励起により外部から電子を注入すればSiが電子を受け取り，電子の溜まり場となって，その価電子帯（VB：valance band）の電子を光エネルギーなどで伝導体（CB：conduction band）に押し上げるために電子が動き廻り，移動度を高める。

　一方，有機半導体の炭素原子（C）の要所要所をSiで置換した分子は，光や電界励起した電子を空の3d軌道を使うことによって電子を取り込み，隣の空の3d軌道を持つ分子に電子を与えることができる。すなわち，良い電子輸送層用材料に応用することができる。こういったことはSiに限らず同族元素であるGeやSnにもあてはまるのである。

　因みに，Cの電子の移動度（電子の動きやすさの物理定数）は10^{-8}〜10^{-2}cm^2/Vsなのに対し，Si（ホール）の移動度は≧400cm^2/Vsで，Si（電子）の移動度は≧1,500cm^2/Vsで，Ge（ホール）では≧1,400cm^2/Vs，Ge（電子）では≧3,000cm^2/Vsである。SiやGeで電子がホールより動きやすくなっているのは，電子は自由に結晶中を動けるがホールは結晶の格子間を飛び飛びにしか動けないからである。

3　π-電子共役系化合物が有機半導体材料に使われるのはなぜか[10, 11]

　前節で，炭素は本質的に安定で可動性電子のない化合物であることを説明してきた。ところが，原子価として4しか持たない炭素原子で，電子が動き廻れるグラファイトを念頭に入れてエチレンの分子軌道を考えると，図2左上のようになる。sp^{2}混成軌道からはσ結合とnb（non bonding）結合ができ，p$_Z$軌道からは結合性π結合と反結合性π*結合ができる。そして，線状レベル（エネルギーレベル）からp$_Z$軌道の数（n）が増えていくに従って，帯状（線の重なり）レベルに広がっていく。一重結合と二重結合が交互になった共役鎖長が増加すると，HOME（Highest Occupied Molecular Orbital）とLUMO（Lowest Unoccupied Molecular Orbital）の

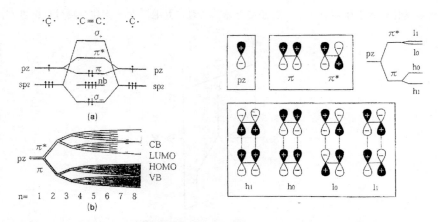

図2　π-電子共役系の分子間相互作用によるバンドギャップ形成のメカニズム

第 2 章　白色発光単一有機化合物（低分子・高分子）―究極の白色発光体―

エネルギー差は縮まってくる。HOME は価電子帯（VB）の一番エネルギーの高いところ，LUMO は伝導体（CB）の一番エネルギーの低い所に対応している。

さて，もう少し立ち入って，エチレンを例にとって空間的相互作用について説明しよう。図 2 からわかるように，4 つのケースが考えられる。結合性 π 軌道は分子間相互作用して，h_1 と h_0 とに分裂する。一方，反結合性 $π^*$ 軌道は分子間相互作用で l_0 と l_1 とに分かれる。何故なら，波動関数の位相性から同位相（黒丸同士や白丸同士）のときは引き合うが逆位相（黒丸と白丸）は反発しあうためである[12]。ここで重要なのは図 2 からもわかるように CB と VB の差は h_0 と l_0 との差で決まる点である。つまり，空間的相互作用により，CB と VB の差が縮まると VB から CB に飛び上がりやすくなり，CB に入った電子は可動性電子となって自由に動けるようになる。すなわち，伝導性が生じる。

結論として，第 2 節で述べたように，炭素原子は可動性電子を生み出すことができにくい原子である。ところが，π 電子を広げることによって π と $π^*$ のレベル差が縮められ，更に π 電子系の空間的相互作用を強める。つまり，π 電子間の重ね合わせを密にすることの 2 つの効果により，低バンドギャップの良い半導体を作ることができる。

4　有機 EL[13] から有機スピン EL[4] へ

1987 年コダック社のターンらは，陽極として透明電極である ITO 基板を用い，その上に p-型有機半導体であるジアリールアミンを，その上に n-型半導体である Alq3 錯体を乗せ，更に，Mg，Ag などの陰極となる金属薄膜をつけたものに数 V 程度の直流電圧を掛けると 1,000cd/m² 自発光が見られることを見出した。従来のドーピング型有機半導体と異なっているのは，高電圧を掛け続けキャリヤを強制的に注入するという有機半導体であるという点である。そして従来の Si や Ge などの元素半導体などによく用いられているホール輸送（p）と電子輸送（n）層からなる二層構造を取らせ接触させ p-n 接合を行った。ここで（p）はイオン化ポテンシャルの小さな有機半導体で隣接した陽極から容易に電子が取られ，正に帯電したカチオンラジカル分子（正孔）（positive）になりやすい有機半導体集合分子で，（n）は電子親和力が大きい有機半導体で陰極から電子をもらって負に帯電した（negative）分子になる有機半導体集合分子である。この薄膜に大きな電流を流し高電界を生じさせ，電子とカチオンラジカル分子（ホール）がほぼ p-n 界面上で再結合することによって光としてエネルギーを放出し，面発光現象が見られる。p-n 接合は電流をスムーズに流させ発光効率を良くするのに役立っている。

ここでターンらは有機半導体層を 100nm の超薄膜にすることによって電極間の電流の走行距離を短くし，数 V 程度の印加電圧によって 10^5V/cm 以上の高電界を実現し，有機層界面のエネルギー障壁を低くし電子が跳びこえやすくし[14]，成功に導いた。

この従来の p-n 半導体と超薄膜技術で現在の有機 EL の雛型を作った。しかし，有機物の超薄膜に大きな電界が掛かるため，有機材料の劣化に大きな問題を引き起こすことになる。このため

急ぎ解決せねばならない課題は，SiやGeなどの高移動度で耐久性のある有機材料の開発である。

従来の無機エレクトロニクスは主に無機系半導体の電子の電荷だけを利用したものであった。一方，無機スピンエレクトロニクス[15]（略称：スピントロニクス）は電荷とスピンの両方を利用したもので主体となる材料は磁性半導体である。磁性体の電子伝導が大きな問題であり，ハードディスクや不揮発性メモリーに用いられ，成功をおさめている。有機ELにおいて有機物はC,H,N,Oなど軽い原子からできているため，スピン-軌道相互が小さいこと，更に有機系は無機系に比べて，高純度なものを得ることが困難なことから不純物のためにスピンの向きを一斉に並べにくいという点もあるが，有機EL金属錯体や有機EL強磁性体を用いるなど改善し，有機ELにおいて注入する電子のスピンの配向を制御し，新しい有機スピンEL[4]の創成を目指す技術を確立することはELの発光効率のアップや低消費エネルギーにつながるので，その研究開発が期待される。

5　単一白色発光，キナクリドン誘導体の発見[1, 2]

筆者らは，もともと黄緑発光のキナクリドン化合物から置換基を導入したりなどして，化学構造を変えることにより赤発光体を得ようとして合成中，偶然にも図3の構造式に示すキナクリドン誘導体が白色発光することを見つけた。そして，その物質を再沈殿，カラム精製，再結晶を繰り返し，高真空下，昇華精製するなどして，黒色粉末状物質を得た。同図に合成反応スキームを示す。

高真空下，ガラス上にその物質を昇華することによって得られたその超薄膜サンプルに，UV照射すると白色発光することがわかった。図3に示すようにキナクリドン骨格の両脇にカルバゾールやフルオレン環をつけることにより発光色はより深くなって赤の発光に近くなり，しかも発光強度も大きくなる。またキナクリドン骨格の窒素にアルキル基やベンジル基を導入することにより青色発光部を強くすることもできる。その発光（PL：Photo Luminescence）スペクトル（キシレン中）を図3に示す。こうして，赤と青に近い発光スペクトルが生じ，その重なりで緑のピークとなって現れていると思われる。すなわち，3ピークを作り出すことができ，このように共役系を変えたり，置換基を変えたり，ヘテロ原子の導入等によって赤・青の発光波形を変えて色々な白，すなわち青い白，黄緑の白，ベージュ色の白，赤っぽい白というように化学構造を変えて色合いをコントロールすることができるのである。

かくして赤・緑・青のバランスの取れた白からは，蒸着法でEL素子を作成し，色度座標（CIE）で（0.33, 0.35）のW（white）点を打つ理想値（0.33, 0.33）に近い白色発光が得られた。しかし，カラーフィルター透過による輝度の低下を補って余りあるほどの強力発光材料の開発が急がれる。

一方，青と黄の発光から作成される白は，白色発光とはなるが，もともと赤発光領域がほとん

第2章 白色発光単一有機化合物（低分子・高分子）―究極の白色発光体―

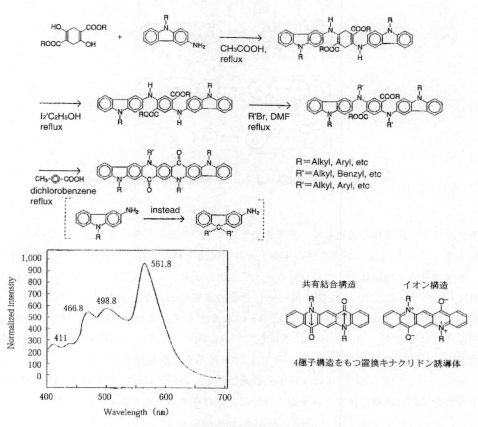

図3 キナクリドン誘導体の合成スキームとPLスペクトル

どないため，カラーフィルターを掛けると赤発光部分が少なく，黄色領域の裾野の部分はわずかに赤色があるが，殆ど無視できるほど小さい。それゆえ，フルカラー用白色発光体を作るために，赤発光の要素を多く取り入れることによってのみ目的が達成できる。

　赤色発光を有機化合物で得るためには共役系を広げるだけでなく，分極した置換基を導入するために必然的に分子量は大きく500以上になる。したがって，フルカラー用単一白色発光体は少なくとも赤色発光以上の分子量を持つ必要がある。白色発光メカニズムとしては，キナクリドン誘導体は純粋な共有結合構造とイオン構造の2つの異なる状態の重ね合わせからできている。このため共有結合構造の寄与に比べてイオン構造の寄与が大きくなると，動的ヤーン・テラー効果により両ポテンシャル曲面では電子間反発が起こり，交差面で交差することなく（非交差則）[16]互いに反発して両ポテンシャル曲面に大きな仕切りができ，励起振動構造では異なる2個の局在状態が生ずる（共有結合構造ボックスとイオン構造ボックスが生ずる）。かくして以上2つの局在化したものからそれぞれ発光し，2色発光する[17]。更に2色発光波形の重なりが3色発光波形の出現となり，可視部を網羅するものならば白色発光となると考えられる。

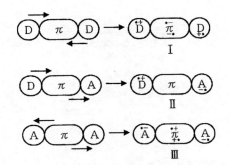

図4 極性基導入によるπ-電子系励起電子の分散化

　キナクリドン誘導体と関連して，分子骨格として2つの強い双極子モーメントを持ち，しかも双極子モーメントの向きが横並びの4極子π共役構造を持つ4極子共役系分子の他の例としては，キナクリドン前駆体[18]，ピロロピロール[18]，逆分子モーメントを持つスピロ環化合物等が知られている[19,20]。ここで，π-電子共役系化合物の末端に大きな分極性置換基が付いたπ-電子共役系分子，つまりD-π-A，D-π-D，A-π-Aなどを考えよう。Dは電子供与基，Aは電子吸引基で，DとAはそれぞれπ系に連結しており，図4に示すように励起電子（密度）の拡散に寄与しているのはIとIIIである[21]。そして，D-A系を「双極性共役系低分子，高分子」と呼んでいる。一方，D-DやA-Aは4極子共役系低分子，高分子に対応している。前述の双極子低分子や高分子の高次構造体で双極子が1分子に2個存在するものである[22,23]。

6　その他の白色発光単一有機低分子

　Mazzeo[24]らは図5に示すような，高輝度な単一白色発光を有するチオフェン誘導体を合成した。これはA-π-A型で，ボロニル基がチオフェンリングに電子吸引する共役系誘導体である。UVスペクトルとPLスペクトルを示す。これらのスペクトルより，彼らは効率の良い白色発光体だとしている（図5）。また，Liuら[25]は両末端に電子供与基の大きなカルバゾールを持つ共役エニンを合成している（図6）。その塩化メチレン中，固体，及び高真空蒸着で得られた薄膜のPLスペクトルを図6に示す。これからは白色発光していることがわかる。つまり，これもD-π-D型で，大きな分極したカルバゾール基（D）からアセチレンに向かって電子移動が起こっており，D-π-D型でDが励起電子密度の拡散に大きく寄与していると考えられる。すなわち，このような四極子構造を取らせることにより，励起状態の共役系の安定化を促進することができる。

　前節（5節）で青と黄からではなく，青，緑，赤で白を一つの分子で出現するためには分子量は500を超える必要があると書いた。しかし，ごく最近，分子量400以下で白色発光する有機化合物が合成された[26]。その合成経路とIを423nmで励起した白色発光波型を図7に示す。一般

第2章 白色発光単一有機化合物（低分子・高分子）—究極の白色発光体—

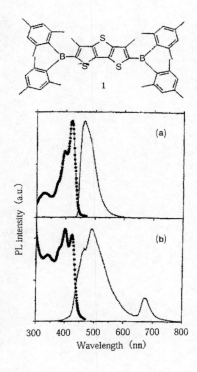

図5 チオフェン誘導体（1）のTHF中（a），及び固体状態（b）でのUVスペクトル（太線）とPLスペクトル（細線）

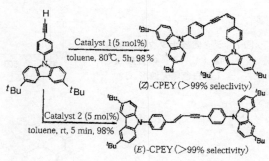

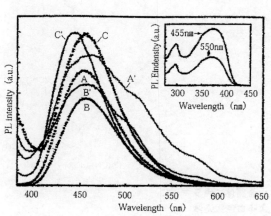

図6 分極したカルバゾールを両末端に持つ共役エニンの合成スキームとPLスペクトル

A：塩化メチレン中，A'は真空蒸着フィルムでの（E)型-CEPのPL

B：塩化メチレン中，B'は真空蒸着フィルムでの（Z)型-CEPのPL

C：4,4'-ビス-（1-ナフチルアミノ）ジフェニル（NPB）で約（1：1）でドープした真空蒸着フィルムの（E)型-CEPのPL

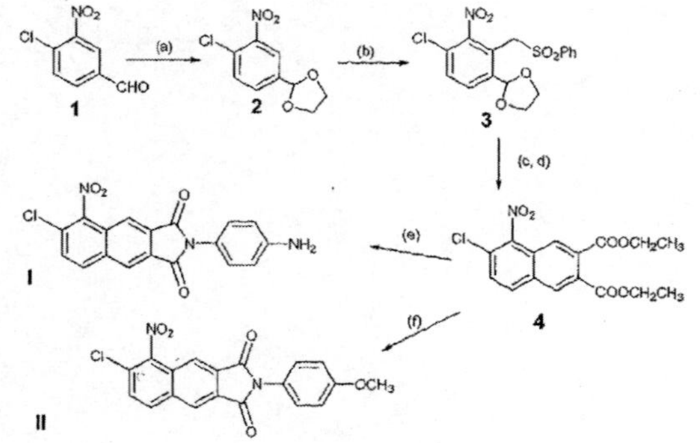

白色有機EL照明技術

Reagents and conditions: (a) ethylene glycol, toluene, reflux, overnight, 95%; (b) dry DMSO, KOH, ClCH$_2$SO$_2$Ph, overnight, 24 °C, 75%; (c) AcOH/H$_2$O 4 : 1, reflux, 6 h, 95%; (d) diethyl maleate, 18-crown-6, K$_2$CO$_3$, CH$_3$CN, 24 °C, then reflux, 6 h, 70%; (e) *p*-phenylenediamine, pyridine, reflux, 12 h; (f) *p*-anisidine, pyridine, reflux, 12 h.

図7 ジー置換ナフタリン無水物（Ⅰ，Ⅱ）の合成法とⅠの白色発光波形

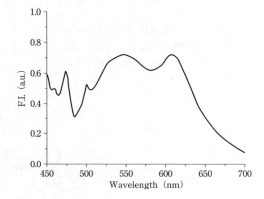

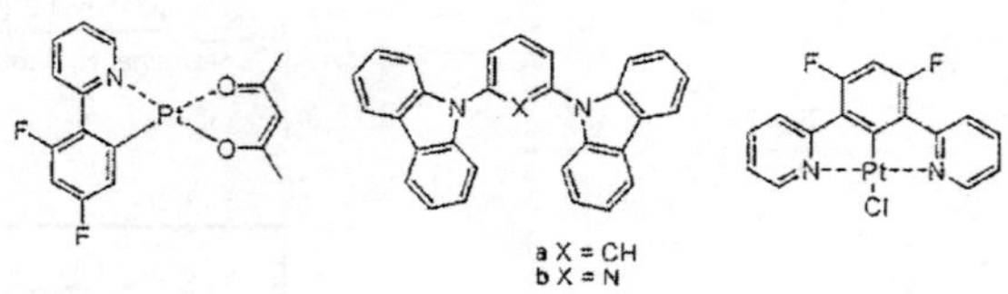

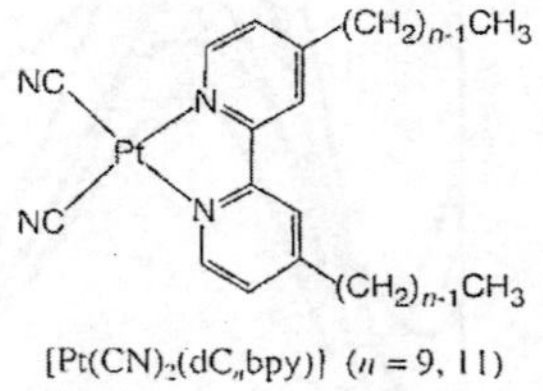

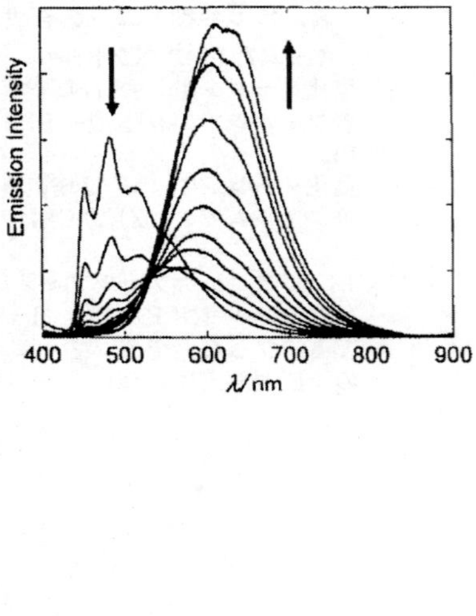

図8 白金錯体エキシマーによる白色発光体

第2章　白色発光単一有機化合物（低分子・高分子）—究極の白色発光体—

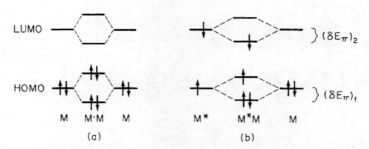

図9　シングレット励起二量体（エキシマー）の生成過程エネルギーダイヤグラム

に-NO_2を芳香環につけると消光するのが普通であるのに，この-NO_2をあえて付けて波長を伸ばすのに成功している。ただこのスペクトルのチャートから青色波長領域の発光強度が弱く，また-NO_2の導入は分子全体の発光強度を下げているものと考えられる。

一方，自然の太陽光に近い白色発光を出す有機金属錯体が合成された[27]。それは有機白金錯体で以前から研究開発されてきたものの集大成とも言うべきもので構造式を図8に示す。

基底状態の2個の錯体分子が近接して存在するときは何らの安定化も受けないが，近接分子M-Mのうち，一つが光，または電界励起をされると少し安定化され，その励起二量体（エキシマー）[28]が生成する（図9）。それからPtの重原子効果により素速く項間交差[29]により一重項から三重項に変えられる。その三重項励起状態から燐光発光して基底状態に戻る。ここで基底状態の二量体のポテンシャルカーブは安定状態のない単調な減衰カーブであるので，振動構造を持たず，したがって発光波形はブロードなものとなる。かくして二量体からの燐光発光と一量体からの蛍光発光とが合わさって二波形となり，白色発光となる。

7　白色発光単一高分子[1, 30]

ジオクチルフルオレンジカルボン酸（I）と1,4-ナフタレンジカルボン酸（1）を4:1のモル比でデュポン法により重縮合反応させると，オキサジアゾール環で連結された二元共重合体が得られた（図10）。数平均分子量はGPC測定より5万〜6万で，クロロホルム，THF等の有機溶剤に溶け，弾性もあり，またフィルムや繊維形成能のある高分子で，そのPLスペクトル（クロロホルム中）を図10に示す。

更に，このポリマーフィルムにUV照射すると，強力発光が見られる。1,4-ナフタレンジカルボン酸（1）の代わりに，図10に列挙したジカルボン酸を反応させてArだけ用いた時は，二元重合体が得られた。そして，Ar'ジカルボン酸を加えて反応させると，三元重合体が得られた。特にキナクリドン前駆体である2,5-ジアリニノテレフタル酸（3）を（I）に加えて反応させて得られた三元共重合体は，分子骨格に極性分子を持つ縮合系白色発光共役高分子である。こうして得たこれらのサンプルの蛍光スペクトル（クロロホルム中）を図10に示す。図から二元共

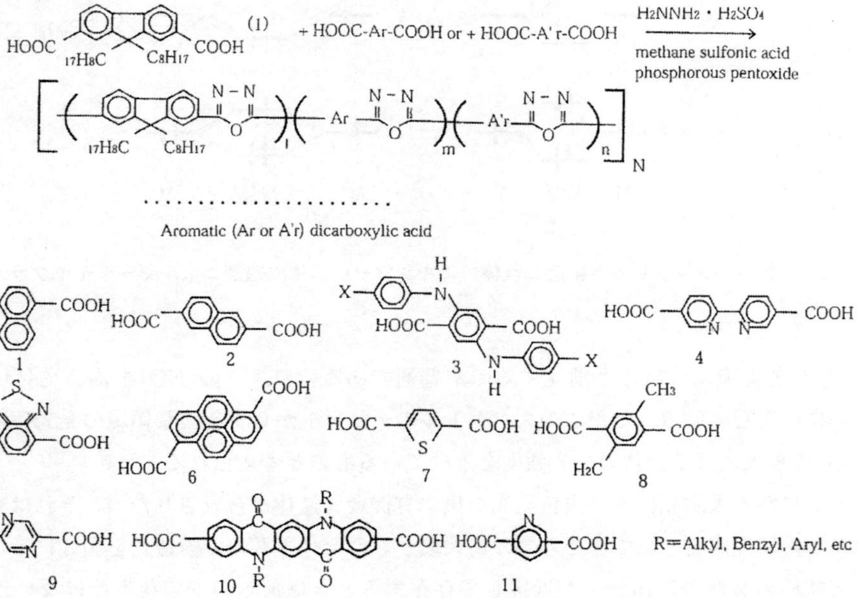

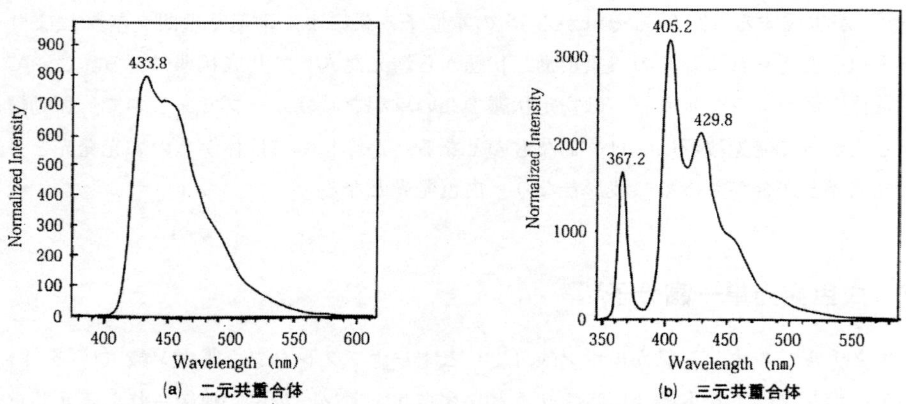

白色有機 EL 照明技術

図10 縮合型共役共重合体の合成スキームとその二元共重合体（Ⅰ+1）と三元共重合体（Ⅰ+1+2）の PL スペクトル

重合体及び三元重合体ともに青発光と黄発光からなる白色発光と考えられる。オキサジアゾール環は発光強度の大きな電子吸引基で，その隣接している芳香環から電子を引き寄せ，双極性 D-π-A 共役系を形作って白色発光していると思われる。

第2章　白色発光単一有機化合物（低分子・高分子）―究極の白色発光体―

8　その他の白色発光単一高分子

最近，前出のキナクリドンを高分子主鎖に含む同様なポリフルオレン高分子が報告された[31]。その合成スキームを図11に示す。同図にそのUV，PL，EL等の分光特性を示す。これらの高分子ELスペクトルは（λ_{max}425/445nm）の青色発光と（λ_{max}540/580nm）の黄色発光の2つの発光領域からできていて，フルオレンセグメントからキナクリドンユニットへのエネルギー移動や電荷トラッピングによるものとしている。そして，2個の発光バンドの相対的強度は高分子主鎖の中の長鎖アルキルフルオレンに対するキナクリドンユニットとフルオレンユニットの含有率で決まる。色座標CIE（x，y）は（0.27，0.35）で理想W点（0.33，0.33）から少し外れている。それはキナクリドン骨格だけでは赤発光部が小さく不十分で，大きな赤発光が得られるように前述のようにキナクリドンにカルバゾール環やフルオレン環をつけてやるなど工夫が必要だからである。

キナクリドン骨格を高分子の中央部に据え長鎖アルキルフルオレン高分子を両脇に配することで，高分子フルオレンによる青色発光強度を高め，また溶剤に対する溶解性を良くしている。

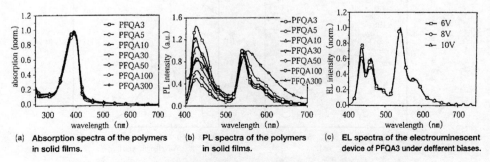

図11　キナクリドン環を担持するフルオレン共役系高分子の合成スキームとUV，PL及びELスペクトル

白色有機EL照明技術

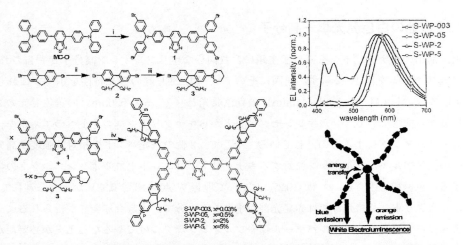

図12 オレンジ色発光する中心核部と青色発光する4本の高分子鎖からなる白色発光体の合成スキームとELスペクトル

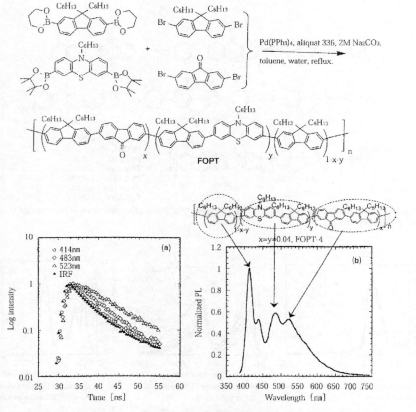

図13 フェノチアジンやフルオレン環を担持する三元共重合体の合成スキームとポリマーの減衰曲線とPLスペクトル波形

第2章　白色発光単一有機化合物（低分子・高分子）—究極の白色発光体—

Wang[32]らは，図12に示す方法で白色発光分子を合成した。それは，図12に示すように，青色発光する長鎖アルキルフルオレンポリマー腕とオレンジ色発光するベンゾチアジアゾール環を中央核部に持つ数平均分子量1万5,000程度の高分子で，そのELスペクトルも同図に示す。白

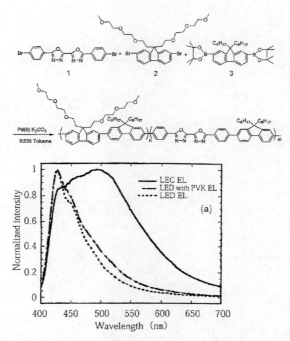

図14　コポリマー（1+2+3）の合成スキームとPLスペクトル

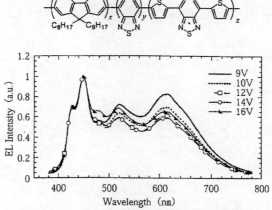

EL spectra of devices made from copolymer 29 at different voltages. Device architecture: ITO/PEDOT:PPS/PVK/29/Ba/Al.

図15　上掲コポリマーの様々な電圧下での白色発光波形

白色有機EL照明技術

色発光メカニズムとして，高エネルギー青色部から低エネルギーオレンジ部へのエネルギー移動が起こり，青色やオレンジ色部はそれぞれは独立して発光していると考えている。

Jenekhe[33]らは，フェノチアジンやフルオレノンを担持する長鎖アルキルフルオレン共重合体

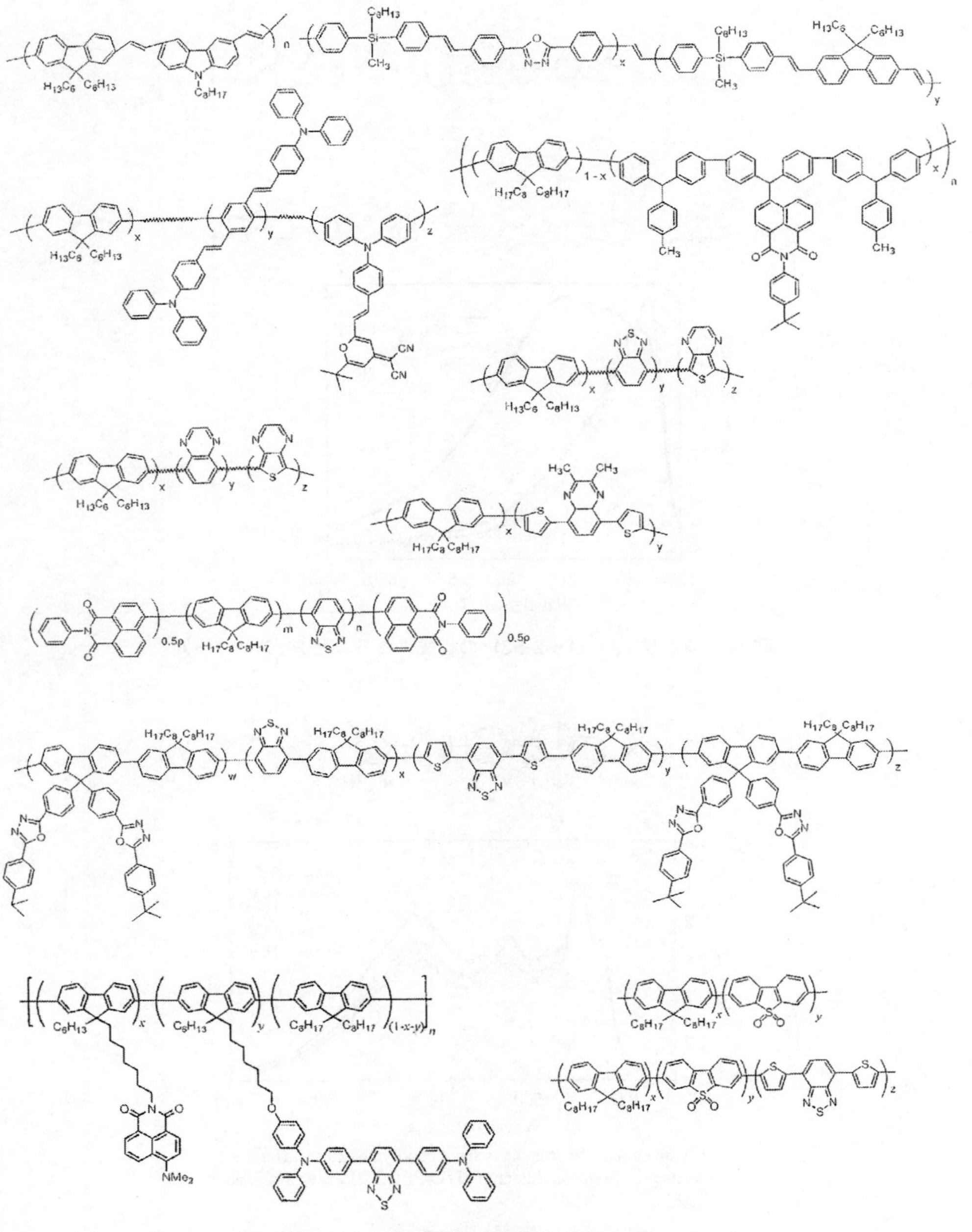

図16 白色発光単一高分子のいろいろ

第2章　白色発光単一有機化合物（低分子・高分子）―究極の白色発光体―

を以下の方法で合成した（図13）。フェノチアジンは光劣化しやすいという欠点はあるが，図13に示すように白色発光体である。そして，その発光現象を，高エネルギーのフルオレンから低エネルギーのフルオレン-フェノチアジンやフルオレン-フルオレノン鎖セグメントに落ち込む分子間と分子間内鎖を伝わるエネルギー移動が競争して起こっているとしている。そのポリマーのPL減衰曲線と定常状態のPLを図13に示す。一方，ポリマー組成によって最大輝度は1,900～8,970cd/m^2に変化すると報告している。

　色々な発光をする高分子をブレンドして白色発光させるのではなく，単一の高分子で白色発光する高分子は興味深い。ブレンド型では，それぞれの高分子は異なった構造を持っていることから相分離が起こり，よく馴染んでいないため色むらのある発光であるのに対し，単一の高分子で発光する高分子は均一な白色発光が得られる。しかも，一般に，高分子は低分子に比べては高密度性が低い。なぜなら，低分子は蒸着法によって分子がきちんと並んだ配向配列を持ち，均一な超薄膜ができる。一方，高分子は分子量分布があり，糸巻状等の形態を取り，高分子間は低分子間より大きな空隙があって，分子間相互作用は小さく，その結果，大きなバンドギャップが生じ，しかもギャップの大きさはギャップの一番大きなものによって決まる。したがって，高分子ELは低分子ELに比べ大きなバンドギャップが生じ，そのため，発光効率は良くない。よって自己組織化した高分子系を構築することが必要であろう。例えば，高分子主鎖に赤発光と青発光を有するクロモファーを担持したモノマーをクロスカップリングして導入することによって得られた合成高分子は，赤と青発光する高分子をブレンドするよりは良い方法であろう。それは，均一発光が期待でき，しかも二元あるいは三元共重合で高分子が至極簡単に合成できるという長所を有するからである。図14[34]と図15[35]に実例を示す。図16に多数の白色発光単一高分子をリストアップしている[36,37]。

9　フルカラー表示[1]

　以前，筆者らは合成したフルオレン環を担持したキナクリドン骨格のN位置にベンジル化したキナクリドン誘導体の白熱発光体とカラーフィルターとの組み合わせで赤・緑・青の色再現性を検討した[1]。用いたカラーフィルターの透過率特性を図17に示す。カラーフィルターを透過した赤・緑・青三原色の色度を測定した結果をCIE色度座標として同図(b)に示す。比較のために標準NTSC（National Television System Committee）規格も添えている。また図17に，色度座標表としてまとめている。得られた赤色では（$x=0.63$, $y=0.34$）で，オレンジ色ではなく，真赤な赤ではないものの良好な赤を与えている。緑は（$x=0.37$, $y=0.58$）で，もう少し改善する必要があるが，青色の（$x=0.14$, $y=0.10$）で，純度の良い青が得られている。W（white）点は（$x=0.38$, $y=0.36$）と理想値（$x=0.33$, $y=0.33$）と比べて良好な結果といえる。すなわち，この白色発光体と三原色カラーフィルターとの組み合わせによるフルカラー表示装置の作成は興味がある。補色関係や三原色混合によって白色発光を生じさせる場合，個別の発光体の発光強度

白色有機EL照明技術

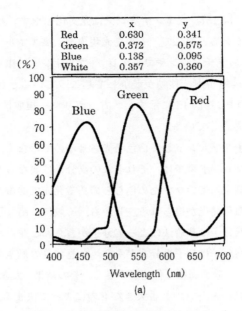

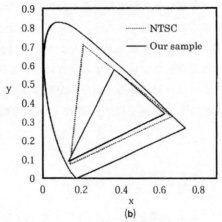

図17 三原色カラーフィルター（CF）の透過特性(a)とCFおよび白色発光体ELとの組み合わせによる色再現性(b)

に凹凸があり調整が難しい点，さらにそれぞれの発光体の劣化の速度に差があり，その違いによる調節が難しいことなど，大きな課題を残している。それに対し，単一白色発光低分子・高分子を使う方法では合成や精製が比較的容易で，装置作りの回路構成も簡単で，色再現性が高められればフルカラー表示に適していると思われる。

第 2 章　白色発光単一有機化合物（低分子・高分子）―究極の白色発光体―

10　おわりに

　最近，イリジウム錯体を用いる白色発光体は特に興味が注がれ実用化段階まできている[38]。これは Forrest 一派[39]が開発したイリジウム錯体を使用するもので，特に最近色純度のよい青色発光が出て一気に関心が集まっている。低分子型 EL 発光では発光層の補色関係色の違う積層構造で，高分子の場合はイリジウム錯体を側鎖に担持した高分子が使われている。しかし，これらのイリジウム金属錯体は高価なものが多く，この燐光発光体は配位結合からなる弱い結合でできているため，強い電場をかけると破壊され劣化が激しく起こるし，長時間点灯するにも限界がある。

　一方，有機 EL 材料は無機半導体材料のような高純度のものを得ることは現在では不可能に近い。つまり有機材料は無機半導体材料より桁外れに多くの不純物を有しており，取り除くことは容易ではない。しかるに燐光は蛍光より発光寿命が長い。したがって燐光が有機媒体中を走行している時間は長いと考えられる。時間が長ければそれだけ有機物質を痛めることになる。それに有機物では超高純度な物質を作ることは前述したように困難なため，この極少量の不純物と衝突してトラップ（消光）し熱として発散するので燐光発光の内部電子効率は蛍光発光より優れているが，このような点からも必ずしも燐光発光体が蛍光体よりも優れているとはいえない。

　以上の点から，大きな分子吸光係数を持ち劣化の少ない発光色素と共役素炭素原子が要所要所の位置に Si や Ge を導入されたエネルギーギャップの小さな 1 分子共役系化合物や単一鎖の高分子を合成して可視部を網羅した白色発光体や更に近赤外部まで波長を広げた一つの有機低分子化合物や単一の高分子を合成することは興味あるように思われる。

謝辞

　本稿を草するにあたり，大阪市立大学大学院工学研究科，中山正昭教授から多くの御教示をいただいた。深く感謝申し上げます。

文　　献

1)　仲矢忠雄，未来材料，9 (5)，46 (2009)；仲矢忠雄，松山卓央，宮澤雄太，月刊ディスプレイ，16 (9) 46 (2010)；同誌 15 (9)，39 (2009)；仲矢忠雄，コンバーテック，35 (1)，55 (2011)；T. Nakaya, N. Eto, T. Saikawa, A. Ikeda, Y. Kimura, T. Yamauchi, *Jpn. Appl.*, 2001/319, 621, 17 Oct : 2001 31 pp : Jpn. Kohkai Tkyo Koho JP 2003 192, 684 C. A. 139, 12481b (2003)；T. Nakaya, T. Saikawa, M. Tobita, Jpn. Kohkai tkyo Koho JP 2005 71, 733 C. A. 142, 306160e (2005)；T. Nakaya, A. Ikeda, M. Sato, M. Tobita,

PTC Int. Appl. WO 2006, 1, 239 C. A. 144, 97423t (2006); 仲矢忠雄, 江藤直伸, 犀川知行, 特許公報 (B2), 特許第3798985号 (2006.4.28); 仲矢忠雄, 松本良二, 飛田道昭, 池田厚, 佐藤三倉, 特願 2005-181310PTC WO 2006/115131A1; 飛田道昭, 石飛達郎, 枝連一志, 仲矢忠雄, 月刊ディスプレイ, 11 (9), 6 (2005); M. Ueda, H. Sugita, *J. Polym. Sci. Part A Polym. Chem.*, **26**, 159 (1982); 飛田道昭, 石飛達郎, 枝連一志, 仲矢忠雄, 『進化する有機半導体』(ブッカーズ編), p.211, エヌ・ティー・エス (2006)

2) 仲矢忠雄, 日本化学会第86春季年会・依頼講演, 2B4-4 (2006); C. Ronda, editor, Luminescence : from Theory to Applications, Wiley-VCH, p.208 (2007); S. Reineke, *et al.*, *Nature*, **459**, 234 (2009)

3) 仲矢忠雄, 工業材料, **59** (7), 投稿中 (2011); 仲矢忠雄, 松山卓央, 宮沢雄大, 月刊ディスプレイ, **16** (9), 46 (2010)

4) Z. V. Vardeny, Editor, Organic Spintronics, CRC Press (2010); W. J. M. Naber *et al.*, *J. Phys. D Appl. Phys*, **40**, 205 (2007)

5) K. Mulen, U. Schert, Editors, Organic Light Emitting Device, Synthesis, Properties, Applications, Wiley-VHC-Verlag, Chap.11 (2006); A. K-Y. Jen, *et al.*, *Adv. Mater.*, **21**, 361 (2009)

6) C. Ronda, Editor, Luminescence, From Theory to Applications, Wiley-VCH, p.208 (2007); S. Reineke, *et al.*, *Nature*, **459**, 234 (2009)

7) J. Huang, G. Li, E. Wu, Q. Xu, Y. Yang, *Adv. Mater.*, **18**, 114 (2006); T. H. Kim, H. K. Lee, O. O. Park, B. D. Chin, S. H. Lee, J. K. Kim, *Adv. Func. Mater.*, **16**, 611 (2006)

8) M. A. Brock, Silicon in Organic, Organometallic and Polymer Chemistry, Jhon. Wiley & Sons, INC New York, Wiley-VCH, Chap.2 (2000)

9) M. J. S. Dewar, E. Itealy, *Organometallics*, **1**, 1705 (1982)

10) P. Stallinga, Electrical Characterization of Organic Electronic Materials and Devices, Chap.1, Jhon. Wiley & Sons, Wiley-VCH (2009)

11) T. Maindron, D. Vaufrey, "OLED Technology", Editted by P. Motler, LEDs for Lighting Applications, Chap.8, Jhon. Wiley & Sons, Wiley-VCH (2009)

12) 井本稔, 仲矢忠雄, 『有機反応論 (上)』, 1章, 東京化学同人 (1982)

13) C. W. Tang *et al.*, *Applied Phys. Lett.*, **51**, 913 (1987)

14) 西沢潤一, 半導体のおはなし, 日本規格協会 (1990); S. R. Forrest, *Chem. Rew.*, **97**, 1793 (1997); S. R. Forrest *et al.*, *Chem. Rew.*, **107**, 923 (2007); S. R. Forrest *et al.*, *Adv. Mater.*, **22**, 233 (2010); 仲矢忠雄, 月刊ディスプレイ, **14** (3), 42 (2008)

15) 猪俣浩一郎監修, スピンエレクトロニクスの基礎と応用, シーエムシー出版 (2004)

16) H. A. Jahn, E. Teller, *Proc. Roy. Soo. A*, **161**, 220 (1932); E. Teller, *Israel J. Chem.*, **7**, 227 (1969); *L. Am. Chem. Soc.*, **97**, 479 (1975); 福井謙一, 量子化学 (近代工業化学講座2), 朝倉書店 (1968); W. Kauzmann, Quantum Chemisutry, Academic Press, New York, p.536 (1957)

17) 仲矢忠雄, 月刊ディスプレイ, **13** (2), 56 (2007); 仲矢忠雄, 月刊ディスプレイ, **14** (2), 49 (2008); 仲矢忠雄, 月刊ディスプレイ, **14** (9), 42 (2008)

18) H. Zollinger, Color Chemistry, Synthesis, Properties, Applications of Organic Dys and Pigments, Wiley-VCH, (2003)
19) P. I. Salbeek, *Synth. Metals*, **138**, 21 (2003); F. Terenziani, A. Painelli, C. Katan, M. Charlot, M. Blanchard-Desce; *J. Am. Chem. Soc.*, **128**, 15742 (2006)
20) L. Otero, L. Sereno, F. Fungo, Y. L. Liao, C. Y. Lin, K. T. Wong, *Chem. Mater.*, **18**, 3495 (2006); T. P. I. Saragi, T. Spehr, T. Fuhrmann Lieker, J. Salbeck, *Chem. Rev.*, **107**, 1011 (2007)
21) B. Strehmel, V. Strehmel, Two-Photon Physical, Organic, Polymer Chemistry, Theory, Techniques, Chromophore Desing, Applications. In; D. C. Neckerr, W. S. Jenks, T. Wolff, Editors, Advances in Photochemistry, **29**, pp.111-355, Wiley Interscience (2007)
22) H. M. Kim, B. R. Cho, *Chem. Commun.*, 153 (2009)
23) S. Trettalk *et al.*, *Adv Mater.*, **20**, 464 (2008)
24) M. Mazzeo, V. Vitale, F. D. Sada, M. Anni, G. Barbarellia, L. Favaretto, G. Sotgiu, R. Cingolani, G. Gigli, *Adv Mater.*, **17**, 77 (2005)
25) J. Liu *et al.*, *J. Am. Chem. Soc.*, **128**, 5592 (2006)
26) M. D. Heagy *et al.*, *Chem. Commun.*, **46**, 8002 (2010); Ibid, **45**, 4941 (2009)
27) G. Zhou *et al.*, *Chem. Commun*, **2009**, 3574; M. R. Bryce *et al.*, *Adv. Mater*, **22**, 572 (2010); G. E. Jabbour *et al.*, *Appl. Phys. Lett.*, **93**, 193305 (2008)
28) M. J. S. Dewar *et al.*, The PMO Theory of Organic Chemistry, A Plenum, New York, (1975)
29) 仲矢忠雄, 月刊ディスプレイ, **12** (4), 83 (2006)
30) 仲矢忠雄ほか, 月刊ディスプレイ, **10**, (9), 65 (2004)
31) L. Wang *et al.*, *Macromolecules*, **41**, 1162 (2008)
32) L. Wang *et al.*, *Adv Mater.*, **20**, 1357 (2008)
33) S. A. Jenekhe *et al.*, *Macromolecules*, **39**, 8699 (2006); S. L-Chug. Hsu, *Macromolecules*, **43**, 8051 (2010)
34) Q. Pei *et al.*, *Macromolecules*, **43**, 1714 (2010); T. E. Hogen-Esch *et al.*, *Macromolecules*, **43**, 8170 (2010)
35) K. T. Kamtekar *et al.*, *Adv. Mater.*, **22**, 572 (2010)
36) M. Leclerc *et al.*, *Adv. Mater.*, **22**, E6 (2010)
37) U. R. Bryce. *et al.*, *Adv. Mater.*, **22**, 372 (2010)
38) T. Maindron, D. Vaufrey, "OLED Technology", Chap.8, Edited by P. Motler, "LEDs for Lighting Applications", Chap.8, John. Wiley & Sons, 233 (2009)
39) M. Baldo *et al.*, Organic Electroluminescence (Edited by Z. H. Kafafi), Chap.6, CRS Press USA (2005)

第3章 低分子型有機 EL 材料

荒金崇士*

1 はじめに

　有機 EL 素子は，面状・自発光，広視野角，高速応答，高コントラストなどの特長を有している。出光興産では，有機 EL 素子に用いる低分子型材料の開発を行っており，近年，大幅な長寿命化・高効率化を実現する RGB の各発光材料と電荷輸送材料を見出すことに成功した。本章では出光興産における低分子型有機 EL 材料 IDEL® の開発状況について概説するとともに，出光興産の最新材料を用いた白色素子性能について紹介する。

2 低分子型有機 EL 素子の構成

　一般的な低分子型の有機 EL 素子は，図1に示すように電極間に積層した複数の有機層で構成されている。2～10V 程度の電圧を印加することで，陽極から注入された正孔と，陰極から注入された電子が，発光層内で再結合し発光に至る。発光層はホスト材料とドーパントと呼ばれる添加材料で構成されている[1]。主にホスト材料が電荷輸送と再結合機能を担い，ドーパントが発光を担当している。以下に出光興産でこれまでに開発した低分子型有機 EL 材料の詳細を述べる。

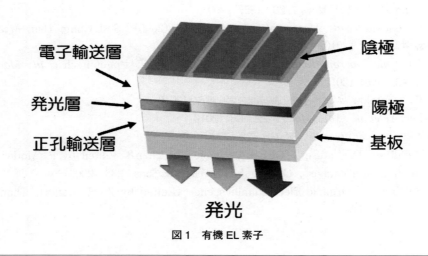

図1　有機 EL 素子

---

*　Takashi Arakane　出光興産㈱　電子材料部　電子材料開発センター　EL ソリューショングループ　主任

第3章　低分子型有機EL材料

3　有機EL材料の開発経緯

出光興産では1985年に有機EL材料の研究開発を開始し，青色発光材料であるスチリル誘導体を発見した。その後も青色発光材料を中心に検討を進め，1997年に実用的な性能の領域に到達した[2]。2005年に長寿命な純青色材料を開発し[3]，続く2006年には高効率・長寿命な赤色発光材料を開発した[4]。その後も継続的に低分子型蛍光材料の開発を進めている。

一方1998年にはBaldoらにより優れた効率を有する燐光発光素子の報告があった[5]。出光でも燐光材料開発に取り組んでおり，2008年に高性能を有する赤色燐光ホスト材料，緑色燐光ホスト材料の開発に成功し，Universal Display Corporation（UDC）の燐光ドーパントと組合せることで高効率，長寿命を実現した[6]。

これまでに開発した蛍光RGB各色の半減寿命を図2に示す。当初1,000時間程度しかなかった半減寿命は，年々長寿命化し現在では実用的な領域に到達していることが分かる。出光興産ではこれらの開発材料を用い，白色有機EL素子構成の開発にも取り組んでいる[7]。

4　高効率化に向けた取組み

有機EL素子の陰極から電子を注入するとともに陽極から正孔を注入し，発光層内で再結合させることで，分子内で励起子が発生する。それらは一重項励起子と三重項励起子に分類され，一

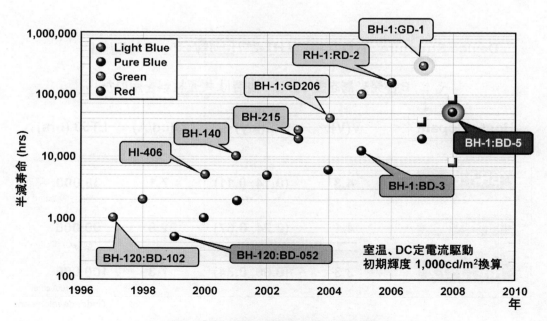

図2　出光における有機EL材料の半減寿命

重項励起子を用いるものが蛍光発光，三重項励起子を用いるものが燐光発光である。出光興産では，高効率化について次の3つの観点で取り組んでいる。①再結合確率の向上，② Triplet-Triplet Fusion による高効率化，③三重項励起子の活用について順を追って報告する。

4.1 再結合確率の向上～新規電荷輸送材料の開発～

発光材料開発の経緯は第3節で述べた通りだが，出光興産では正孔注入材料，正孔輸送材料，電子輸送材料の開発にも取り組んでいる。発光層内での再結合確率向上は高効率化の重要なポイントの一つであることから，まず電荷注入・輸送材料の特性向上に取り組んだ。具体的には電荷注入性を向上する分子構造の導入やキャリア移動度の向上により，高効率化および駆動電圧の低減を目指した。

新たに開発した正孔注入材料 HI-2，正孔輸送材料 HT-2，電子輸送材料 ET-3 を共通材料として用いた R, G, B 各色の性能を図3に示す。これらの新開発材料を用いることで，青色で 4.3V，輝度電流効率 7.1cd/A，半減寿命 3 万時間，緑色で 4.1V，32.8cd/A，9 万時間，さらに赤色では 3.3V，7.3cd/A，10 万時間を達成した。

このように単色素子で好特性を示したことから，これらの新材料を用いた蛍光3波長白色素子の性能を確認した。発光材料に RH-1，RD-2，BD-5，GD206 を用いた結果を図4に示す。電流密度 $10mA/cm^2$ での駆動電圧は 4.1V，輝度電流効率 16.5cd/A，初期輝度 $1,000cd/m^2$ での半減寿命は 13 万時間であり，高効率かつ長寿命な蛍光3波長白色の開発に成功した。この白色デバイスはディスプレイや照明用途への応用が期待できる。

Device Structure : ITO / HI-2* / HT-2* / EML / ET-3* / LiF / Al

R, G, B各発光層を塗り分け、他層は共通材料を用いた

Host : Dopant	V(V)	CIE(x,y)	L/J(cd/A) @$10mA/cm^2$	LT50 (hrs)
BH-1:BD-6	4.3	(0.14, 0.11)	7.1	30,000 @L_0=500cd/m^2
BH-1:GD-1	4.1	(0.24, 0.67)	32.8	90,000 @L_0=1000cd/m^2
RH-1:RD-2	3.3	(0.66, 0.34)	7.3	100,000 @L_0=1000cd/m^2

*Under development

図3　新規電荷注入・輸送材料を組み合わせた素子の性能

第3章 低分子型有機EL材料

Device Structure：
ITO / HIL / HTL / RH-1:RD-2 / CBL / BH-1:BD / BH-1:GD206 / ETL / LiF / Al

BD-1	HIL, HTL, ETL	Voltage(V)	CIE(x,y)	L/J(cd/A) @10mA/cm²	LT50(hrs) @L_0=1000cd/m²
2006	HI, HT, Alq	6.9	(0.34, 0.40)	16.0	82,000
2007	HI-1, HT, ET-1	3.7	(0.38, 0.40)	19.6	45,000

IMID/IDMC'06 DIGEST, p.351 (2006)
SID07 DIGEST, p.1504 (2007)

BD-5					
2009	HI-2*,HT-2*,ET-3*	4.1	(0.34, 0.39)	16.5	130,000

*Under development

図4　蛍光3波長白色素子の性能

4.2 Triplet-Triplet Fusion による高効率化

　一般的な蛍光素子の外部量子効率は7％程度である。この値は蛍光素子の従来の理論限界を超えるものではない。しかしながら有機EL市場の拡大に向け，更なる高効率化が求められている。そこで蛍光素子の外部量子収率向上因子として提案されている Triplet-Triplet Fusion（TTF）効果に着目した[8]。

　前述の図2に示したRH-1：RD-2は赤色素子ではあるが，従来の常識を超える非常に高い外部量子収率8.4％を達成している。この素子の発光プロファイルを確認したところ，その形状がランバーシアンに近似していた。このことから高い量子収率は，材料自身に起因していることが示唆された。さらにこの高効率がTTF効果によるものであることを確認するため，過渡EL解析を実施した。過渡EL解析とは素子に印加する電圧パルスをOFFにした後の発光強度（遅延蛍光）の減衰を調べる手法である。遅延蛍光がTTF，すなわち2つのトリプレット励起子の衝突緩和過程に由来するものであれば，遅延蛍光強度の逆数の平方根が時間の一次関数で近似されることが知られている[9]。

　赤色素子RH-1：RD-2における解析結果を図5に示す。電圧パルスOFF後10μs以上の長い時間領域にかけて従来の蛍光発光の減衰と明らかに異なる遅延蛍光が観測された。図5に示すように減衰挙動は式（1）でよく近似でき，この発光緩和過程はTTFに由来することが明らかになった。また電圧パルス除去後に逆バイアスパルスを印加しても減衰挙動に変化はなく，残留キャリアの再結合による発光ではないことが示された。さらに定常発光状態におけるTTF寄与率を式（1）から算出したところ，約4割であり，外部量子収率の向上にTTF効果による遅延

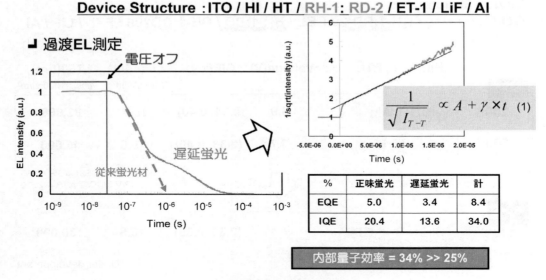

図5 赤色素子の過渡EL解析

蛍光が大きく寄与していることが分かった[10]。

このように赤色素子で明らかになったTTF効果を青色素子に適用し，青色素子においても理論限界を超える量子収率の実現を試みた。具体的には発光層と電子輸送層の間に，Efficiency-Enhancement-Layer（EEL）と呼ばれる高効率化層を挿入することにより，三重項励起子の発光層内への閉じ込めを図った。このEEL材料に求められる物性として高い電子移動度の他に，電子親和力が発光層に近いこと，正孔と電子に対する高い耐性が挙げられるが，既存の材料系統内に適した材料は存在しなかった。そこでこれらの物性を有する材料を新たに設計・合成・評価した結果，効率を向上可能な新規材料EEL-1の開発に成功した。

EEL-1を用いた青色素子の性能を図6に示す。BD-4，BD-6いずれのドーパントを用いた場合でも，EEL-1を適用することで外部量子収率が向上している。そこでEEL-1を用いた青色素子について過渡EL解析を行ったところ，目論見どおり遅延蛍光成分の増加が確認された。さらにEEL-1は寿命に悪影響を及ぼさないことも明らかになった。

このEEL-1を蛍光白色素子に用いたときの性能を図7に示す。色度が異なる2種類の素子においていずれも高効率化を確認した。特に暖白色素子では輝度1,000cd/m^{2}における効率が24 lm/Wと，非常に高い値を示し，EELの挿入が白色素子の効率向上においても効果があることが明らかになった。また初期輝度1,000cd/m^{2}での半減寿命は冷白色素子が3万2千時間，暖白色は8万6千時間となり，いずれも実用的な寿命を示した。なお輝度加速係数は1.5とした。

第3章　低分子型有機EL材料

Device Structure : ITO / HI-2 / HT-4 / BH-1: BD / ET-1 / LiF / Al

@10mA/cm²

Dopant	Voltage(V)	CIE(x,y)	L/J(cd/A)	EQE (%)
BD-4	4.0	(0.14, 0.11)	8.5	8.5
BD-6	4.0	(0.14, 0.12)	9.0	8.7

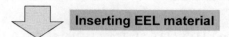

Inserting EEL material

Device Structure : ITO / HI-2 / HT-4 / BH-1: BD / EEL-1 / ET-1 / LiF / Al

Dopant	Voltage(V)	CIE(x,y)	L/J(cd/A)	EQE (%)
BD-4	4.0	(0.14, 0.11)	9.0	9.2
BD-6	4.0	(0.14, 0.12)	9.9	9.5

図6　EEL-1を使用した青色素子の性能

Device Structure : ITO / HI-2 / HT-6 / RH-1:RD-2 /CBL / BH-1: BD-6 / BH-1:GD206 / EEL-1 / ET-4 / LiF / Al

@1000cd/m²

	CT(K)	CIE(x,y)	(cd/A)	(lm/W)	EQE (%)	CRI
Cool white	5,200	(0.34, 0.35)	21	19	9.7	86
Warm white	3,600	(0.41, 0.44)	26	24	10.7	82

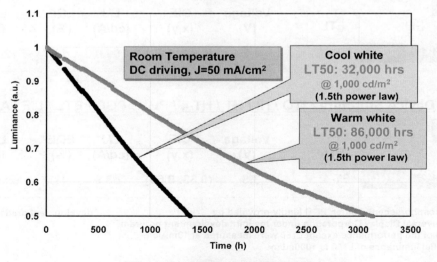

図7　EEL-1を使用した白色素子の性能

4.3 三重項励起子の活用

高効率化への3つ目の取組みとして出光興産での燐光材料開発状況を報告する。出光興産では蛍光材料開発で培った分子設計指針を応用し，新規赤色燐光ホスト材料 PRH-1 と PRH-2 を開発した。

図8に素子性能を示す。PRH-1 は，UDC の赤色燐光ドーパントと出光興産の電子輸送材料 ET-2 を組合せることで，駆動電圧 5.1V，輝度電流効率 19.4cd/A の高効率を達成した。一方，

Device Structure: ITO / HT / HT-1 / PRH-1*:PRD / HBL / ETL / LiF / Al

2009	EML	HBL	ETL	Voltage (V)	CIE (x,y)	L/J (cd/A)	EQE (%)	LT50 (hrs)
	PRH-1*:PRD	HBL	ET-2	5.1	(0.67, 0.33)	19.4	18.7	150,000

Device Structure: ITO / HI-2 / HT-2 / PRH-2*:PRD / ETL / LiF / Al

2010	EML	ETL	Voltage (V)	CIE (x,y)	L/J (cd/A)	EQE (%)	LT50 (hrs)
	PRH-2*:PRD	ET-4	2.8	(0.67, 0.33)	22.4	21.1	200,000

※Phosphorescent emitter, PRD kindly provided by Universal Display Corporation under the joint development program.
※All of the performance except LT50 were measured at 10mA/cm².
※Initial luminance of LT50 is 1000cd/m².

*development grade

図8　赤色燐光素子の性能

Device Structure : ITO / HT / HT-1 / PGH*:PGD / ETL / LiF / Al

2010	EML	ETL	Voltage (V)	CIE (x,y)	L/J (cd/A)	EQE (%)	LT50 (hrs)
	PGH-1* PGD	ET-4*	4.2	(0.34, 0.62)	69.0	18.7	120,000

Device Structure : ITO / HI / HT / HT-4 / PGH*:PGD / ETL / LiF / Al

2010	EML	ETL	Voltage (V)	CIE (x,y)	L/J (cd/A)	EQE (%)	LT50 (hrs)
	PGH-2* PGD	ET-4*	3.5	(0.33, 0.63)	63.9	17.2	200,000

※Phosphorescent emitter, PGD kindly provided by Universal Display Corporation under the joint development program.
※All of the performance except LT50 were measured at 10mA/cm².
※Initial luminance of LT50 is 1000cd/m².

*development grade

図9　緑色燐光素子の性能

第3章　低分子型有機EL材料

PRH-2を用いた素子では低電圧化，高効率化を実現している。また寿命については輝度加速係数1.8を用いた1,000cd/m²換算で，20万時間以上の半減寿命が見込まれる。

一方，緑色燐光ホスト材料も新たに開発した。図9に新規開発材PGH-1，PGH-2の性能を示す。PGH-1，PGH-2ともUDCの緑色燐光ドーパントと組合せた素子でそれぞれ69.0cd/A，63.9cd/Aの高効率を達成した。またPGH-2は電流密度10mA/cm²における駆動電圧が3.5Vと低電圧化も実現した。PGH-2の寿命は輝度加速係数1.8を用いた1,000cd/m²換算で，20万時間以上の半減寿命が見込まれる。

5　白色有機ELへの適用

市場の拡大に向け，白色有機EL素子の更なる高性能化が求められている。そこで，出光興産では蛍光・燐光ハイブリッド白色素子の開発にも取り組んでいる。

蛍光青ユニットと燐光赤緑ユニットを組合わせた蛍光・燐光ハイブリット白色素子の性能を図10に示す。燐光ドーパントとしてUDCの材料を用いた結果，29 lm/Wを達成した。なお半減

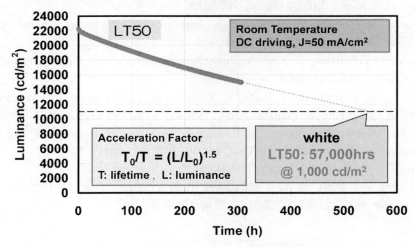

図10　ハイブリッド白色素子の性能

寿命は5万7千時間以上が見込まれる。輝度加速係数は1.5を用いた。効率，寿命ともさらなる検討により向上すると考えており，今後もユーザーの多様なニーズに有機EL材料で貢献できるよう，白色素子の高性能化に取り組んでいく。

6　おわりに

出光興産ではRGB3色の発光材料性能を継続的に向上させてきた。また，電荷輸送材料の開発および燐光材料の開発も行い，RGB各色の効率，電圧，寿命の改善を図った。今後，急速に立ち上がると予想される有機EL市場において，出光興産の有機EL材料が低消費電力化および長寿命化に大きく貢献することを期待している。

謝辞

蛍光赤色材料の開発に関しまして，三井化学株式会社のご協力に深く感謝いたします。また，燐光材料の開発に関しまして，Universal Display Corporationのご協力に深く感謝いたします。

文　　献

1) C. W. Tang, S. A. VanSlyke and C. H. Chen, *J. Appl. Phys.*, **65**, 3610 (1989)
2) C. Hosokawa, M. Eida, M. Matsuura, K. Fukuoka, H. Nakamura and T. Kusumoto, *Synth. Met.*, **91**, 3 (1997)
3) C. Hosokawa, K. Fukuoka, H. Kawamura, T. Sakai, M. Kubota, M Funahashi, F. Moriwaki and H. Ikeda, SID 04 Digest, 780 (2004)
4) T. Arakane, M. Funahashi, H. Kuma, K. Fukuoka, K. Ikeda, H. Yamamoto, F. Moriwaki and C. Hosokawa, SID 06 Digest, 37 (2006)
5) M. A. Baldo, D. F. O'Brien, Y. You, A. Shoustikov, S. Sibley, M. E. Thompson and S. R. Forrest, *Nature*, **395**, 151 (1998)
6) K. Nishimura, M. Kawamura, Y. Jinde, N. Yabunouchi, H. Yamamoto, T. Arakane, T. Iwakuma, M. Funahashi, K. Fukuoka and C. Hosokawa, SID 08 Digest, 1971 (2008)
7) Y. Jinde, H. Tokairin, T. Arakane, M. Funahashi, H. Kuma, K. Fukuoka, K. Ikeda, H. Yamamoto and C. Hosokawa, IMID/IDMC '06 DIGEST, 351 (2006)
8) D. Y. Kondakov, *J. Appl. Phys.*, **102**, 114504 (2007)
9) 荻原俊成，高橋淳一，熊均，楠本正，第5回有機EL討論会講演予稿集，S8-4 (2007)
10) 高橋淳一，熊均，第6回有機EL討論会講演予稿集，S9-3 (2008)

第4章　駆動電圧の低減化に向けた材料・デバイス設計

坂上　恵[*]

1　有機ELデバイスの構造と電荷の注入

　1987年にコダックのTangらが発表した有機EL素子は，図1に示すように緑色の発光材料であるAlq_3を陰極側に，ホール輸送材料であるジアミン材料を陽極側に設け，陽極であるITOとMgAgの合金を陰極とした構造であった（図1）[1]。このデバイスにバイアス電圧をかけると陰極からは電子が電子輸送性の発光層であるAlq_3に注入されアニオンラジカルとして陽極側に輸送される。陽極からはジアミン材料にホールが注入されカチオンラジカルとして，ホール輸送層を発光層に向かって輸送され，Alq_3層内に注入されると励起子が生成し発光が観測される。この文献によると5.5Vで約100cd/m^2の発光が観測され，その時の電流値は約3mA/cm^2，外部量子効率は約1％であった。これ以来，本報告をベースとして，フルカラー化，白色の実現や更なる低電圧化，高発光効率を目指して材料，デバイス両面からの取り組みが始まった。

　励起子を生成するための必要な電圧として，発光波長450nmの青色発光を得るためには約2.8eV，波長520nmの緑色発光を得るためには2.4eV，波長620nmの赤色を得るためには2.0eVのエネルギーを分子に与えることが必要となる。

　言い換えれば，上記の青色の場合では最低でも2.8Vの電圧を発光層に印可することが発光には必要となることになる。

　有機ELにおいては，光をどちらかの電極から取り出す必要があるため陽極または陰極に透明

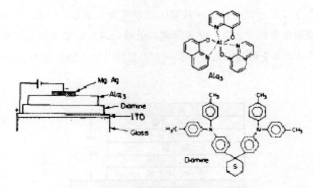

図1　Tangらによる有機EL素子構造

---

[*] Kei Sakanoue　九州大学　最先端有機光エレクトロニクス研究センター　教授

白色有機 EL 照明技術

電極を用いる必要がある。一般的に用いられる陽極としては ITO（4.8eV）（括弧内は仕事関数または HOMO レベルを表す。以下同様）があるが，金属の極薄膜やポリチオフェンを水分散した PEDT：PSS（5.0eV）のような導電性高分子を用いる場合もある。陰極としては，低抵抗金属である Al（4.3eV）や Ag が用いられるが，電子を効率よく注入させるためには Tang らが用いた Mg（3.7eV）合金や，さらに仕事関数の小さい Li（2.9eV），Ca（2.9eV），Cs（1.9eV）等のアルカリ金属，アルカリ土類金属が用いられる[2]。一方，発光材料においては，代表的な緑色蛍光材料である Alq_3 の HOMO，LUMO レベルはそれぞれ 6.0，3.0eV であり[3]，緑色リン光材料である $Ir(ppy)_3$ のそれは 5.6eV，3.0eV[4]，青色リン光材料である FIrpic のそれは，5.8eV，2.9eV である[5]。従って，上記の陽極および陰極と有機発光層の間には，発光材料，電極の選択によって異なるが，おおよそホールの注入には約 1eV，電子の注入には低仕事関数のアルカリ金属等をうまく使いこなすことができれば，正孔注入ほどのエネルギー障壁はないことになる。電子注入側の材料で低電圧化を図るためにはむしろ電子移動度が高い材料を開発することが重要である。

低電圧化への究極のゴールはエネルギー障壁をゼロにしオーミックなコンタクトを実現することであるが[6]，電極材料選択の制限，有機発光材料の制限からエネルギーレベル的な解決を図るのは容易でなく様々な取り組みが行われている。

2 低電圧化に向けた取り組み

2.1 エネルギー障壁の低減

従来より検討されてきた方法は，多層構造をとることである。低分子系有機 EL デバイスで一般的な図 2 のような構成は，ホール注入においては ITO から発光層へのホール注入障壁を低減するために HOMO レベルが ITO と正孔輸送層の間に位置する正孔注入層を選択し HOMO レベルが階段状になるようにすることにより低電圧化が可能となっている。そのうち，ITO に接するホール注入層の役割は重要であり，注入障壁の低減のみならず多結晶で無機物である ITO と接するため表面のラフネスを低減するカバレージの良好さや，結晶化のしにくさに加えて，ITO

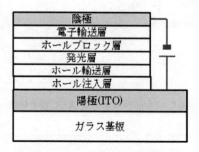

図 2 一般的な有機 EL 素子構造

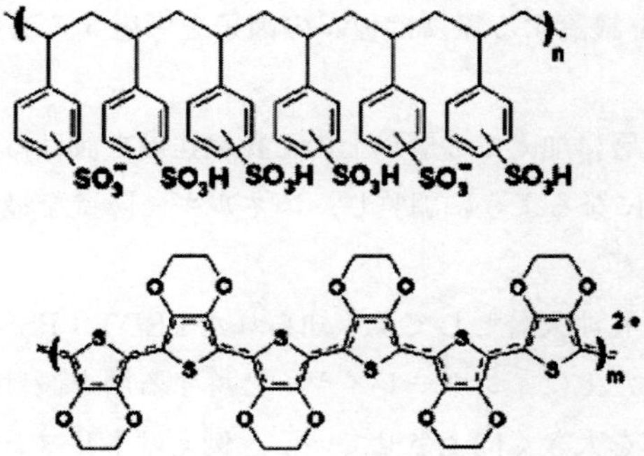

第4章 駆動電圧の低減化に向けた材料・デバイス設計

PEDT:PSS

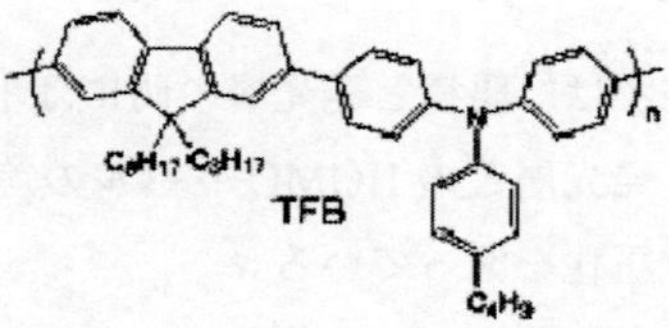

TFB

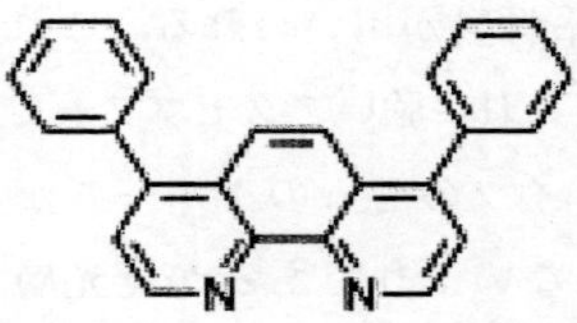

Bphen

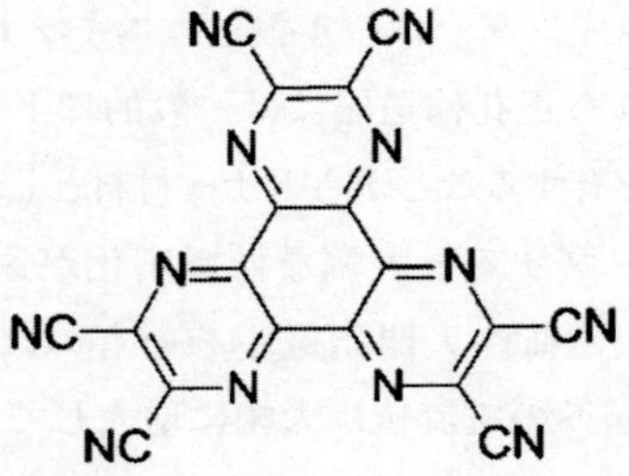

HAT

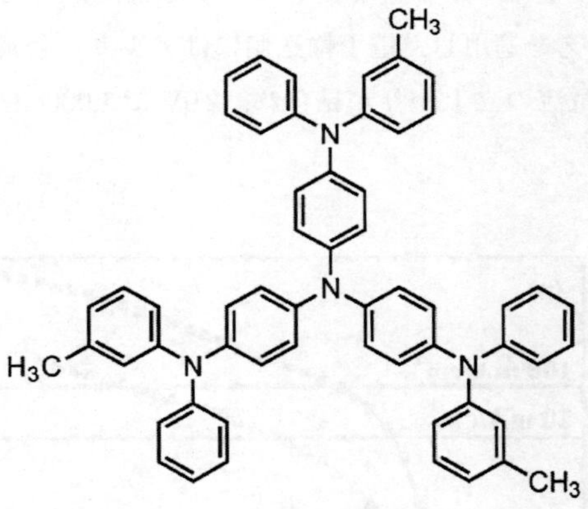

m-MTDATA

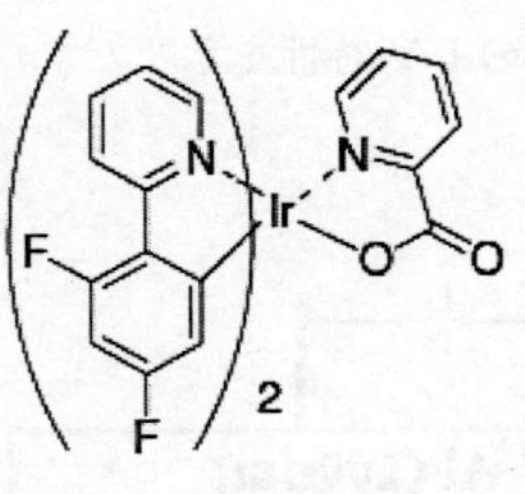

FIrpic

F4TCNQ

図3 本文中の化学構造

から発生するイオンの影響等もあり特に劣化を議論する際には種々の因子を考慮する必要がある[7]。

現在では，陽極と発光層の間にはホール注入層に加えて2層以上の正孔輸送層を設けることにより，発光層とのHOMOレベルの差が階段状になるように調整し，エネルギー障壁を最小にして低電圧化を図っている。

高分子型有機ELの場合は，ITO基板上に正孔注入層としてよく知られたPEDT：PSS（代表的な商品名 CLEVIOS P VP AI 4083[8]）を設けた上にインターレイヤーと称する層を設け発光層へのエネルギー障壁を低減すると共に発光効率を大きく向上させている。例えばトリフェニルアミンとフルオレンの共重合体であるTFB（図3）をPEDT：PSSと発光層の間に挿入し，電子ブロッキング，ホール輸送，エキシトンブロッキング機能を持たせている。

これら正孔輸送層には一般的にトリフェニルアミン系材料が用いられる。これらの材料はN原子を有することからドナー材料として知られているが，これに強いアクセプターであるF4TCNQをドープすると大幅な低電圧化が達成できることをドイツのLeoのグループが見いだしている[10]。電荷注入開始電圧そのものは大きく変わっていないようであるが発光層として用いたAlq_3層への電流値は大幅に増大している。これはm-MTDATAとF4TCNQを共蒸着することによりCT錯体が形成され，導電性が大きく向上する効果を利用したものである。同様な考えは理論上は電子輸送側にも適用できるはずであるが，HOMOレベルが極めて小さい材料が必要になるため現在では実現されていない。別法としてアルカリ金属をドープする方法がとられている。図4には，ホール注入・輸送層に上述の考えを適用し，電子輸送側にはアルカリ金属をドープした系のI-V特性を示した[11]。約2.2Vから電流の立上がりが見られ，2.9Vで1,000cd/Aの発

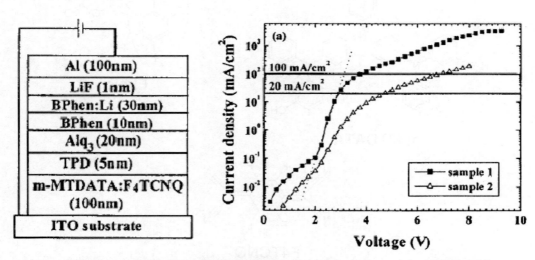

図4 陽極側のCT錯体形成および陰極側の電子注入層にLiをドープしたデバイス構造とIV特性
（サンプル2はBPhen層へのLiドープなしのIV特性）

第4章 駆動電圧の低減化に向けた材料・デバイス設計

光を得ている。この方法は本質的には電荷輸送層の導電性を上げることで有機層による電圧上昇を抑制したことにある。よって，効果的なエキシトンの閉じこめが必要なために発光層の両側にはエキシトンのクエンチング防止と電荷ブロックの役割を持つ有機層が必要になってくるため，必然的にデバイスの層数は増大するデメリットがある。

このCT錯体による電荷分離をホール輸送層の界面に適用すると，いわゆる電極からホールを注入するという概念を超えることができ，注入障壁にまつわる電圧上昇をなくすことが原理的に可能である。韓国のLGケミカル社はLUMOレベルが非常に深い（6.5eV）HAT化合物（図3）をITO上に設けホール輸送層であるα-NPDとの間でCT錯体を形成させると大幅な低電圧化が達成できることを見いだした[12]。この構造では，α-NPDのHOMOからHATのLUMOへ電子移動が起こり，α-NPDがプラス，HATがマイナスのチャージを持つ。これに電圧が印可されるとNPDのプラスチャージが移動することによってホールが発光層へと運ばれる。これは，もともと正孔輸送層に生じていたカチオンを輸送するだけであるため，隣接層からの注入障壁は存在しない[13]。低電圧化の最も有効な方法であると言える。

ホール注入層に関しては金属酸化物を用いることも低電圧化には効果的である。代表的な金属酸化物として酸化モリブデン[14]や酸化タングステン[15]，酸化ニッケル[16]等がある。酸化モリブデンは，MoO_3の結晶としては絶縁体であり，価電子帯のエネルギーレベルは（9.7eV）と極めて大きい[17]。しかしながら，真空蒸着やスパッタリング法で作製した薄膜の価電子帯と伝導帯の間には酸素欠陥によって生じる欠陥準位が存在する。α-NPDとこの欠陥準位の一番エネルギーが高いところにピニングされていることがわかっている[18]。しかしながらホールの注入メカニズムの理解に関してはまだ十分とは言えない。

有機EL素子に用いられる有機化合物はキャリアがほとんど存在せず，本来は絶縁材料である。これら有機化合物に，外部からの電圧印可によって電極から電子と正孔を発光層に注入し発光層へ移動させ，キャリアの再結合をさせることが必要である。そのため，基本的に移動度が小さい（通常の有機アモルファス膜では，分子間を電子がホッピングすることによって伝導すると考えられており，その移動度はたかだか$\sim 10\exp^{-3}$cm/Vsである）有機化合物からなる有機EL素子を低電圧で駆動するためには10-100nm程度の超薄膜とする必要がある。

有機半導体材料に流れる電流値はよく知られているように空間電荷制限電流によって支配される[19]。

$$J_{SCLC} = (9/8)\, \varepsilon\, \varepsilon_0\, \gamma\, V^2/d^3$$

ここでεは薄膜の誘電率，ε_0は真空の誘電率，γはキャリアの移動度，Vは印加電圧，dは膜厚を表す（ただし移動度の電界強度依存性はないものと仮定）。

この式から容易にわかるように薄膜化することは低電圧化に大きく寄与する。しかしながら薄膜化すればするほど均一膜が得にくくなりピンホール等が生じてショートしやすくなる。またパーティクルの影響を受けやすくなり製造上の歩留まりを考えると一定の厚みは必要になってく

る。むしろ一定の厚みを有しても低電圧駆動が可能であり，かつ厚みの変動に対しても影響を受けにくいデバイスが有利である。先にのべたドーピングによって導電性をあげることでの低電圧化の他のアプローチとして厚膜にしても電圧上昇が小さい材料も提案されている[20]。現在のところ，その要因が十分にわかっているとは言えないが更なる発展が期待される。また，棒状分子を蒸着すると基板に水平に並んだアモルファス構造をとり，その結果移動度が向上することが報告されており，注目される[21]。

電子輸送層に用いられる多くの有機材料の LUMO レベルは約 2.5-3 eV 付近にあり，一方，電極材料として一般的に用いられる Al や Ag の仕事関数は約 4.3eV[22] であるため有機 EL 素子の陰極には，前述のように仕事関数の低いアルカリ金属やアルカリ土類金属を用いることが長く検討されてきた。1987 年の Tang らの最初の論文に記載されている Mg-Ag 合金は Mg の低仕事関数（3.7eV）とその使いやすさから今でも使われている。その後，Al-Li 合金[23] で更なる低電圧化が達成されている。その後も低仕事関数の探索がなされ Cs（WF：1.9eV）の超薄膜の挿入が低電圧化に最も効果があることが示された[2]。

一方で，LiF に代表される Li 化合物が見いだされ低電圧化に大きく寄与した[24]。これに上述のようなドーピングの手法を緑色発光リン光発光材料にも適用して輝度 1,000cd/m^2 において，駆動電圧 3.1V，電力効率 45 lm/W の値を得ている[25]。ドーピング物質としては，LiF に限らず種々の酸化物や炭酸化物等の報告がある[26]。これらの働きについては電荷移動錯体の形成やフリーのアルカリ金属の存在や界面での双極子形成等が議論されている。いずれにせよ低電圧化のためには電極と有機物のエネルギー障壁の低減と移動度の両面から検討する必要がある。

3 白色有機 EL デバイス

白色発光の有機 EL を実現する取り組みは以前からなされているが，現在は一般照明用途としては，最低でも白熱灯の 15 lm/W，近年は蛍光灯並の 100 lm/W を超える目標が設定されている。一つには，白色 LED の照明応用が急激な勢いで進化しており有機 EL 照明においても，高発光効率，高演色性，長寿命，コストのすべてが満たされることが必要条件になってきている。そのためには有機 EL 素子に用いられる材料のみならず，封止等の周辺材料プロセス，設備等を含めた総合的な取り組みが必須と思われる。

その中で，単一材料ですべての可視光域をカバーできる高効率白色発光材料を用いるのがベストであるが現状では困難である。そのため，白色を得る種々の方法が提案されている。

① 青色発光デバイスの外部に色変換フィルターを設けて，白色を得る方法（白色の LED と同様な方法）

この場合は，構造が単純であり色度が安定しているというメリットがあるが，色変換材料の変換効率が課題であり効率の点で課題を有している。

② 白色の発光層を用いる方法

第4章　駆動電圧の低減化に向けた材料・デバイス設計

現在は，異なる発光色を有する発光材料を組み合わせて白色の実現を図っている例が多い。
a) RGB もしくは B + Y に発光する層を積層する
b) RGB もしくは B + Y に発光する層を単層で用いる方法

a) については，高効率を達成するためにリン光発光材料を用いることが望ましい。しかしながら青色リン光材料はまだ十分な性能を有していないため，青色のみは安定な蛍光材料を用い，緑色，赤色にはリン光材料を用いて高効率白色を実現する取り組みが盛んに行われている。図5に，

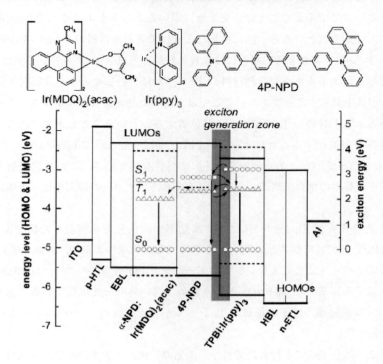

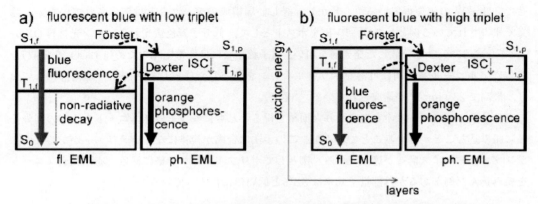

図5　蛍光青色材料とリン光緑色，オレンジ色材料を用いた高効率白色発光有機 EL 素子
上図は，層構成，下図は蛍光青色層および隣接するオレンジ色リン光発光層の S_1，T_1 レベルの違いによるエネルギー移動の違いを表している。

白色有機EL照明技術

青色発光層をはさんでオレンジ色および緑色発光リン光材料を組み合わせた系を示した[27]。ここでは，陰極と陽極から注入されたホールおよび電子は4P-NPD層とTPBi：Ir(ppy)$_3$層の界面でエキシトンが生成すると考えられている。4P-NPD層で生成したエキシトンはそのまま青色発光するかもしくは隣接層のIr(ppy)$_3$のT$_1$レベルにエネルギー移動し緑色発光をする。もしくは4P-NPD層を拡散し反対側のα-NPD：Ir(MDQ)$_2$acac層に拡散しIr(MDQ)$_2$acacのT$_1$レベルにエネルギー移動しオレンジ色発光をする。よって青色，緑色，オレンジ色が混合した白色を得ることができる。ここで重要なことは，発光層に用いるホストおよびそれぞれの発光材料のT$_1$レベルをきちんと知ることである。図に示したように蛍光青色材料のT$_1$レベルが隣接層に用いた発光材料のT$_1$レベルよりも低い場合には，青色材料のS$_1$レベルからリン光発光材料のT$_1$レベルに系間交差したエネルギーが青色材料のT$_1$レベルに移動しそこから非放射失活をして効率を低下させるパスを減らすことである。ここでは，用いた発光材料のエネルギー準位で議論をしているが用いるホスト材料のT$_1$準位がどこに位置するかということも重要である。彼らはこの構造を用い膜厚を最適化することによって，3.46V，4.12mA/cm^{2}で1,000cd/m^2，外部量子効率10.4％，22lm/W（ランバーシアン放射を仮定）の特性を得ている。これら発光層の層数のアレンジやエネルギー移動の割合を調節するためのインターレイヤーの挿入等種々の検討がなされている。

　高効率の青色発光有機ELをベースにして高効率の白色発光を実現した例を図6に示した。TCTA，DCzPPYのダブルホストにFIrpicをドープした構成によって，外部量子効率約25％を実現しその構成をベースにしてオレンジ色のドーパントPQ2Irをドープした0.25nmの極薄層を付与し，外部量子効率25％で60lm/Wという極めて高い効率を実現している。発光層のみならず隣接するホール輸送層，電子輸送層のT$_1$レベルを発光材料のT$_1$レベルよりも高くすることがポイントである[28]。

　同様の検討は，高分子系でも行われており，蛍光の青色とリン光の緑色，赤色材料の組み合わせで22lm/Wの値を得ている[29]。しかし，詳しい層構成のデータなどは開示されていない。論文で報告されている例としては，PVKをホストとして，低分子青色蛍光およびリン光材料OXD-7とFIrpicにOsOを分散した発光層を用い，電子輸送層には低電圧化のためにLiCO$_3$を分散し，さらにアルコール系溶剤に可溶なポリフルオレンを塗布した作成したデバイスが報告されており，最高で23.4lm/Wが達成されている[30]（図7）。

　高分子系のメリットは塗布型であり大面積を得るとともに異なる発光ユニットを1本の高分子鎖に組み込むことができることであるが，この手法は合成が複雑になるデメリットがある反面，シンプルなデバイス構造が達成できる。例としてポリフルオレン骨格に緑色，赤色発光ユニットを組み込んだ例があるが外部量子効率は3.8％と低い値に止まっている[31]。

第 4 章　駆動電圧の低減化に向けた材料・デバイス設計

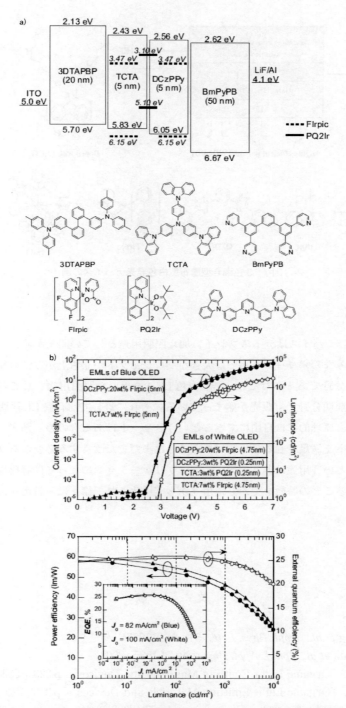

図6　a) 青色および白色有機 EL のエネルギーレベルと用いた材料構造,
　　　b) 青色および白色有機 EL の IV 特性と効率
白色有機 EL は PQ2Ir をドープした TCTA および DCzPPy 層をそれぞれ 0.25 nm 厚で青色有機 EL の構成に付加。

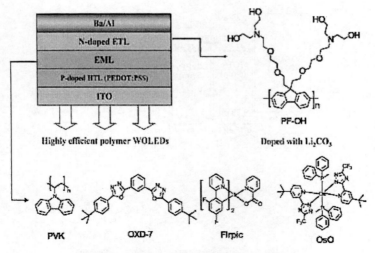

図7 3色混合型塗布型白色発光デバイスの例

4 おわりに

近年，有機ELデバイスはディスプレイに加え照明用途としての開発が非常に盛んになってきており，日本のみならずヨーロッパでは大きなプロジェクトが立ち上がっており今後の進歩が大いに期待される分野である。ただし，無機白色LEDを用いた照明用途としての展開も急加速されており，一般照明分野でも販売が始まっている。それに対して，有機EL照明は面状発光が可能で色度の調節も原理的には自由にできるというメリットはあるものの，効率，寿命等の基本性能に加え，コストを満足させる量産化プロセス等はまだまだ改良する必要がありそうである。しかしながら照明という用途は非常に幅広く，アプリケーションによっては有機物特有の広い発光スペクトルであることの特徴を生かした用途から実用化され，徐々に一般用途に広がることが期待される。

文　　献

1) C. W. Tang et al., *Appl. Phys. Lett.*, **51**, 913 (1987)
2) T. Oyamada et al., *Jpn. J. Appl. Phys.*, **42**, L1535 (2003)
3) Z. Li et al., "Organic Light Emitting Materials and Devices", p.323, Tailor & Francis
4) Z. Li et al., "Organic Light Emitting Materials and Devices", p.373, Tailor & Francis
5) V. I. Adamovich et al., *Org. Electronics.*, **4**, 77 (2003)
6) Y. Shen et al., *Chem. Phys. Chem.*, **5**, 16 (2004)
7) H. Aziz et al., *Chem. Mater.*, **16**, 4522 (2004)

8) http://www.clevios.com/index.php?page_id=3042 (Heraeus web site)
9) J-S. Kim *et al.*, *Appl. Phys. Lett.*, **87**, 023506 (2005)
10) J. Huang *et al.*, *Appl. Phys. Lett.*, **80**, 139 (2002)
11) M. Pfeiffer *et al.*, *Org. Electronics*, **4**, 89 (2003)
12) J. K. Noh *et al.*, IMID' 07 Technical Digest 1011 (2007)
13) T. Sakanoue *et al.*, *J. Appl. Phys.*, **105**, 114502 (2009)
14) S. Tokito *et al.*, *J. Phys. D : Appl/Phys.*, **29**, 2750 (1996)
15) J. Li *et al*, *Syst. Metals.*, **151**, 141 (2005)
16) I-M Chan *et al.*, *Appl. Phys. Lett.*, **81**, 1899 (2002)
17) M. Kroger *et al.*, *Appl. Phys. Lett.*, **95**, 123301 (2009)
18) K. Kanai *et al*, *Org. Electronics*, **11**, 188 (2010)
19) Physics of Organic Semiconductors, WILEY-VCH, edited by W. Brutting (2005)
20) M. Aonuma *et al.*, *Appl. Phys. Lett.*, **90**, 183503 (2007)
21) D. Yokoyama *et al.*, *Adv. Func. Mat.*, **20**, 386 (2010)
22) L. S. Hung *et al.*, *Mat. Sci and Eng.*, R39, 143 (2002) ; M. Stossel, *et al.*, *Appl. Phys. A*, **68**, 387 (1999)
23) Y. Ito *et al.*, Extended abstracs, The 51th Autumn Meeting, The Japan Society of Applied Physics, p.1040 (1990)
24) L. S. Hung *et al.*, *Appl. Phys. Lett.*, **70**, 152 (1997) ; M. G. Mason, *J. Appl. Phys.*, **89**, 2756 (2001)
25) G. F. He *et al.*, *J. Appl. Phys.*, **95**, 5773 (2004)
26) Y. Li *et al.*, *Appl Phys. Lett.*, **90**, 012119 (2007)
27) G. Schwartz *et al.*, *Adv. Func. Mat.*, **19**, 1319 (2009)
28) S-J. Su *et al.*, *Adv. Mat.*, **20**, 4189 (2008)
29) http://www.cdtltd.co.uk/pdf/materials-dev-progress-sept2010.pdf#zoom=100J (CDT web site)
30) F. Huang *et al.*, *Adv. Mat.*, **21**, 361 (2009)
31) Luo *et al.*, *Adv. Mat.*, **19**, 1113 (2007)

第5章　大面積白色有機ELと透明電極材料

内田孝幸*

1　はじめに

　有機EL素子は，別名有機発光ダイオード（OLED）と呼ばれるように，有機材料を用いた電流注入型の発光素子である。このため，陽極，陰極で有機材料を挟み込んだ構造であり，少なくとも片側の電極は光取り出しのために透明であることが必要である。透明とは，工学的観点からすれば「可視領域に吸収を（ほとんど）持たない」ことである。短波長（紫外線と青の境界）側は物質のE_g間のキャリア励起に対応する光吸収によって決まり，長波長側（赤と赤外線の境界）側は，Drudeのモデルを基本概念とした，キャリア濃度によって決まる。単純には，この可視領域の窓，すなわち透明性を維持できる下限と上限の波長領域（吸収と反射のそれぞれの閾値に対応）を確保することである。

　この領域は波長であれば，380〜770nmでありエネルギーでは，3.2〜1.6eVに対応する。短波長側の透明性は，図1（a）の単純なバンド間光吸収→励起過程で論ずれば，透明な物質はエネルギーギャップ（E_g）が少なくとも3.2eVの大きさを必要とする。このバンド幅を有する材料において，価電子帯から伝導帯へ熱キャリアの励起による伝導キャリアを考えるとき，室温のエネルギーは高々30meVであるので，このような領域では熱キャリアを生成することは困難なことは自明である。したがって，一般的な真性半導体での描像ならば，透明である物質は絶縁体である。これら透明な材料に導電性を持たせることは，それ自体興味深いことであるが，金属SnやInを酸化させ，透明で導電性の特徴を有したSnO_2やIn_2O_3膜が発見された1950年頃には，その重要さにもかかわらず，あまり重要な事項として位置づけられていなかった。しかし，情報通信技術（ICT）に伴う，薄膜ディスプレイ（FPD）の発達，また環境保護の観点から太陽電池が広く用いられることになった現在では，透明導電膜（TCF）は，極めて重要な材料である。

　透明で導電性を有すること自体，極めてユニーク（特異）な特徴であり，そのような芸当を演じられる材料のほとんどが，酸化物であることから，透明導電膜（TCF）は，透明導電性酸化物を表すTCO（Transparent Conducting Oxide）という酸化物に限定した略語も定着している。上述したように透明である材料の必須事項として3.2eV以上のバンドギャップを有することと，価電子帯からの熱キャリアの注入が不可能であることから，これらの材料に導電性を持たせるには，何らかの方法で伝導帯にキャリアをドープし，相反する両者の要求を同時に満たす必要がある。

　　＊　Takayuki Uchida　東京工芸大学　工学部　メディア画像学科　教授

第5章　大面積白色有機ELと透明電極材料

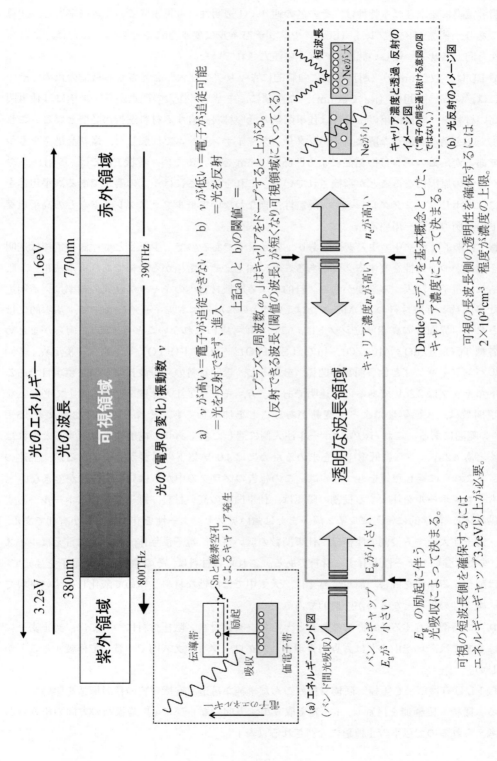

図1　可視領域とそれに対応する透明性を決める因子の概要

白色有機EL照明技術

透明導電膜に要求される特性は，その名の通り，①透明性（可視領域での光透過率）と，②導電性であり，液晶ディスプレイ（LCD）やタッチパネルに要求されるそのほとんどは，これらの特性を向上させる，難しい課題（のみ）に注力されていた。

有機ELは，数百nmの（超）薄膜に強制的にキャリアを注入し発光させる機構のため，その電極には，③高い平坦性（Raで数nm），ならびに，キャリア注入の観点から④陽極には仕事関数の高い材料を，陰極に用いる場合は仕事関数の低い材料を有する材料選択が必要となる。これらの①，②を満たす最適な解は，スパッタリングやイオンビームで作製した，微結晶構造をもつものであるが，この場合は微結晶による凹凸が10nmを超えるため，有機ELでは，ショートやリーク電流の原因になることが指摘されている。これを避けるには，③の要求である高平坦性を得るには，ポリッシンググレードや，導電性を損なわないアモルファスグレードなどの高平坦グレードの透明導電膜を用いる。

有機EL素子はキャリア注入素子であり，発光素子であるので，少なくとも片側の電極は透明で光を通しかつ導電性を有する必要があることに加え，その電極から陽極であればホールを，陰極であれば電子を注入する必要がある。目的とする有機材料へのキャリア注入の効率は，透明電極の仕事関数と有機材料のHOMOまたはLUMOレベルのエネルギー差によって，基本的には決定される（界面での真空準位シフトは，ここでは考慮に入れないこととする）。南らがまとめた，各種TCOs（ZnO：Al（AZO），In_2O_3：Sn（ITO），SnO_2：F（FTO）等さらに，3元系，多元系）のバンドギャップと仕事関数の関係[1]を見ると，透明材料の（短波長側）の必須項目であるバンドギャップは3.2eVであるので透明である一方，キャリア注入障壁を見積もる上で必要となる仕事関数は，表面処理によって変動があることを加味しても，それらの値はおおよそ4.5〜5.5eVの範囲にある。これらの値はホール注入側に適した値であり，電子注入に適するとすれば少なくとも4.2eV，さらに低電圧化を求めるためには4.0eV以下の材料が必要であるが，上述のTCOsでこれらに適した値をもつものは，この報告のグラフの中からは見出すことができない[1]。

そもそも，ホールを注入する役割の陽極は，仕事関数の高い材料，電子授与体（ホールからすれば供与体），化学的に言えばルイス酸，または強いアクセプター性を有することが有利である。逆に，電子注入をする役割の陰極は，仕事関数の低い材料，電子供与体，化学的に言えばルイス塩基，または強いドナー性を有する材料である。これらの材料は，その性質どおり電子を与えて，自らは酸化する傾向を好む。簡単に言えば，大気中では活性な材料，極めて酸化しやすい材料であり，嫌気性の材料となるのが一般的である。

これらの特徴を有するため，有機材料とともに，有機材料／陰極材料については，封止素子に仕上げるまでは，真空中または露点の管理されたグローブボックス内で一貫して作製することが望ましい。

有機ELは有機薄膜を陽極，陰極で挟みこんだ単純な構造（有機薄膜の積層構造を除いて）を有する。陽極／陰極側を区別し，a）光を取り出す方向，ならびにb）基板側の方向の組み合わせが考えられるので以下の4種類に大別される（表1）。

第5章 大面積白色有機ELと透明電極材料

表1 有機EL素子における透明導電膜の配置*と役割

	透明導電膜の極性	光取り出し方向
a）順構造・ボトムエミッション	陽極	ボトム
b）逆構造・ボトムエミッション	陰極	ボトム
c）順構造・トップエミッション	陰極	トップ
d）逆構造・トップエミッション	陽極	トップ

*透明導電膜の対極は金属（不透明）とする。

　有機ELの研究が始まった当初は，ITO付きガラス基板の入手が容易なことと，ITOの仕事関数が高いことから陽極として用いる構造，順構造・ボトムエミッションの層構造であるものが一般的である。ここで，基板側に陽極のある構造を順構造，基板側から光を取り出す構造をボトムエミッションとして区別し表1に示す。

　ITOを代表とする透明酸化物導電体は，工業的にはPVDの一つであるスパッタ法を用いて作製するのが一般的である。スパッタ法はプラズマプロセスを利用したもので，その名の通り，ターゲットから叩き出された高エネルギー粒子が基板に着弾するため，付着高度が強いなどの利点を有する。しかし，有機層を成膜した後にこのプロセスを用いて成膜する場合は下層の有機膜へのダメージを避けるため何らかの対策を講ずる必要がある。有機膜上への透明電極の成膜はトップエミッション構造となるため，基板の材料選択の制約がなくなり金属箔などフレキシブル性や放熱性に優れた基板選択ができる利点を有している。特に，これからのユビキタスやアンビエント社会構築のためのITCデバイスに要求される特徴であるFlexible（折り曲げ可能），Foldable（折り畳み可能），Stretchable（伸縮可能）の観点からも，デバイスの基本構造（透明導電膜の配置）の選択は重要である。この選択によって，基板上に予めTCOを作り込んでおくのか，有機膜上に後からTCOを成膜するのか，フレキシブル性を付与するために，素子作製過程の途中で支持用の基板から剥がす，または張り合わせるなどの選択枝もある。また，選択した構造によって，求められるTCOの仕事関数の大きさも異なってくるので，要求される付加価値や性能，用途に応じて適切に選択する必要がある。

　観点の④は前述した透明導電膜の推移にも記載したように，このような材料のほとんどが酸化物であるが故，一般に仕事関数が高い。TCOsの伝導帯は金属イオン（M）のs軌道と酸素（O）の2p軌道が隣り合っている（ほぼ，球状の（M）s軌道が繋がった間にO2pが挟まっているイメージである）構成であり，かつ酸素は電気陰性度が極めて高く，電子を捕獲しやすいのである。

　この伝導帯に多くのキャリアを注入し，電気伝導度の高い電極が得られればよいが，図1（b）に示したように，キャリア濃度とプラズマ周波数 ω_p には密接な関係があり，キャリアをドープすると ω_p が上昇する。したがって，注入された電子が反射できる波長（閾値の波長）が短くなり可視領域に入ってきてしまう。可視領域の波長の上限に被さらないキャリア密度の上限がおおよそ，$2\times10^{21}\mathrm{cm}^{-3}$ である。よって，TCOsの材料は代表的な金属Cu, Agのキャリア密度（6

白色有機 EL 照明技術

~$8\times10^{22}\mathrm{cm}^{-3}$) に対して，1 桁から 2 桁低い。したがって，電子移動度 μ を同じに見積もっても，TCOs では透明性を得るという特徴の代償として，金属と比較して電気伝導率は 1 桁から 2 桁低くなる。

　有機 EL の特筆すべき特徴は $0.1\mu\mathrm{m}$ の有機（超）薄膜に，低電圧に位置づけられる高々10V 程度の電圧を加えることで発光に至ることである。しかし，これを電界強度として眺めた場合は 1 cm の間隔に 100 万 V をかけた状態（10^6V/cm）に匹敵する極めて高い電界強度で，強制的にキャリアを注入している状況である。キャリア注入密度は，素子の効率にも依存するが，発光時には 1 平方 cm 当たり数百 mA もの電流を流している。この低電圧，高電流密度駆動の素子は LCD などに比べて，電極の僅かな抵抗が電圧降下の原因となる。一般的にディスプレイでは，パッシブマトリックス駆動の小型ディスプレイであっても，ドットに到達するまでの電極の引き回しが細く長く，この経路における電圧降下を防ぐため，配線に金属の補助電極を入れる場合が多い[2]。

　個別な微小の画素の集合体であるディスプレイと異なり，特に照明の場合，発光面は電極の面積が大きくなるため，この IR ドロップと呼ばれる電圧降下の影響が素子に現れる。OLED はその名の通り，有機材料を用いたダイオードであるため，I–V 特性は無機のダイオードと同様に，閾値（Threshold）電圧から急峻に電流が増加する。このため僅かな電圧の違いが，大きな駆動

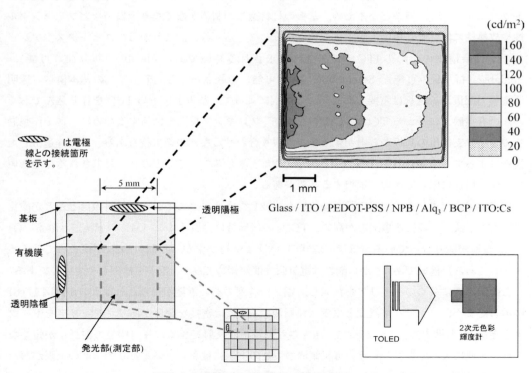

図2　透明有機 EL 素子の発光時の面輝度分布

第5章 大面積白色有機ELと透明電極材料

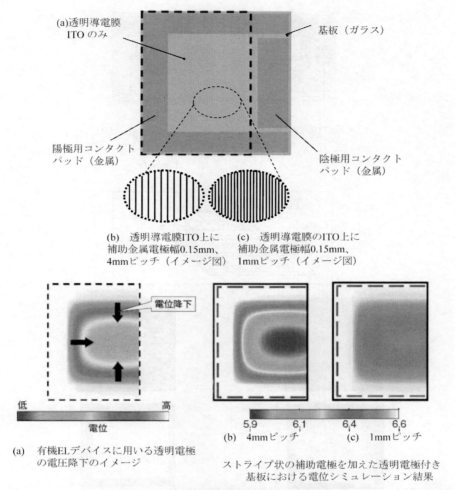

図3 ストライプ状補助配線を付け加えた透明電極基板における電位分布のシミュレーション結果[4]

電流の差となって現れる。OLEDは一般に電流密度Jと発光輝度Lが比例するため，電圧が僅かに変化した場合でも輝度が変化し，素子の発光輝度の面分布の不均一性をもたらす。理想的な均一で低抵抗な電極であっても，コンタクトパッドと呼ばれる金属電極の電流流入側（上流）から，電流流出側（下流）に透明導電膜の抵抗に比例した電圧勾配が生ずる。この結果，輝度の不均一性すなわち，輝度ムラを招く。

筆者らが2次元色彩輝度計を用いて，検討した透明有機EL素子の発光時の面輝度分布を図2に示す[3]。この素子では，順積み積層構造としたためトップ側を透明陰極とした。この場合，透明陰極は，有機膜の後の成膜となることもあり基板側の最適化された市販のITOと比較して，陰極側の抵抗分布が顕著に現れる。この場合，平均輝度を110cd/m^{2}として，電極エッジ部のマスクぼけを除外しても，標準偏差は21.4となっており，図が示すように，電流流入側（上流）

白色有機 EL 照明技術

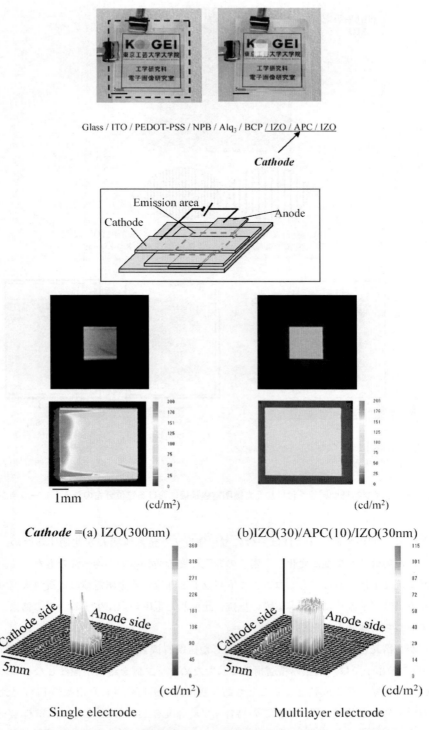

図4 積層構造を有する，透明陰極を用いた透明有機 EL 素子の発光時の面輝度分布

第5章 大面積白色有機ELと透明電極材料

から電流流出側（下流）に向かって（図2では左→右）に著しい輝度の低下が確認される。この結果は，透明有機EL素子の陰極の抵抗に依存するため，今回の現象（透明電極の抵抗成分による電圧降下）を誇張した形になるが，金属陰極であっても大面積の素子では影響を受ける。

通常の陽極ITO，順積み積層タイプの金属陰極の素子の場合では，電極の電圧降下はITO側の抵抗成分で律速するため，電極の流入側から流出側に分布し図3(a)のような電位勾配となる[4]。後述する，ITO代替ポリマー電極を用いたOLEDにおいても，同様の要因から輝度分布が測定，シミュレーションされている[5]。

冒頭にも述べたように，TCOの透明性を維持するためには，キャリア濃度の上限（$2\times10^{21}\mathrm{cm}^{-3}$）があり，キャリア移動度を格段に上げるブレークスルーがない限り，TCFの膜厚を数百nmとした場合には，数Ω/□のシート抵抗以下の金属に匹敵するような良導体は今のところ，商用レベルでは存在しない。

これらの透明導電膜の抵抗成分による輝度ムラの対策としては，細い（0.1mm程度）ストライプ電極を入れる方法が提案されている。図3(b)，(c)に，ストライプ状補助配線を付け加えた透明電極基板における電位分布のシミュレーション結果（(b)ストライプ幅0.15mm，ピッチ4mm，(c)ストライプ幅0.15mm，ピッチ1mm）が報告されている[4]。

最近では，「透明導電膜の間に金属薄膜を挿入した積層構造膜」の応用の検討も進んでいる。これらのルーツは赤外線反射膜，Low-eウィンドウなどで古くから知られた手法である[6]。この積層構造と基本概念は同じであるが最近では，金属薄膜の微細構造がナノレベルで孤立粒子を形成し，金属中の自由電子の集団的な振動運動（Collective oscillation），いわゆる，プラズモンの機構を介して透明性を維持しながら，格段に導電性を上げる手法が提案されている[7]。この場合，バルクTCO膜に対して透明性をほとんど損なうことなく導電性を構造し，さらにプラスチック基板等を用いる場合に必要とされる機械的フレキシブル性も向上することができる[8]。筆者らが，透明有機EL素子の陰極にこれらの積層陰極を適用した場合の，発光面の輝度の均一性を図4に示す[9]。上部陰極に用いた場合も，導電性が向上し，その結果IRドロップ依存性が少なくなり，発光の面輝度均一性が向上したものと思われる。

2 アモルファス透明導電膜

有機EL素子の特徴は，前にも述べた通り（超）薄膜を用いるため，電極のnmオーダーの平坦性は極めて重要である。多結晶ITO薄膜の表面には多くの突起および粒界間の構造に基づく段差が形成されているがLCD用などに用いられる場合には，さほど問題にならない。一方，有機EL素子では，この突起および段差は短絡などによるダークスポットの原因であり極めて重要な問題である。平坦化のために，薄膜形成後に膜表面を研磨するいわゆるポリッシンググレードもあるが，工程増によるコストアップ等があり，大面積をターゲットとする照明には向かない。有機ELの場合このnmオーダーの均一な平坦性を各層で確保するために，有機材料を含めてア

モルファス状態の個々の薄膜が必然であると言っても過言ではない。したがって，これらの観点からもTCFにもアモルファス（この場合，高平坦度が目的）でかつ，光透過性と導電性を損なわない材料や手法に注目が集まっている。

ITOの伝導機構はビックスバイト型の結晶構造をとるIn_2O_3にSnならびに，僅かな酸素欠損を導入することでドナーレベルを形成し，さらに適切な濃度で価電子帯にキャリア導入し（潜り込ませ），いわゆる，縮退半導体である（透明な）導電体を形成する（図1（a））。

ITOのアモルファス化には上記の結晶の連続性（ネットワーク）を終端してしまう方法があり，例えばスパッタプロセス中にH_2Oの分圧を僅かに加えることで，-Hや-OHの形成を促し，その結果，平坦なアモルファス膜が得られる[10]。但し，この場合はSnが電気的に活性化しておらず，本来の目的であるキャリアドープの効果が薄れることが指摘されている[11]。

亜鉛添加インジウム膜（IZO®）[12, 13]は焼結体からのスパッタ法で成膜され，室温から300℃程度までアモルファスであり抵抗率もほとんど変化しない。導電性も室温成膜の比較であればITOに近い値であり，特にアモルファスを維持できることで，微結晶由来の10nm程度の突起が生じにくいため，有機ELの電極には適した材料である。このため，最近ではITOに代わってよく用いられる材料である。

ITO，IZOともに母体材料はIn_2O_3であり，最適値で10wt%それぞれ，SnO_2，ZnOをドープしたターゲットが用いられる。その材料の組み合わせと，最適ドープ量の類似性から，同じキャリアドープ機構と勘違いする場合があるが，これらは全く異なっている。ITOの場合，In^{3+}のサイトをSn^{4+}で置換することでキャリアを発生している。これとは逆に，In^{3+}のサイトをZn^{2+}で置換した場合は，目的とは反対に導電性が失われる。IZOの場合はZnOが有する本来の結晶構造である六方晶系のウルツ鉱型の構造を（In_2O_3：$(ZnO)_n$）[nは2以上の整数]，原材料のターゲット中に形成することによって，In^{3+}へのサイト置換（固溶）を阻止している。母体材料と異なる結晶構造を導入すること，またこの構造の違いからInの酸素配位数6，Znの酸素配位数は4とそれぞれ異なることになるので結晶化が生じにくい。この結果，室温～350℃と極めて広い温度範囲でアモルファスであり，導電性や透明性を維持する。例えば，アモルファス化したITO，IZOそれぞれの示差熱分析（TGA）の測定[14]では，ITOでは150℃から結晶化を示す吸熱が始まり約200℃でピークを示すのに対して，IZOでは350℃まで結晶化が起こらない。

このようにTCFのアモルファス化は①高平坦な電極膜が得られ，上下電極の導通による電流リークの問題を回避できる，②短時間でウェットエッチング行え，電極段差において均一な低テーパー角が得られ，ここでのショートも回避できる，③陽極に用いる場合，仕事関数が有機発光材料のHOMOに近いためホール注入効率がよい等の利点を有している。

さらに，製造に関して言えばITOでは結晶性やその配向性のスパッタ圧力依存性が大きいため，成膜時の圧力の変化が導電率の変化をもたらす。これに対して，アモルファスのままであることで導電率のスパッタ圧力依存性が少ない。また，負イオンの高エネルギー粒子の入射によって，ITOの場合は酸素の少ない酸化物や，結晶性の変化が生じ導電率が大きく変化するが，IZO

第5章　大面積白色有機ELと透明電極材料

の場合は，負イオンの入射に対して入射エネルギーの依存性が少ないのも特筆すべき利点である。このように，成膜時の基板温度，圧力や負イオンの入射エネルギー依存が少ないことは，均一な物性の膜を得るための装置・環境，プロセスの変動に対して，依存が少ない（ストライクゾーンが広い）極めて有益な特徴である。

3　AZO, GZO

これらのTCOsは母体材料がZnOであり，In系のITOやIZOとは異なり，レアメタルであるInを用いないことから近年，注目が集まっている（資源的には，InはZn製錬の副産物であるので，代替に位置づけられない指摘もある）。ZnO自体でも適切にキャリアをドープした場合，$10^{-4}\Omega cm$程度の抵抗率を実現できるが，この場合熱安定性が低いため，通常AlやGaをドープしキャリア濃度をさらに上げたTCOがAZO, GZOとしてよく知られている。ZnO系はスペック的には，In_2O_3：系にほぼ匹敵するものであるが，ZnとOの結合力が強いことに起因して，表面での酸素吸着さらには，内部への酸素の取り込みが生じ，酸化性雰囲気での耐熱性ならびに耐湿性が低くなり，低抵抗の膜が維持できない指摘がある。これらの耐久性を向上させることでZnO系の発展が期待できる。

4　マルチフォトンエミッション素子

照明としての発光で重要な指標の一つは，演色性であり，簡単に言えば自然の太陽光に近づけたスペクトルによって，自然な色合いを得ようとするものである。白色に近づけること，すなわち可視領域全般にわたってスペクトル成分をもつことは，シャープスペクトルを有する無機LED（ここでは色変換機構のデバイスは考慮に入れない）に比べ，ブロードなスペクトルを有する有機ELは有利である。どちらにしても，バンド間遷移（HOMO-LUMO間遷移）が起源であるLEDであるので白色を得るには，少なくとも2波長型では橙と青，3波長型では，青，緑，赤のそれぞれの有機ELからのスペクトルを重ねて，白色化するのが一般的である。

このような，ブロードなスペクトルをもつ白色光源は，高エネルギー光の青または，紫外光を励起源として，この光によって励起された色変換蛍光材料からの発光（PL発光）を重ねた，いわゆるCCM（色変換方式）や，これらに準じた色素分散法がよく知られた方法であるが，ここでは透明電極やCGL（電荷発生層）を用いた積層構造の2波長型または3波長型の有機白色光源について述べる。

有機ELは用いる有機材料の分子構造の多様性から，発光色においても各色に対応し適した材料が存在する。筆者らは，ホストの高分子材料としてPVCz，電子輸送性材料としてBNDを用い，R, G, Bの色素として，ペリレン，クマリン6，レブレン+DCJTBをそれぞれ加えることで，R, G, Bの各透明有機EL素子それぞれを作製し，それらを積層させ発光強度を調整することで，

白に近い発光（CIE色度座標，(0.32, 0.33)）を含む，フルカラー表示ができることを示した[15]。この場合は個々の3枚のガラス上に作製した透明有機EL素子を単に重ねた構造であるが，一枚のガラス基板上にRGBすべてを作り込むことも可能である。

マルチフォトン素子は，簡単に記せば，有機ELの「発光ユニット」を積層方向に重ねたものである。1段目の発光ユニットが「青」，2段目が「緑」，3段目が「赤」でこれらがすべて発光すれば，光の重ね合わせで白色を得られる。電気的には，透明電極（またはCGL）を接続電極とした直列構造を有する。外部量子効率は，素子へ入力した，エレクトロン（N_e）に対する，放出されたフォトン数（N_{ph}）の比すなわち（N_{ph}/N_e）であるので，「3段積層発光ユニット」では，3倍明るくなる（3倍のフォトンが得られる）ので，単純には1段素子の外部量子効率の3倍となる。但し，n段素子では，注入エレクトロン数（電流）は同一であるが電圧はn倍になるため，電力効率では，ほぼ1倍で変わらない。

このようにマルチフォトン素子の特徴は，積層する発光ユニットの段数分，明るくなること，または1段素子と明るさが同じであるなら，注入電流を$1/n$（簡単には素子寿命がn倍）にすることが可能であるため，素子寿命が格段に向上する利点を有している。この高輝度化ならびに長寿命化は照明を目指す上で，最も有効である。

マルチフォトン素子の最初の発表[16]では，ユニット接続層にITOを用いていたが，この一般には透明導電膜と呼ぶものを電荷発生層（CGL）と位置づけていた。さらに，これらの接続層は，必ずしもバルクの状態で透明導電膜である必要はなく，DAの電荷移動に基づいた，電荷移動錯体などの材料選択が可能であることを示している[17〜19]。これらのCGLの概念に基づく，発光ユニット接続層は電界方向にのみキャリアを伝導するので，電界と垂直な方向（電極面に平行な方向）には電流が流れず，クロストークといった問題を回避できる[20]。

照明においては，ただ単にCIE色度座標を白の点に近づけるだけでなく，照明光の質を示す一つの指標である平均演色評価数（Ra）を向上させる，高品位な照明の作製が可能である。最近の報告では，これらの手法を用いてRaが93，電力効率32 lm/W，輝度半減寿命3万時間以上のデバイスの報告もなされている[21]。

5　導電性高分子を用いた電極

大面積で安価な照明を目指すためには，PVDだけでなく，溶液塗布といった，ウェット法を用いることが有効であり，ポリアニリン誘導体，ポリピロール誘導体，ポリチオフェン誘導体などの報告があり開発が進んでいる。有機EL素子の場合，ホール注入層（または，バッファ層）として用いられている材料や，発光性材料などでも導電性の高分子が多数ある。

前述したように，有機EL素子の場合用いる電極は10〜100Ω/□程度のシート抵抗値に抑える必要があり，それより抵抗値の高い帯電防止膜や，タッチパネル用途のものは多いものの，有機EL用の単独の電極について報告のあるものは，現在検討が進んでいるが数が限られてくる。

第5章　大面積白色有機ELと透明電極材料

　ポリチオフェン誘導体の中でも，有機EL素子においては，PEDOT-PSSはホール注入層として一般的に用いられている。これは，ポリ（3,4-エチレンジオキシチオフェン）とポリ（スチレンスルホン酸）の複合体である。この材料は，π共役系高分子であるPEDOTが導電性を担い，スルホン酸であるPSSがアクセプターの役割を担う。アニオン性が水への分散剤としての役割を果たす一方，吸湿性を有し，PHが約2の強酸性である。これは，ルイス酸／塩基の分類からすれば，ルイス酸に位置づけられスルホン酸が持つ$-SO_3H$の官能基（スルホ基）は強酸性と強い電子求引性を示す。この結果，電子受容体（ホール供与体）となるためホール注入層に適しており，溶液塗布によるプラナリゼーション（平坦化）の効用と併せて，陽極のTCFの上に塗布する場合が多い。

　さらに，高導電性グレードのPEDOT-PSSに高沸点溶媒（例えばDMSO 5％程度）を添加すると，導電率ρ＝500S/cmで，シート抵抗100Ω/□（d＝200nm），光透過率83％のものが得られる[22]。これを用いて，OLED素子を実現し，緑発光高分子を用いた有機EL素子特性の電流効率の比較では，（PEDOT-PSSのAnodeで）54cd/A，（ITOのAnodeで）64cd/A，@100 cd/m^2である。この場合，依然としてITOの方が導電性が1桁以上高い陽極を用いている。効率向上の理由として，透明電極の屈折率がITOで1.9に対しPEDOT-PSSが1.4であり，この屈折段差に由来する光取り出し効率の改善により，PEDOT-PSSの方が高い特性を示していると考えられている[23]。但し，発光効率の差を屈折率の差に帰属できるとすれば，電流効率よりは外部量子効率においてその差は顕著に現れるものと思われる。

　さらに，HIL（ホール注入層）に用いられるグレードのPEDOT-PSSをこの高導電性ポリマー電極上に付与した場合，OLEDのリーク電流の低減と，付与なしの場合と比較して10倍近い特性向上が得られている。このPEDOT-PSSを電極に用い，ITO-free OLEDと題して，PIN構造で発光面積が1.1cm^2，電力効率が18.7 lm/Wの報告[22]や1 cm^2の発光の面輝度分布の報告[7]がなされている。

6　その他の電極

　透明かつ導電性を有する材料はこれまで，そのほとんどが酸化物であったが，最近では様々な材料探索，開発が進んでいる。特に，カーボン系材料は，炭素原子の結合の形によって，0次元構造のフラーレン，1次元構造のカーボンナノチューブ，2次元構造のグラフェン，3次元構造のダイヤモンドと多様な形態を示すことが明らかになるとともに，その製造，精製，分離方法の開発が進んできた。特に，金属性／半導体性のカーボンナノチューブをベースに，これらを適切に分散ネットワーク化させ，2次元の導電体，透明導電膜となるバッキーペーパーが開発されている。

　また，2次元構造のグラフェンはその基本構造をそのまま，大面積化することで，赤外領域を含めた高い透過率，レアメタルフリーで低環境負荷材料な透明導電膜が実現できる。グラフェン

の大面積合成技術についても，ニッケルや銅などの金属箔を基材とする化学気相蒸着法（CVD）による開発が行われ，良質な透明導電膜が作製できるようになってきている[24]。これらを透明電極に用いた有機EL素子の報告[25]もなされるようになっており，安価で大面積な透明電極という全く新しい方向性を伴いながら，ユビキタス，アンビエントな時代を支える光エレクトロニクスデバイスの発展が期待できる。

7　まとめ

これまで透明導電膜は，単なる「透明な電極」としての一材料に過ぎなかった。これだけでも十分重要な価値があるが，その性質を有するものが酸化物（TCO）に限られていたこともあり，これらの伝導機構の解明に基づいた材料探索，開発が最近特に進んでいる。TCOsがイオン性アモルファス酸化物半導体である特異性を有効に活かし，Si半導体に匹敵する，透明アモルファス酸化物半導体（TAOS）[26]の研究が進み，今ではa-IGZO TFT駆動の有機ELパネル，ディスプレイが展示されるに至っている。

現在まで我々は，シリコン（Si）を代表とする無機半導体によって構築されたICT環境の恩恵を受けており，さらなる低価格化，大面積化の流れに伴って，これらの要求を満たす均質な薄膜が低温で容易に得られるアモルファス薄膜に注目が集まっている。このような特徴の他，材料の伝導の機構からSi結晶を眺めてみると，Siの伝導帯は主にsp^3混成軌道から成り，アモルファスのように空間的に異方性が著しい場合，個々の結合角度のバリエーションが生じ，その結果様々な局在状態に伝導キャリアが捉えられてしまい，キャリア移動度μが著しく低下（2桁以上）する[27]。このため，Siで構築された半導体では，単結晶で実現されるようなリジッド共有結合をa-Siで実現する手法に注力されてきた。このため，製造プロセスも，そのアプローチの概念もこれらの固定概念にしたがってきた。

これとは対照的にTCOsはイオン性アモルファス酸化物（半）導体であり，その伝導は酸素を介して隣接する金属の空の球形をしたs軌道の重なりを経由するため，これらの結合角度の変化に依存し難い。この結果，高性能半導体（高い移動度μを有する材料）を実現させるための，必須項目（リジッドな共有結合の維持という呪縛）から，ある意味解き放される。

このような観点から，Siで構築された今までのプロセスや既存の概念に捉われず，TCOs，TAOSsを用いた，新しいアモルファスエレクトロニクスいう分野が発展している。有機半導体は，これらとの親和性が高いことから有機照明を始めとした光エレクトロニクス全般の発展が期待される。

第5章 大面積白色有機ELと透明電極材料

文　献

1) T. Minami, "Transparent and conductive multicomponent oxide films prepared by magnetron sputtering", *J. Vac. Sci. Technol.*, **A17**, p.1765 (1999)
2) S. Miyaguchi, S. Ishizuka, T. Wakimoto, J. Funaki, Y. Fukuda, H. Kubota, K. Yoshida, T. Watanabe, H. Ochi, T. Sakamoto, M. Tsuchida, I. Ohshita, T. Tohma, Journal of the SID 7/3, p.221 (1999)
3) T. Uchida, M. Yahata, T. Tamura, Y. Masakura, T. Satoh, "Evaluation of Area Uniformity for Luminance and Transmittance in Transparent OLEDs", 14th International Workshop on Inorganic and Organic Electroluminescence & 2008 International Conference on the Science and Technology of Emissive Displays and Lighting (EL2008), p.63 (2008)
4) 大岡晴日, 真常泰, 榎本信太郎, 「塗布で作る新しい有機EL照明」, 東芝レビュー, **65** (11), p.42 (2010)
5) K. Neyts, M. Marescaux, A. U. Nieto, "Inhomogeneous luminance in organic light emitting diodes related to electrode resistivity", *J. Appl. Phy.*, **100**, p.114513 (2006)
6) J. C. C. Fan, F. J. Bachner, G. H. Foley, P. M. Zavracky, "Transparent heat-mirror films of $TiO_2/Ag/TiO_2$ for solar energy collection and radiation insulation", *Appl. Phys. Lett.*, **25**, p.693 (1974)
7) Lewis, S. Grego, B. Chalamala, E. Vick, D. Temple, "Highly flexible transparent electrodes for organic light-emitting diode-based displays", *Appl. Phys. Lett.*, **85**, p.3450 (2004)
8) S. W. Cho et al., "Highly flexible, transparent, and low resistance indium zinc oxide-Ag-indium zinc oxide multilayer anode on polyethylene terephthalate substrate for flexible organic light light-emitting diodes", *Thin Solid Films*, **516** (21), p.7881 (2008)
9) T. Uchida, M. Yahata, K. Sakurai, K. Yamada, T. Satoh, T. Tamura, "Improvement of Luminance Distribution in Transparent OLED by Using ITO/APC/ITO Top Electrode", The 17th International Display Workshops (IDW'10), p.1143 (2010)
10) 西村絵里子, 大川秀樹, 佐藤泰史, SONG P-K, 重里有三, 「H_2O 添加スパッタリングで異なる基板上に作製した錫ドープ酸化インジウム (ITO) 薄膜の構造と電気特性」, 真空, **47** (11), p.796 (2004)
11) Y. Shigesato and D. C. Paine, "Study of the effect of Sn doping on the electronic transport properties of thin film indium oxide", *Appl. Phys. Lett.*, **62**, p.1268 (1993)
12) 宇津野太, 南内嗣監修, 透明導電膜の新展開Ⅲ, p.73, シーエムシー出版 (2008)
13) http://www.idemitsu.co.jp/denzai/clear/ (Accessed online 29. Jan. 2011)
14) 苫井重和, In_2O_3-ZnO系透明導電材料の開発とデバイスへの応用, マテリアルステージ (技術情報協会), **8** (10), p.56 (2009-01)
15) T. Uchida, M. Ichihara, T. Tamura, M. Ohtsuka, T. Otomo, Y. Nagata, "Full Color Pixel with Vertical Stack of Individual Red, Green, and Blue Transparent Organic Light-Emitting Devices Based on Dye-Dispersed Poly (N-vinylcarbazole)", *Jpn. J. Appl. Phy.*,

15) **45** (9A), p.7126 (2006)
16) 城戸淳二,遠藤潤,仲田壮志,森浩一,横井啓,松本敏男,電荷発生層を有する高量子効率有機 EL 素子,応用物理学関係連合講演会講演予稿集,**49** (3), p.1308 (2002)
17) 仲田壮志ほか,電荷発生層として電荷移動錯体を有するマルチフォトンエミッション有機 EL 素子,応用物理学会学術講演会講演予稿集,**63** (3), p.1165 (2002)
18) 松本敏男,高輝度有機 EL 素子,Optronics, No.2, p.136 (2003)
19) J. Kido, T. Matsumoto, T. Nakada, J. Endo, K. Mori, N. Kawamura, A. Yokoi, "High efficiency organic EL devices having charge generation layers", SID2003, p.964 (2003)
20) 松本敏男,筒井哲夫監修,マルチフォトン素子,有機 EL ハンドブック,p.263 (2004)
21) 辻博也,伊藤宜弘,井出伸弘,照明用の高演色有機 EL デバイス,パナソニック電工技報,**57** (4), p.4 (2009.12)
    http://panasonic-denko.co.jp/corp/tech/report/574j/ (Accessed online 29. Jan. 2011)
22) Karsten Fehse, Karsten Walzer, Gufeng He, Martin Pfeiffer, Karl Leo, "Highly efficient OLEDs on ITO-free polymeric substrates", *Proc. SPIE*, **6192**, 61921Z (2006)
23) A. Elschner, F. Jonas, S. Kirchmeyer, W. Lövenich, N. Koch, K. Fehse, M. Pfeiffer, K. Walzer, K. Leo, "High-Conductive PEDOT/PSS for ITO-substitution in OLEDs", IDW'06, Proceedings of the 13th International Display Workshop, p.479 (2006)
24) K. S. Kim, Y. Zhao, H. Jang, S. Y. Lee, J. M. Kim, KS. Kim, J. H. Ahn, P. Kim, J. Y. Choi, B. H. Hong, "Large-scale pattern growth of graphene films for stretchable transparent electrodes", *Nature*, **457**, p.706 (2009)
25) J. Wu, M. Agrawal, H. Becerril, Z. Bao, L. Zunfeng, Y. Chen, P. Peumans, "Organic light-emitting diodes on solution-processed graphene transparent electrodes", *ACS Nano*, **4**, p.43 (2010)
26) H. Hosono, Chap. 11, "Transparent conductive oxides", edited by D. Ginley, H. Hosono and D. Paine, Springer (2008)
27) 細野秀雄,三上義明監修,有機 EL 技術の最前線,有機 EL の高輝度・高精細化を実現するための TFT 技術,p.235,技術情報協会 (2008)

第 2 編

白色パネル構造設計技術

第1章　色変換方式有機ELディスプレイ

河村幸則*

1　有機ELディスプレイの課題

　有機ELディスプレイは，その開発が始まって以来ずっと次世代ディスプレイの候補と言われてきた。それは自発光による視認性の良さ，消費電力の低さなど他のディスプレイに比べ優れた性能を持つためである。携帯電話のメインディスプレイに搭載されているアクティブマトリックス駆動（以下AM駆動）有機ELディスプレイは最もよく目にする応用製品の一つである。しかし，PCモニターや大型TVディスプレイなどに適用されておらず，本当の意味で次世代ディスプレイとしての地位を確立するには，さらにいくつかの課題をクリアーする必要がある。

　有機ELディスプレイに残された最も大きな課題は大面積にすることである。アプリケーションに広がりを持たせるには，有機ELを大面積基板上に形成する必要がある。特にPCモニターや大型TVなどに適用するには，大型基板特有の技術課題を早期に解決しなければならない。大きなディスプレイが実現できてこそ，有機ELの素晴らしい特徴（高い視認性や高速応答性）が発揮され，他のディスプレイとの差が鮮明になる。

　大面積にするには大型設備導入などの経済的側面の課題と，AM駆動に必要なTFT（Thin Film Transistor）の特性補償や有機ELデバイス形成，特に大型基板への形成技術に関する技術的側面の課題がある。これらの課題が解決できれば，有機ELディスプレイは確実にディスプレイ分野の中心的地位を占めるばかりでなく，照明分野への適用も期待される。

　本稿では，上記課題の内，技術的課題の一つである有機EL形成技術に関する問題点を挙げ，富士電機がこれらの課題の解決策の一つとして提案してきた色変換法（以下CCM法）について説明する。

2　色変換法

2.1　有機ELのフルカラー化技術

　フルカラーディスプレイは，基本的に赤，緑，青の3原色を発光するサブピクセルからなる。大きさはディスプレイサイズによるが，概ね数十μm□である。この3原色に対応する有機EL

＊　Yukinori Kawamura　富士電機㈱　技術開発本部　先端技術研究所　応用技術研究センター　メカトロニクス研究部　MEMSグループ　グループマネージャー

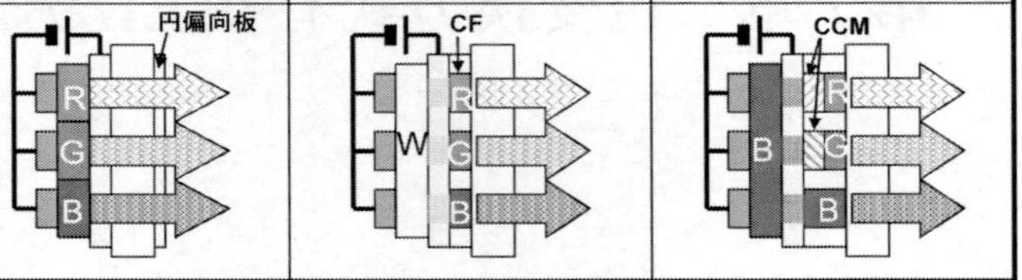

白色有機EL照明技術

性能＼フルカラー方式	3色塗分け法	白色EL+CF法	青EL+色変換法
効率	中	低	中
色再現性	高	低	高
材料利用効率	低	高	高
課題解決策	レーザー転写	RGB+W	Advanced CCM

図1 有機ELディスプレイのフルカラー化方式の比較

材料は，低分子材料系では信頼性も含めて既に開発されている。フルカラー化で難しいのはこの3原色に発光する材料を対応する色のサブピクセル毎に分割して形成する技術である。有機ELディスプレイのフルカラー化技術は3つの方式に大別される（図1）。第一に，赤，緑，青に光るそれぞれのEL素子を別々に形成する3色塗り分け法がある。第二に，3原色のスペクトルを持つ白色発光ELとカラーフィルターを組み合わせる方法がある。第三に，青色発光ELに色変換層（波長変換層）とカラーフィルターを重ねて用いる色変換方法がある。これらの方式の得失の詳細については論文を参照いただきたい[1]。筆者等が選択した色変換法はパネルの性能と生産性のバランスに優れ，フルカラーディスプレイを実用化する上で極めて現実的な選択肢であると考えている。

色変換法を用いるディスプレイでは，赤と緑の画素のみ有機EL素子とカラーフィルターの間に色変換層を設ける。色変換層には蛍光材料を用い，有機EL素子の青色光を吸収させてこれより長波長の蛍光を発光させる。色変換法ではディスプレイを構成する各層がそれぞれ機能を分担する。すなわち，有機EL素子は電気エネルギーを光に変換（光電変換）し，色変換層は光-光変換（蛍光変換）により必要な波長帯の光に変え，カラーフィルターは色純度を向上させる。各材料の開発を互いに独立に進めることができるので，その時点で最適な組み合わせを採用して相互に補完するなど多様な性能向上策を採ることができる。筆者等は色変換材料をcolor conversion materials（CCM），色変換法をCCM法と称している。

2.2 色変換法（CCM法）の特長

図1にフルカラー化方式の一般的な特長比較を示す。3色塗り分け方式は，画素の構成が最もシンプルで，発光を直接取り出すため高効率となり，3原色の有機EL素子毎に発光効率や色純度を向上できる点で優れた方式と言える。現在製品化されているフルカラーディスプレイの多く

第1章 色変換方式有機ELディスプレイ

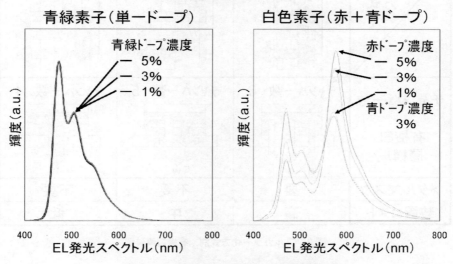

図2 EL発光スペクトルのドープ濃度依存性

がこの方式を採用している。これらの有機EL素子の多くは低分子有機材料をメタルマスクを用いた真空蒸着することにより形成される。マスクには同発光色画素に対応した開口部を設けておき，マスクをずらして製膜を繰り返すことで発光色毎に塗り分ける。このプロセスではマスクの面積が大きくなるほどマスクの加工精度や使用中の温度変化のために開口位置が不安定になり基板サイズの拡大と画面精細度の向上が難しくなる。また，マスクからのコンタミネーションの管理も必要であり，生産性の向上に制約が多い。これらの対策としてメタルマスクを用いないレーザー転写技術などの開発が進められている[2]。さらに，3色塗り分け方式のパネルでは発光層が透明な薄膜で形成されているため，そのままでは外部から入射する光を反射して表示コントラストを著しく低下させるという本質的な問題がある。防止策としてパネル表面に円偏光板を設ける方法があるが，これは外光反射を低減するだけでなく透過するEL発光の輝度を50％以上も低下させる。また，3色のEL素子の発光効率が一律に劣化しないことによる色ずれが画質低下を招きディスプレイの実用寿命を決めてしまう恐れもある。

　3色塗り分け方式と対照的な方式として白色発光ELとカラーフィルターを組み合わせる方式がある。この方式ではEL素子が白色1種類で色毎の塗り分けが不要であるため成膜プロセスがシンプルで精細度の向上が容易である。しかし，色再現性を高めるためにカラーフィルターの透過波長帯を狭くすると吸収による損失が増加するので発光効率とのトレードオフが大きい。また，EL素子を白色発光させるために例えば赤と青の2種類の発光ドーパントを使った場合，発光スペクトルはそれらのドーピング濃度の影響を受けやすく，基板を大型化するほど面内のドーパント濃度の均一性が問題になる（図2）。各ドーパントの劣化速度の差による色ずれも懸念さ

白色有機EL照明技術

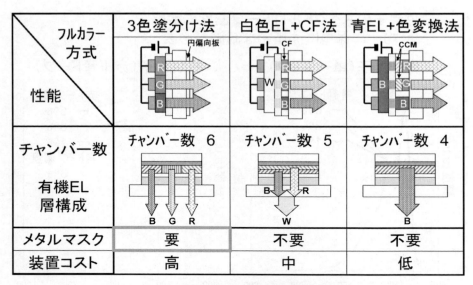

図3 フルカラー化方式別　有機製膜装置

れる。色再現性と輝度を両立させるために赤緑青の画素に白色画素を追加する方法も開発されている[3]。

　青色発光ELと色変換層をカラーフィルターと組み合わせる色変換法は，白色EL＋カラーフィルター方式と同様にEL素子を画素毎に塗り分ける必要がない。青単色の発光でよく，発光ドーパント濃度分布やその経時変化による色ずれの影響を受けにくいため基板サイズの拡大が容易である（図3）。赤と緑の画素に色変換層を挿入することにより，カラーフィルターに吸収される短波長（青）のEL発光を赤や緑の光に変換してカラーフィルターでの吸収損失を減らせるので，色再現性と発光効率のトレードオフが軽減される。色変換層の変換効率を高めることで3色塗り分け方式と遜色のない性能を達成できる。しかし以前に開発されていた色変換方式[4]には問題があった。色変換層材料がフォトリソグラフィーによりパターニングできるように透明感光性樹脂と蛍光色素から構成され，濃度消光による効率低下を避けるために蛍光色素濃度を低く抑える必要があり，その結果，色変換層を$10\mu m$以上にしなければならないこと，また，光反応開始剤の未反応物による色素分解反応が原因と思われる効率劣化が進むといったことが未解決の問題となっていた。

2.3　大面積化に適したAdvanced CCM技術

　前項で述べた従来の色変換方式の欠点である厚い膜厚と短寿命の問題を克服し，色変換方式の優位性を実証するために筆者等は新しい色変換材料系を探索し[5, 6]，これをAdvanced CCMと称している。Advanced CCMは有機ELにも使われる，いわゆるホスト-ゲスト系材料から構成される。有機EL発光層の発光のエネルギーをホスト分子（固体媒体）が吸収し，励起されたホ

第1章 色変換方式有機ELディスプレイ

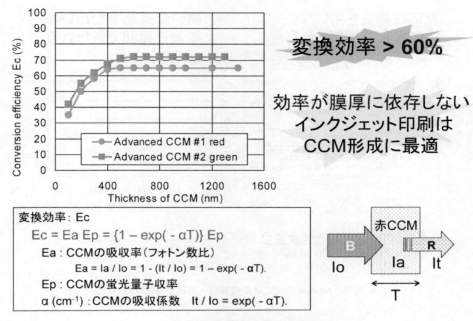

図4 Advanced CCM の特長

スト分子から近接しているゲスト分子（蛍光色素）にエネルギーが移動し，ゲスト分子が基底状態に戻る過程で蛍光発光する機構（Förster resonance energy transfer)[7]を効率良く実現できるように材料の組み合わせを工夫している。したがって従来の色変換層の1/10以下の膜厚であっても濃度消光を示すことなく高い変換効率が得られる。ここでの変換効率とはCCMへの入射光子数に対する蛍光発光として出る光子数の比と定義している。この変換効率はある膜厚以上でほぼ一定となる（図4）。これはAdvanced CCM のホストの吸収率が膜厚に対し指数関数の逆数に比例して変わり，厚いほど100％に近づくことと，ホストに吸収されるエネルギーが膜厚によらずに一定の割合でゲストの蛍光発光として取り出されるためと考えている。現状のAdvanced CCM は膜厚 $0.6\mu m$ 以上で変換効率60％〜70％を達成しており，溶液状態であれば90％以上の変換効率を示す材料系も確認されている。

　Advanced CCM はフォトリソグラフィーのための光反応性材料を含まないため従来の色変換材料より耐光性が大幅に向上している（図5）。加速劣化試験の結果から実用時には初期の90％以上の変換効率を少なくとも 30,000 時間保持すると推定している。また，Advanced CCM の変換効率は励起光の波長依存が少ないことが特徴である。例えば450nmから500nmの波長範囲で変換効率がほぼ一定に保たれる。励起するEL光が青単色なのでスペクトルは大きく変化しないが，仮にこれが変化しても色変換後の赤と緑の発光スペクトルには変化がない。さらに，CCMの蛍光発光は等方的であることから，ディスプレイや照明デバイスに適用すると視野角による色ずれを大幅に減らすことができる。これらは，製造技術上大きなメリットである。

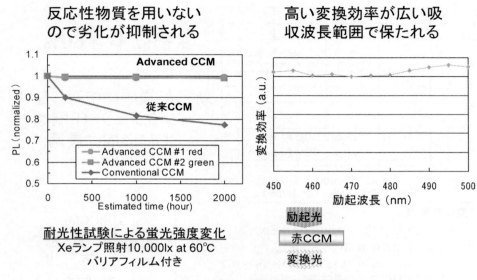

図5　Advanced CCM の信頼性・励起波長依存性

　このように優れた特性を持つ Advanced CCM をパターニングする手段として，インクジェット印刷技術が選択された。その理由は，液晶ディスプレイ用カラーフィルター基板の製造で既に実用化されていること，フォトリソグラフィーに比べて工程がシンプルで材料の利用効率が高く低コスト化できること，基板の材質や加工面積に応じた制約が少なく基板サイズを拡大しやすいこと，などである。高分子有機 EL 素子をパターニングする手段としてもインクジェット印刷が検討されている。この用途では塗膜の膜厚がディスプレイの画質に大きく影響するので一定の膜厚に制御することが極めて重要である。Advanced CCM 層の形成プロセスは，高分子有機 EL 素子への適用の場合と同じであるが，異種材料を積層する必要が無く，かつその膜厚を一定値以上にするだけでよいので，精度や均一性を要求しない。これがインクジェット印刷技術適用のハードルを低くしている。例えば，インクジェット印刷では，滴下したインクが下地との濡れ性に影響され均等に拡がらない現象や，インクがバンクに濡れ上がってしまい乾燥後の塗膜のバンク近傍が厚くなる現象が見られる。Advanced CCM 層の膜厚にこのような不均一が生じても，表示面側から観察すると一様な強度で発光する。

　大画面ディスプレイを実現するには EL 素子の駆動手段として TFT 基板を使う AM 駆動方式が不可欠である。パッシブマトリクス（PM）駆動方式では画面が大きいほど走査数が増えて高い瞬間輝度が必要になるので対角 3 インチ以上のディスプレイでは現実的ではない。AM 駆動方式では，発光面積を広くするために TFT 素子に有機 EL 素子を重ねて形成し，発光を TFT 素子の膜面側から取り出すトップエミッション構造を採用できる。Advanced CCM を用いてフルカラー有機 EL ディスプレイを製造するには，青色発光の有機 EL 素子を形成した TFT 基板と，カラーフィルターに重ねて Advanced CCM 層を形成した CCM 基板とを貼り合わせることによ

第1章　色変換方式有機ELディスプレイ

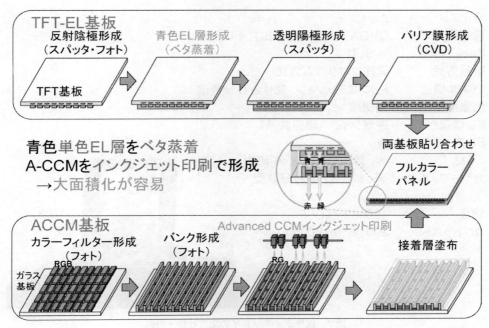

図6　Advanced CCMパネルの製造プロセス

り実現できる（図6）。

　Advanced CCMを搭載した有機ELディスプレイ技術を実証するため，筆者等は2008年に対角2.8インチディスプレイを試作し，その結果をSID 2008で発表した[10]（図7）。この試作機には将来の大面積化と低コスト化を想定してアモルファスSi-TFTを採用した。上部電極が共通の陽極となるリバースタイプの有機EL素子をアモルファスSi-TFT用に開発した。リバースタイプとすることで駆動回路規模を小さくできICの低コスト化が実現できる。上部電極には酸化物透明電極を低ダメージスパッタ法により形成したトップエミッション構造とした[8, 9]。これは，デバイス内の光学干渉効果を小さくし視野角依存性を低減することを狙ったものである。電極からのキャリア注入性を確保し駆動電圧を下げるために電子注入層と正孔注入層にはドーピングを行った（図8）。一方，カラーフィルターを形成した基板には，画素を分けるバンクを設けてインクジェット印刷により赤と緑のAdvanced-CCMを形成した。このCCM基板とトップエミッション有機EL素子を形成したTFT基板とを透明な接着剤を介して貼り合わせた。接着剤は加熱硬化させるのでできあがったパネルは全て固体となる。

　最初に試作したディスプレイの色再現性はNTSC規格比80％であったが，色変換材料の改良を行い，続いて試作した対角6.5インチQHD（960RGB×540）ディスプレイ（図9）ではNTSC規格比96％を実現した（図10）。また，試作したディスプレイは視野角による色ずれが小さいことも実証された（図11）。白色D65を表示させて視野角を変えたときの色度座標CIEx，yの変化を測定した。この変化が0.02以内であれば色の違いが認識されないので基準とした。比較し

白色有機 EL 照明技術

サイズ:	2.8インチ
解像度:	QVGA（240RGBx320）、141ppi
Back plane:	a-Si TFT
駆動方式:	電圧プログラム方式
パネル構造:	トップエミッション、貼り合わせ構造
画素隔壁:	無機膜
EL 構造:	逆層タイプ（陽極共通）
EL スペクトル:	青
CCM:	赤、緑　インクジェット印刷
カラーフィルター:	赤、緑、青　顔料分散型
輝度:	150cd/m^2（D65）
コントラスト:	200:1（at1000lx）

図7　試作ディスプレイの主な仕様・性能

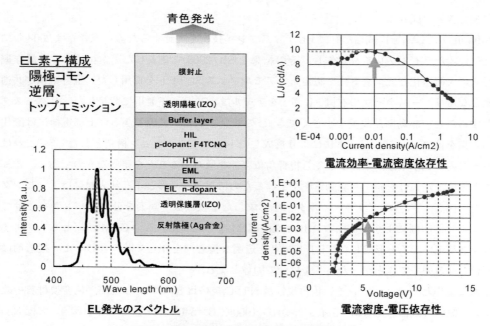

図8　試作パネルの青色 EL 素子の構成と性能

第1章　色変換方式有機ELディスプレイ

6.5インチQHD(960RGB×540)、色再現性96%

図9　対角 6.5 インチ QHD（960RGB×540）ディスプレイ（カラー口絵参照）

色再現性：NTSC比 96% を達成

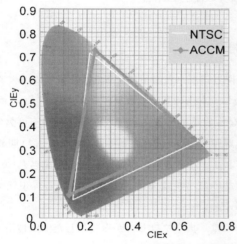

CCM方式の色再現性は、
青色ELとCCMの発光スペクトルに依存

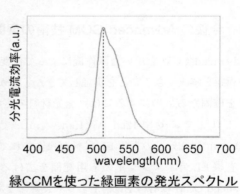

緑CCMを使った緑画素の発光スペクトル

図10　試作ディスプレイの色再現性

た市販の3色塗り分け方式のディスプレイは，マイクロキャビティ効果を使っていると推測され30°以下であったが，我々のAdvanced CCM搭載ディスプレイでは70°であった。これは，赤と緑のCCMからの蛍光発光が等方的であり，かつマイクロキャビティ効果を低減したことにより青画素からの発光も視野角依存性が小さくなったことが影響していると思われる[11~13]。

白色有機EL照明技術

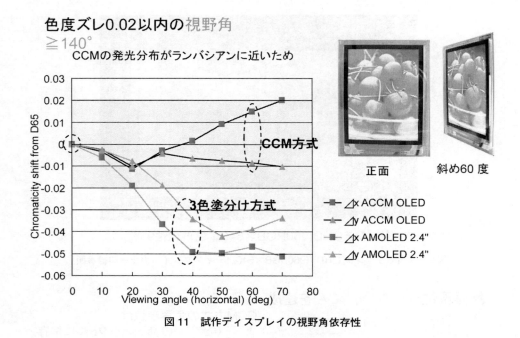

図11 試作ディスプレイの視野角依存性

3 今後の Advanced CCM 技術の展開

　Advanced CCM を用いた試作機によって色変換方式が，大面積化を実現するための多くの技術的課題を解決できることを実証してきた。しかし，本当の意味で次世代ディスプレイとしての地位を確固たるものにするには，発光材料の更なる長寿命化と生産コストの低減が不可欠である。これまでに効率 12cd/A（10mA/cm^2）で輝度半減時間 2 万時間を超える（初期輝度 1,000cd/m^2）低分子の青色 EL 材料が報告されており[14]，さらに長寿命の材料も開発されつつある。有機 EL ディスプレイの応用範囲を広げるためにも更なる改善が求められる。現状では Advanced CCM は有機 EL 素子よりも長寿命である。

　もう一つの課題である生産コストの低減に対しては，真空プロセスから脱却した印刷技術で形成できる有機 EL 材料の開発が活発化している。さらに，最近では，TFT 基板もフレキシブルな基板の上に印刷プロセスで形成する技術が発表されている[15]。これらの塗布や印刷で形成できる有機 EL 製造技術が我々の Advanced CCM 技術と融合することで，真空プロセスを使って製造されたディスプレイに比べ，圧倒的な低コスト化を実現できる可能性があると考えている。

　すでに照明デバイスの世界ではいち早くこのような考え方が導入され，フレキシブル基板上にロール・ツー・ロール技術を使って印刷プロセスで青色発光の有機 EL 層を形成し，表面に赤と緑のスペクトルを持つ黄色発光の色変換材料を塗布することで，透過光を含めた色変換方式の白色発光ライティングペーパーを実用化しようという試みがなされている[16, 17]。

　筆者等は，多くの装置メーカや材料・部材メーカなどの協力を得ながら Advanced CCM を搭

第1章 色変換方式有機ELディスプレイ

載した色変換方式有機ELディスプレイの生産技術，ディプレイ性能，信頼性における高いポテンシャルをアピールしてきた。筆者は，この技術が近い将来ディスプレイや照明分野で広く適用される日がくること切に希望する。

文　献

1) 木村浩ほか，「FPDの比較と製造プロセス-各種部材への要求特性と性能評価」，㈱情報機構，pp.367-378 (2008)
2) K. Matsuo, K. Manawa, T. Hirano, T. Sasaoka, T. Urabe, "LIPS (Laser-Induced Pattern-Wise Sublimation) Technology for Manufacturing Large-Sized OLED Displays", *Proceedings of IDW '07*, pp.233-236 (2007)
3) Yuji Hamada, Nobuo Saito, Yoshiyuki Ishizuka, Yasuhiro Horiba, Norihiro Ikeda, "Organic Electroluminescent Display using RGBW Sub-pixel Arrangement Capable of Power Consumption Reduction", *SANYO TECHNICAL REVIEW*, **37**(2), MAR. (2006)
4) C. Hosokawa, M. Eida, M. Matsuura, K. Fukuoka, H. Nakamura and T. Kusumoto, "Organic multi-color electroluminescence display with fine pixels", *Synthetic Metals*, **91**, Issues 1-3, December, pp.3-7 (1997)
5) K. Sakurai, H. Kimura, K. Kawaguchi, M. Kobayashi, T. Suzuki, Y. Kawamura, H. Sato and M. Nakatani, "Operating Physics and Newly developed Technologies of Higher Performance Full Color OLEDs based on Color Conversion Method", *Proceedings of IDW '04*, pp.1269-1272 (2004)
6) C, Li, K. Sakurai, H. Kimura, K. Kawaguchi, Y. Taniguchi, "Innovative Full Color OLED Technology Based on Light Emission from Guest Dye by Energy Transfer from EL-Excited Host Thin Film", *SID Symposium Digest of technical papers*, **37**, pp.1372-1375 (2004)
7) T. Forster, *Ann. Phsy.*, **2**, p.55 (1948)
8) Y. Terao, H. Kimura, Y. Kawamura, K. Kawaguchi, Y. Nakamata, C. Li, N. Kanai, R. Teramoto and K. Sakurai, "Operating Physics and Newly Developed Technologies of AM-Full Color OLEDs Based on Advanced Color Conversion Method", *Proceedings of IDW '06*, pp.457-460 (2006)
9) 木村浩，「トップエミッション型CCM方式有機EL」，富士時報，**77**(2), 128-132, (2004)
10) H. Kimura, Koji Kawaguchi, Tetsuya Saito, Masaru Nagai, Tadashi Asakawa, Chong Li and Hiroshi Hashida, "New Full Color OLEDs Technology based on Advanced Color Conversion Method using Ink-jet Printing", *SID Symposium Digest*, **39**, pp.299-302 (2008)
11) 河村，木村，川口，斎藤，永井，李，浅川，橋田，「IJP法-Advanced CCMを搭載したAM-

12) 「大型に進む有機EL，性能で迎え撃つ液晶」SID2008詳細，日経エレクトロニクス，no.980, p.79 (2008)
13) 木村浩,「わが社の Advanced-CCM 有機EL技術」，月刊ディスプレイ，9月号，p.57 (2008)
14) 荻原俊成,「低分子有機EL材料の最新動向」，電子材料，12月，p.32 (2009)
15) Mao Katsuhara, Iwao Yagi, Makoto Noda, Nobukazu Hirai, Ryoichi Yasuda, Toshiki Moriwaki, Shinichi Ushikura, Ayaka Imaoka and Kazumasa Nomoto, "A Reliable Flexible OLED Display with an OTFT Backplane Manufactured Using a Scalable Process", *SID' 09 Symposium Digest*, **40**, Issue 1, pp.656-659 (2009)
16) Anil R. Duggal, J. J. Shiang, Christian M. Heller and Donald F. Foust, "Organic light-emitting devices for illumination quality white light", *Appl. Phys. Lett.*, **80**, p.3470 (2002)
17) Anil R. Duggal, Donald F. Foust, William F. Nealon and Christian M. Heller, "Fault-tolerant, scalable organic light-emitting device architecture", *Appl. Phys. Lett.*, **82**, p.2580 (2003)

フルカラー有機ELディスプレイ」，有機EL討論会第6回予稿集，S4-2, p.11 (2008)

第2章　有機ELの白色化方式とその技術課題

森　竜雄*

1　はじめに―白色光とは―

　色を感じない透明な光が白色光である。白色光を実現するには可視光領域全体を含んでなくとも，複数の光を利用して発光スペクトルの色座標をCIE座標の白色領域に合わせればよい。いろいろな波長の光を含んだ光は白色光に近づくので，青白色，緑白色，黄白色，赤白色のような一部の色が抜けたために少し色味がかった白色も存在する。一般には図1のように，ディスプレイの感覚であれば，(a)赤緑青（RGB）3色を組み合わせて，また(b)補色の関係にある2色を組み合わせても良い[1,2]。ディスプレイと照明の違いは，人間にとって直接光を見るか，対象物から反射される間接光を見るかという点である。例えば対象物の色が赤に見えるということは，反射光が赤であるということである。もし対象物に照射された光に赤が含まれていない場合には，対象物は赤色とは認識することはできないので，照明光としては不適切な光ということである。ディスプレイにとって必要なものは，RGBを組み合わせて色をきれいに表現することなので，基準となるRGBはできる限りスペクトル幅の狭い発光スペクトルが好ましい。ソニーのディス

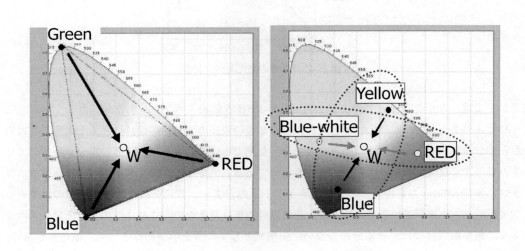

(a)RGBの混色を利用　　　　　(b)補色の2色を利用

図1　CIE色座標と色の組み合わせ例

---

*　Tatsuo Mori　名古屋大学　大学院工学研究科　電子情報システム専攻　准教授

白色有機EL照明技術

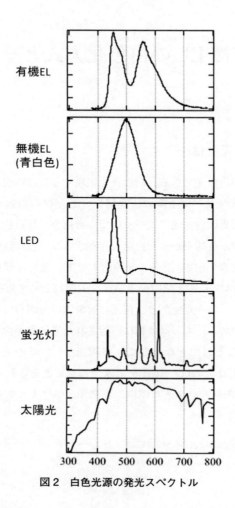

図2　白色光源の発光スペクトル

プレイでは，マイクロキャビティーを利用してRGBの発光スペクトルを先鋭化させていた。こうしたスペクトルでも，例えば補色関係にある2つの波長の光が同時に目に入ると人間の目は白色と感じる。一方，青と黄色の補色だけで作った光で赤い対象物を見れば赤の成分が不足しているので，赤く見えず照明光としては全く不十分である。トンネルなどで利用されるナトリウムランプ（波長589nmの黄色光）でカラーチャートを照らすと，黄色を白と見なす黒白のグラデーションパターンを見ているのと同じで，それ以外の色は見えない。これは照明光源の発光スペクトルの色座標だけでは，全く分からない。照明光としての質を示す指標として，演色性がある。数値としては，8種類の色の見え方をとらえた平均演色評価数Raと7種類の色の見え方をとらえた特殊演色評価数Riがある。

　演色性の基準は太陽光である。図2に太陽光（Ra100），蛍光灯（88），有機EL（70），LED，無機EL（白色ではない）の発光スペクトルを示す。太陽光は黒体放射に基づくので，白熱電球はほぼこれに一致し，Raは100である（太陽光の凹部は大気の吸収である）。蛍光灯は水銀ラン

第2章　有機ELの白色化方式とその技術課題

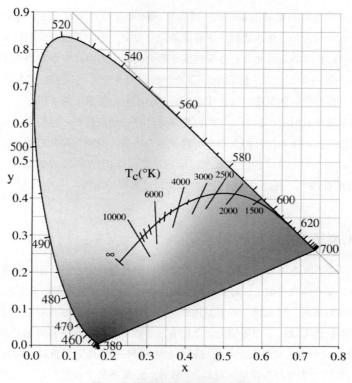

図3　黒体放射時の色温度と色座標

プの紫外線を無機の蛍光体を利用して可視光に変換しているので，鋭いピークを多く含んでいる。単独の発光材料を利用した有機ELの発光スペクトルは，半値幅が100nm近いものがあるといえども，可視光全体をカバーするには全く不十分である。補色を利用した二色発光型白色においても，図に示したものはRa70程度である。有機ELでは青，緑，黄，赤の4つの発光材料を利用すればほぼ太陽光のような可視光領域で連続的なスペクトルを得ることができる[3]。パナソニック電工は青，緑＋赤のスタック構造によりRa93の高演色性有機ELパネルを実現している[4]。

　白熱電球やハロゲン電球は抵抗体の加熱により発光しているので，これらの演色性はほぼ100であるが，周りを見渡すと必ずしも同じ色に見えない黄みがかった色から白っぽい色まで含んでいる。この色はフィラメントに流す電流量に依存する。大きな電流を流すときはフィラメント温度が高く，電流量が小さいときはフィラメント温度が低い（家庭用電圧は一定なので，ワット数が大きな製品ほど白みが強くなる）。この色味から見た白色光の色を温度で表現したものが色温度である。実際にCIE座標上で色温度の変化と色座標を見ると図3のように白色点を右側から左側に抜ける緩やかなカーブとなっている。白熱電球に比べてハロゲン電球は温度が高いので，青色成分を多く含む。これに対して白熱電球は赤みを帯びた色調となる。この違いは色温度の異

白色有機EL照明技術

なる白色として表現され，電球色3000K，昼光色6500Kなどとなる。注意しなければならないのは，色温度表示は白色光（黒体放射）が前提条件なので，赤や黄の位置にあるが，それは赤でも黄色でもない白色である。ときどき演色性が悪い光源であるにもかかわらず，このカーブ上に色座標がのったということで「色温度○○Kが再現できた」と記載してある論文が少なからずある。演色性の伴わない色温度には意味がないし，誤った表現である。

太陽光と同様な黒体放射をベースとした白熱電球はその連続性から可視光より低いエネルギーである赤外領域に投入エネルギーの大半を消費するために，温暖化抑制のために使用に制限がかかり，廃止を宣言されている（2012年に生産中止予定）。照明が消費電気エネルギー全体に占める割合は20%程度なので，高効率な照明光源の実現は重要である。

2　白色EL素子の発光層構造

有機EL素子の素子構造については，他章で詳細に触れられると思うが，以下の説明のために簡単に記載する。高性能な有機EL素子の実現のためには，多層構造が必須である。陽極側から，正孔注入層，正孔輸送層，発光層，電子輸送層，電子注入層と積層されている。発光層が独立に存在するタンデム構造では，この層構造が2回もしくは3回繰り返される場合がある。発光層の構造で分類したものが図4である。単独材料，補色材料，RGB三原色以上の色素を使用することと，発光層の形状，すなわち単層（混合），積層，分離多層で分類した。ただし，単独材料の列には，色変換法と並置配置を表中に加えてあるが，上記の分類とは必ずしも一致しないことに

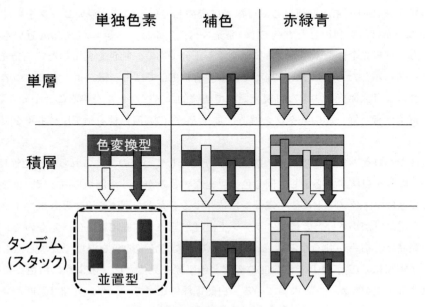

図4　有機EL素子の発光層の形態

第2章　有機ELの白色化方式とその技術課題

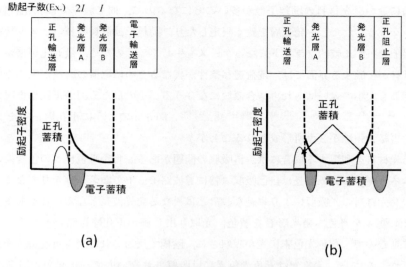

図5　発光層の構造とキャリア蓄積，励起子分布

留意されたい。発光層を積層するといっても，連続で成膜してあるとは限らない。中間層として，発光ホスト層，正孔阻止層などを利用している。

発光材料が単独で発光層も一層ですめば，プロセス的にありがたい低コストデバイスとなる。しかしながら，有機ELのELスペクトルは無機材料に比べて幅広いといえども白熱電球のように青（400nm）から赤（780nm）まで連続的にブロードな発光スペクトルを示す材料は報告されていない。これまで報告されている材料としては，半値幅が広い発光材料として，例えば三洋電機の亜鉛錯体（Zn(BZT)$_2$）がある[5]。もう一つ変わった発光材料として，キヤノンが報告した，ジカルバゾールトリアジン誘導体である[6]。蛍光と燐光が青色と黄色にあるので，両者が同時に発光すると白色となる。単独材料で発光層が一層という白色化として，青色有機EL素子を利用して，発光面に黄色の蛍光材料を塗布することにより青色を黄色に色変換して白色化をするという色変換法がある[7,8]。半導体LEDでも利用されているこの手法は上記の補色関係を利用している。青だけで実現できるので，作成も非常に簡便である。GEはこの方式でRoll-to-Roll法を利用して，シート状の照明用有機ELの実現を目指している。

発光材料は複数利用するが，発光層が一層で形成されるケースとしては，積層化する[9〜35]，もしくは混合（分散）して利用される[36〜50]。完全に個々の発光層を別々に発光させるのは，タンデム構造とかスタック構造と呼ばれる[51〜54]。完全に独立させた場合には，それぞれの発光を制御すればよいので，白色化は簡単ではあるが，素子を作成することを考えるとかなり労力を要する。作成手順だけを考えると，発光層が一層であれば手順数が少ない。

発光色を決定するのに問題となるのは，再結合領域である。図5(a)のように一般に正孔輸送層と組み合わせた有機ELでは，正孔輸送層界面が主たる再結合領域となる。このケースでは正孔

白色有機 EL 照明技術

輸送層界面に近い発光材料の励起子数が多いことになるので，同じ膜厚では発光材料 A のフォトン数が多くなる。ただし，発光層を狭く限定したり，励起子拡散長の長いホスト材料を利用すれば，励起子分布が比較的フラットになるケースも生じる。そのため，最適化が重要となる。異なる有機材料が接触する界面では，電荷遷移条件が異なるために電荷の蓄積が生じる可能性が高いので，そこも大小の違いはあれ再結合領域になりうる。その最たる例が正孔阻止層の導入である[9~16, 18~21, 23~26, 28, 29, 31~33, 35~37, 40~44, 46, 48, 49, 51~53]。図5(b)のように正孔阻止層を有している場合には，再結合領域が2カ所形成されることが多い。

異なる発光材料を利用する場合には，再吸収の問題がある。青から黄色への色変換の例もあるように，エネルギーの高い波長は自己吸収（特に導波路モードで顕著）ばかりでなく，低エネルギー波長の発光材料の光吸収により単純な設計とは異なる発光波長となることもある。例えば図5(a)で，発光層 A を青色，発光層 B を黄色，光取り出し側が正孔輸送側だとする。青色光の半分は後方に進むので，黄色光色素に光が吸収され，陰極で反射された光も再度黄色光色素に吸収される。しかしながら，黄色光は青色光色素には吸収されないので，本来発光層 B で生成される励起子量以上の黄色光が取り出し光には含まれている。これが逆に積層されているときは，すべての青色光（直接・反射共に）が黄色光色素である発光層 A を通る。このとき励起子分布が表記の状態であれば，後者のケースではかなり青色光が減少していると考えられる。簡単な計算で示してみよう。正孔輸送側の励起子生成数が $2I$，その後ろの励起子生成数が I とする。この膜厚で黄色光色素が青色光を吸収して黄色光に変換する割合を 0.3 とする。

① 前者（取り出し側から BL, YL）

$BL = I + 0.7 \times (0.7 \times I) = 1.49I$
前方青色光＋黄色光に変換されない確率×（黄色光に変換されない確率×後方青色光（反射された青色光））

$YL = I + 0.3 \times I + 0.3 \times (0.7 \times I) = 1.51I$
黄色光＋黄色光に変換された後方青色光（往）＋黄色光に変換された後方青色光（還）（＝黄色光に変換される確率×（黄色光に変換されない確率×後方青色光））

② 後者（取り出し側から YL, BL）

$BL = 0.7 \times I = 0.7I$
黄色光に変換されない確率×青色光

$YL = 2I + 0.3 \times I = 2.3I$
黄色光＋黄色光に変換された確率×青色光

厳密に言えば，色変換された光はその時点で方向性を失い等方的に放射されるので，上記の単純計算では間違いである。ここではおおよその割合を見てほしい。前者では青色光と黄色光のフォトン数は同程度であるが，後者では黄色がかなり強い。そのため，後者は白色光にはふさわしく

第2章　有機ELの白色化方式とその技術課題

ないだろう。

　もう一つは発光層中に複数の色素を分散して利用する手法である。色素ドープの発光原理に基づくので，ホスト-ゲスト系のエネルギー移動モデルとキャリアトラップモデルで説明できる。エネルギー移動モデルはFörsterによって説明されており，エネルギー遷移確率はホスト材料の発光スペクトルとゲスト色素の吸収スペクトルの重なりに比例し，分子間距離の6乗に反比例する。またホスト-ゲストの遷移双極子の方向に依存する[55]。遷移確率P_{hg}は(1)式に示すようにホスト分子のPLスペクトル（$f_h(\tilde{\nu})$，$\tilde{\nu}$は波数）とゲスト分子の吸収スペクトル（$\varepsilon_g(\tilde{\nu})$）の重なり，両者の距離（$R_{hg}$），両者の双極子モーメントの配向性（$\kappa^2$）が重要なパラメータである。

$$P_{hg} = \frac{9000\,\kappa^2 \ln 10}{128\,\pi^5 n^4 N_{Av} \tau_h R_{hg}^6} \int \frac{f_h(\tilde{\nu})\,\varepsilon_g(\tilde{\nu})}{\tilde{\nu}^4} d\tilde{\nu} \tag{1}$$

ここでnは試料の屈折率，N_{Av}はアボガドロ定数，τ_hは（ゲスト分子がない）ホスト分子の寿命である。もしホスト分子からゲスト分子に十分エネルギー移動すれば，ホスト分子はほとんど発光しない。すなわち励起エネルギーが高い方から低い方へエネルギーが伝達されるので，RGBの色素が存在している場合には，最終的に赤（R）のみが発光することを意味する。ホスト分子とゲスト分子の距離が離れてくると，この遷移確率P_{hg}とホスト分子が発光もしくは失活する確率と同程度になる距離があるが，これを臨界距離R_0と呼ぶ。R_0を用いると(1)式は

$$P_{hg} = \frac{1}{\tau_h} \left(\frac{R_0}{R_{hg}} \right)^6 \tag{2}$$

$$R_0^6 = \frac{9000\,\kappa^2 \ln 10}{128\,\pi^5 n^4 N_{Av}} \int \frac{f_h(\tilde{\nu})\,\varepsilon_g(\tilde{\nu})}{\tilde{\nu}^4} d\tilde{\nu} \tag{3}$$

と表すことができる。色素分散型ではホスト色素に対する複数のゲスト色素の濃度（平均分子間距離）が重要なパラメータとなる。励起状態が遷移するのではなく，エネルギーが高い光を吸収して低エネルギーの色素が光るプロセスが前述した光の再吸収である。

　エネルギーは励起エネルギー状態が高い種から低い種に移動する。しかしながら，発光種間の距離が離れている場合には，遷移確率が低くなるので，独立に発光する。キャリアトラップモデルでは，ホストに対してゲスト色素のLUMOやHOMOが内側に位置しているときに，電子や正孔がトラップされる。そのクーロン力によって対キャリアを優先的に再結合して，ゲスト色素が発光する。燐光材料を利用することが多くなってきたので，励起エネルギー準位も一重項準位ばかりでなく，三重項準位についても正確な設計が必要となる。

　また近年に報告された白色有機EL素子では，発光層の形成が非常に複雑になっており，単純な積層ではなく，発光分子の励起子を分離するために，中間層（interlayer）を導入したり[13, 21, 26, 30, 49]，未ドープホスト層を介在させたりする[12, 14, 15, 25, 32]。また，ホストにおいても，単独ではなく，二種類を混合したものも利用される[15, 29, 32, 36, 49]。これにゲスト色素が1つもし

くは2つ利用されるので，同時に3源および4源蒸着となり，作成プロセスにおける課題が増している。またディスプレイのように発光層をストライプ上に塗り分けた並置方式（有機EL素子としては単層発光層）[56]，この前記二つを組み合わせたような青色発光素子からしみ出した光を黄色蛍光体で色変換を利用する横結合型色変換方式[57~59]がある。

3 照明用有機EL素子の課題

有機EL素子の発光材料では，励起子生成効率の高さから燐光材料の利用が主流となるが，赤や緑に比べて青色材料の開発がまだ十分でない。

有機EL素子において，発光効率を高める手法として有効なのは，もちろん材料的な発光効率の改善も重要であるが，外部光取出効率の向上である。有機ELの発光効率は次式で表される。

$$\eta_{ext} = a \times \eta_{int} \tag{4}$$

ここで，η_{ext}は外部量子効率，aは外部光取出効率，η_{int}は内部量子効率である。内部量子効率η_{int}はキャリアバランス（最大1），励起子生成効率（最大1），PL量子効率（最大1）の積で表せる。キャリアバランスは使用する有機材料の層構成により最適化（1に）できる。励起子生成効率は，蛍光材料であれば0.25，燐光材料では0.75であるが，完全転換燐光材料を利用すれば1にできる。PL量子効率は適切な材料設計により1にできる。それゆえ，内部量子効率を1もしくは可能な限り1に近づけることは工学的には可能である。ただし，現時点では完全燐光材料の利用は見かけ上高い発光効率を見せることができるが，高輝度における寿命は蛍光材料にも劣るケースが少なくない。

有機ELでは平面発光体として外部光取出効率が20%程度と低いために，十分に光を取り出すことはできない。外部光取出効率を改善することが高効率な有機EL素子の実現に非常に有効である。そのためには各有機層や部材の屈折率を制御する必要がある。また複数の発光層を利用する場合には，陰極金属との干渉が照明の品質を低下させるので，層構造を最適化する必要がある。こうした光学設計の最適化により光取出効率は増加させることができる[60]。その一例としては，K. Leoのグループの S. Reineke らが報告した有機EL素子である[32]。100 lm/Wを超える白色有機EL素子であるが，よくよく発光層の構造を見ると，わずか20nmの発光層に6/2/4/2/6 nmというRGB層の作りわけがされている。しかし，これを高速に大量生産するのは容易ではない。これ以外の報告でも精妙な発光層形成が行われている。今後は，できる限りシンプルな層形成でいかに高効率なデバイスを実現するかということも実用化には重要である。

4 おわりに

積層型有機EL素子が発表されて，20年以上過ぎ，種々の材料開発・技術的な提案がされて

第2章 有機ELの白色化方式とその技術課題

きた。それゆえ，ラボレベルで単に白色有機EL素子を作成することは高効率化を含めて，それほど難しいことではなくなってきたと思われる。有機EL照明の普及においては，実用的な作成プロセスなどを拡大させて，量産化できる生産技術が非常に重要であろう。そのためには，できる限りシンプルな層構造の利用が求められる。

文　　献

1) T. Mori, Y. Masumoto, T. Itoh, *J. Photopolym. Sci. Technol.*, **21**, 173 (2008)
2) 森，「有機ELの白色化手法と照明応用の今後」，月刊ディスプレイ，**15** (5), 59 (2010)
3) X.-M. Yu, G.-J. Zhou, C.-S. Lam, W.-Y. Wong, X.-L. Zhu, J.-X. Sun, M. Wong, H.-S. Kwok, *J. Organomet. Chem.*, **693**, 1518 (2008)
4) 菰田卓哉，「高効率有機EL照明技術の開発状況と展望」，有機EL討論会，第8回例会予稿集 S6, p.29
5) Y. Hamada, T. Sano, H. Fujii, Y. Nishino, *Jpn. J. Appl. Phys.*, **35**, L1339 (1996)
6) K. Ueno, *ICEL 5*, Arizona, USA (2005); K. Ueno, S. Tobita, S. Yogi, *ICEL 6*, **15-1** Hong Kong, China (2006)
7) S.-H. Cho, J. R. Oh, H. K. Park, H. K. Kim, Y.-H. Lee, J.-G. Lee, Y. R. Do, *Optics Express*, **18**, 1099 (2009)
8) Y. B. Yuan, S. Li, Z. Wang, H. T. Xu, X. Zhou, *Optics Express*, **17**, 1577 (2009)
9) Y. Duan, M. Mazzeo, V. Maiorano, F. Mariano, D. Qin, R. Cingolani, G. Gigli, *Appl. Phys. Lett.*, **92**, 113304 (2008)
10) J. Wang, J. Yu, L. Li, T. Wang, K. Yuan, Y. Jiang, *Appl. Phys. Lett.*, **92**, 133308 (2008)
11) K. S. Yook, J. Y. Lee, *Appl. Phys. Lett.*, **92**, 193308 (2008)
12) J. H. Seo, I. H. Park, G. Y. Kim, K. H. Lee, M. K. Kim, S. S. Yoon, Y. K. Kim, *Appl. Phys. Lett.*, **92**, 183303 (2008)
13) C.-L. Ho, M.-F. Lin, W.-Y. Wong, Wai-Kwok Wong, Chin H. Chen, *Appl. Phys. Lett.*, **92**, 83301 (2008)
14) Y. Wang, Y. Hua, X. Wu, L. Zhang, Q. Hou, S. Yin, M. C. Petty, *Appl. Phys. Lett.*, **92**, 123504 (2008)
15) K. S. Yook, S. O. Jeon, C. W. Joo, J. Y. Lee, *Appl. Phys. Lett.*, **93**, 73302 (2008)
16) K. S. Yook, S. O. Jeon, C. W. Joo, J. Y. Lee, *Appl. Phys. Lett.*, **93**, 113301 (2008)
17) Y.-J. Lu, C.-H. Chang, C.-L. Lin, C.-C. Wu, H.-L. Hsu, L.-J. Chen, Y.-T. Lin, R. Nishikawa, *Appl. Phys. Lett.*, **92**, 123303 (2008)
18) M.-T. Lee, J.-S. Lin, M.-T. Chu, M.-R. Tseng, *Appl. Phys. Lett.*, **93**, 133306 (2008)
19) S. Seidel, R. Krause, A. Hunze, G. Schmid, F. Kozlowski, T. Dobbertin, A. Winnacker, *J. Appl. Phys.*, **104**, 64505 (2008)

20) L. Li, J. Yu, X. Tang, T. Wang, W. Li, Y. Jiang, *J. Lumin.*, **128**, 1783 (2008)
21) X.-M. Yu, G.-J. Zhou, C.-S. Lam, W.-Y. Wong, X.-L. Zhu, J.-X. Sun, M. Wong, H.-S. Kwok, *J. Organomet. Chem.*, **693**, 1518 (2008)
22) D.-H. Hwang, J.-D. Lee, H.-J. Cho, N. S. Cho, S. K. Lee, M.-J. Park, H.-K. Shim, C. Lee, *Synt. Met.*, **152**, 804 (2008)
23) G. Schwartz, S. Reineke, T. C. Rosenow, K. Walzer, K. Leo, *Adv. Funct. Mater.*, **19**, 1319 (2009)
24) Q. Wang, J. Ding, D. Ma, Y. Cheng, L. Wang, *Appl. Phys. Lett.*, **94**, 103503 (2009)
25) U. S. Bhansali, H. Jia, M. A. Q. Lopez, B. E. Gnade, W.-H. Chen, M. A. Omary, *Appl. Phys. Lett.*, **94**, 203501 (2009)
26) J.-H. Jou, M.-H. Wu, S.-M. Shen, H.-C. Wang, S.-Z. Chen, S.-H. Chen, C.-R. Lin, Y.-L. Hsieh, *Appl. Phys. Lett.*, **95**, 13307 (2009)
27) H. J. Bolink, E. Coronado, M. Sessolo, *Chem. Mater.*, **21**, 439 (2009)
28) J. Lee, J.-I. Lee, J. Lee, J. Y. Lee, D. M. Kan, W. Yuan, S.-K. Kwon, H. Y. Chu, *J. Information Display*, **10**, 92 (2009)
29) S. H. Kim, K. S. Yook, J. Y. Lee, J. Jang, *J. Lumin.*, **129**, 389 (2009)
30) Q. Wang, J. Ding, Y. Cheng, L. Wang, D. Ma, *J. Phys.*, **D 42**, 65106 (2009)
31) S. H. Kim, J. Jang, K. S. Yook, J. Y. Lee, *J. Phys.*, **D 42**, 15104 (2009)
32) S. Reineke, F. Lindner, G. Schwartz, K. Walzer, B. L_ssen, K. Leo, *nature*, **459**, 234 (2009)
33) T. Zhang, L. Zhang, W. Ji, W. Xie, *Optics Letters*, **34**, 1174 (2009)
34) Z. Zhang, Q. Wang, Y. Dai, Y. Liu, L. Wang, D. Ma, *Org. Electron.*, **10**, 491 (2009)
35) K. S. Yook, S. O. Jeon, C. W. Joo, J. Y. Lee, M. S. Kim, H. S. Choi, S. J. Lee, C.-W. Han, Y. H. Tak, *Org. Electron.*, **10**, 681 (2009)
36) J.-H. Jou, C.-C. Chen, Y.-C. Chung, M.-F. Hsu, C.-H. Wu, S.-M. Shen, M.-H. Wu, W.-B. Wang, Y.-C. Tsai, C.-P. Wang, J.-J. Shyue, *Adv. Funct. Mater.*, **18**, 121 (2008)
37) J.-H. Jou, C.-J. Wang, Y.-P. Lin, Y.-C. Chung, P.-H. Chiang, M.-H. Wu, C.-P. Wang, C.-L. Lai, C. Chang, *Appl. Phys. Lett.*, **92**, 223504 (2008)
38) Y. Zhang, F. Huang, A. K.-Y. Jen, Y. Chi, *Appl. Phys. Lett.*, **92**, 63303 (2008)
39) Q. Sun, D. W. Chang, L. Dai, J. Grote, R. Naik, *Appl. Phys. Lett.*, **92**, 251108 (2008)
40) A. P. Kulkarni, S. A. Jenekhe, *J. Phys. Chem.*, **112**, 5174 (2008)
41) J. Hou, J. Wu, Z. Xie, L. Wang, *Org. Electron.*, **9**, 959 (2008)
42) J.-H. Jou, M.-F. Hsu, W.-B. Wang, C.-P. Liu, Z.-C. Wong, J.-J. Shyue, C.-C. Chiang, *Org. Electron.*, **9**, 291 (2008)
43) H.-H. Huang, S.-Y. Chu, P.-C. Kao, Y.-C. Chen, *Thin Solid Films*, **516**, 5669 (2008)
44) J. Lee, J.-I. Lee, J. Y. Lee, H. Y. Chu, *Appl. Phys. Lett.*, **94**, 193305 (2009)
45) F.-C. Chen, S.-C. Chien, Y.-S. Chen, *Appl. Phys. Lett.*, **94**, 43306 (2009)
46) X. Tanga, J. Yu, L. Lia, L. Zhanga, Y. Jiang, *Displays*, **30**, 123 (2009)
47) S. O. Jeon, K. S. Yook, C. W. Joo, J. Y. Lee, *Optics Letters*, **34**, 407 (2009)
48) H. Fukagawa, K. Watanabe, S. Tokito, *Org. Electron.*, **10**, 798 (2009)

49) K. S. Yook, S. O. Jeon, J. Y. Lee, K. H. Lee, Y. S. Kwon, S. S. Yoon, J. H. Yoon, *Org. Electron.*, **10**, 1378 (2009)
50) D.-H. Lee, Y.-P. Liu, K.-H. Lee, H. Chae, S. M. Cho, *Org. Electron.*, **11**, 427 (2010)
51) L. S. Liao, K. P. Klubek, *Appl. Phys. Lett.*, **92**, 223311 (2008)
52) X. Qi, M. Slootsky, S. Forrest, *Appl. Phys. Lett.*, **93**, 193306 (2008)
53) P. Chen, Q. Xue, W. Xie, Y. Duan, G. Xie, Y. Zhao, J. Hou, S. Liu, L. Zhang, B. Li, *Appl. Phys. Lett.*, **93**, 153508 (2008)
54) H. Zhang, Y. Dai, D. Ma, *J. Phys.*, **D 41**, 102006 (2008)
55) T. Förster, *Ann. Phys.*, **2**, 55 (1948)
56) K. S. Yook, S. O. Jeon, C. W. Joo, J. Y. Lee, *Org. Electron.*, **10**, 384 (2009)
57) A. Mikami, Y. Iida, Y. Nishita, K. Seishu, EuroDisplay'05, Edinburgh, Scotland, 18.3, p.488 (2005)
58) A. Mikami, Y. Iida, Y. Nishita, IDW/AD'05, Takamatsu, Japan, OLED3-5, Digest p.613 (2005)
59) A. Mikami, Y. Nishita, Y. Iida, SID'06, Otsu, Japan, 35.3, Digest p.1376 (2006)
60) P. Vandersteegen, G. Schwartz, P. Bienstman, R. Baets, *Applied Optics*, **47**, 1947 (2008)

第 3 編

白色有機 EL 光取り出し向上化技術

第1章　有機EL素子の光学モード解析と光取り出し向上化技術

三上明義[*]

1　はじめに

　有機EL素子の研究・開発の経緯を辿ると，この20年間に幾つかのブレークスルー技術が生み出されている。即ち，電極からの効率的な電荷注入技術（〜1990年頃）[1]，機能分離に基づく積層構造による励起子生成確率の改善（〜1995年頃）[2]，燐光材料の開発による量子収率の改善（〜2000年頃）[3]，化学ドーピング法による低電圧化技術（〜2005年頃）[4] などであり，それらの結果として赤色および緑色有機EL素子の内部量子効率は100％に近づいている[5]。しかし，これらの素子においても外部量子効率（EQE：External Quantum Efficiency）は20〜30％の範囲に留まっており，その原因として屈折率が1.7〜1.9の有機薄膜から大気への光取り出し効率が20〜30％と低いことが挙げられる。即ち，面光源である有機EL素子では，外部に放出される発光の他，薄膜内を導波する伝搬光，基板内に閉じ込められる伝搬光があり，更に励起分子の放射場と金属電極との相互作用で生じる表面プラズモン共鳴，電子散乱，電子励起などの非伝搬光により放射エネルギーが散逸している。これらの光学損失により，素子の外部量子効率は20〜30％の範囲に制限されており，光取り出し効率の改善が期待されている。同様な光学的問題は点光源である無機LEDでも生じているが，面光源である有機ELでは薄膜内の導波光成分による光学損失が大きく，また，点光源で使用される樹脂モールド技術や微細周期構造による配光特性の制御が難しいなど，面光源に特有の課題が多い。最近，市場に出荷された有機EL照明では，光取り出し技術としてマイクロレンズシートや光散乱シートを採用しているが，蛍光灯に匹敵する高効率化の実現には更なる技術改善が必要である。本章では有機EL素子内部で生じているこれら広範囲の光学現象を体系的に捉える解析および実験事例を紹介すると共に，高効率化に向けた光学設計手法について述べる。また，今後の課題についても触れたい。

2　有機EL素子における様々な光学現象とその解析方法

　有機ELは1/4光学波長程度（〜$\lambda/4$）の積層薄膜で構成されており，図1に示すように有機層，電極，基板などの境界面および内部で生じる多重反射，光干渉，光吸収などの光学現象に起因して，輝度，発光スペクトルおよびそれらの角度依存性が顕著に変動する。電子の波動性に基

---

[*]　Akiyoshi Mikami　金沢工業大学　工学部　情報通信工学科　教授

白色有機 EL 照明技術

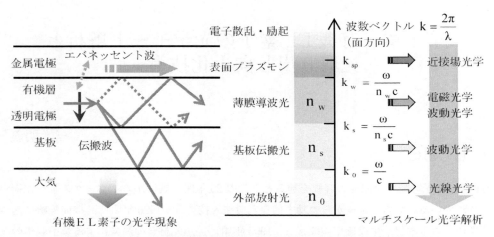

図1 有機 EL 素子の電気双極子放射に伴う各種の光学現象と光学理論の関係
(n：屈折率，λ：波長，c：光速，ω：振動数)

づく電磁場の量子化は光の回折限界以下である〜10nm 程度の空間領域で顕著に現れるが，光の波動性に基づく有機 EL の光学現象は誘電体多層膜（〜$\lambda/4$），微小共振器構造（〜$\lambda/2$），フォトニクス結晶（〜λ）などと同様，光学波長と比べて少し短い領域で生じる電磁場の量子化であり，特別な場合を除いて伝搬光の境界条件の範囲で記述できる．また，励起された有機分子の双極子放射場が金属電極と波長程度に近づく場合，近接場光を介した金属電極へのエネルギー移動が現れ，見かけ上は励起された有機分子の量子収率が低下する．即ち，図1に示したように，有機分子からの放射エネルギーは波数ベクトルの薄膜面内に平行な成分の小さい方から，伝搬波に基づく外部放射光，基板伝搬光，薄膜導波光，およびエバネッセント波に起因する表面プラズモン共鳴，電子散乱および電子-正孔対生成などによりに散逸する．ここで全放射エネルギーに対する外部放射光エネルギーの比率が光取り出し効率に相当する．一般に，外部放射光は光線光学に基づいて記述できるが，基板伝搬光はガラス材，保護層，吸湿層などを含めて厚さ数μm〜数百μm の厚膜を対象としており，非コーヒーレントな波動光学が用いられる．また，薄膜導波光はコーヒーレントな波動光学，あるいはフルベクトル計算を用いる電磁光学による解析が必要であり，更に，表面プラズモン共鳴や電子散乱・励起現象は金属電子へのトンネルエネルギーを伴う近接場光学で扱われる．このように有機 EL 素子内部の光学現象は光線光学から近接場光学までの広い波数範囲に及ぶことから，金属界面や有機薄膜内部で生じるナノサイズの光学現象を基板や封止材で生じるミクロサイズの光学特性とシームレスに繋ぐマルチスケール解析手法が有効である．ここではまず垂直・水平配向の双極子モーメントの強度比から双極子放射場における波長サイズのミクロ構造を設定し（モデル化），次に有機材料，電極など，有機 EL 素子の等価光学特性を算出する（均質化解析）．これらを用いて輝度，発光スペクトルおよびそれらの膜厚依存性，角度依存性などを計算する（マクロ解析）．更にマクロ解析の結果から，基板，有機薄膜，

第 1 章　有機 EL 素子の光学モード解析と光取り出し向上化技術

表 1　マルチスケール光学解析の手順

順序	解析項目	内　容（対象）
1	モデル化	ミクロ構造のモデル作成（双極子放射場）
2	均質化解析	ミクロ材料の等価光学特性の算出（薄膜の多重干渉効果）
3	マクロ解析	マクロ構造の解析（輝度，発光スペクトル，角度依存性，偏光特性）
4	局所化解析	任意の箇所のミクロ構造解析（光学モード分布）

金属電極など，任意の箇所の光学モード分布などを算出する方法を用いた（局所化解析）。解析の手順を表 1 にまとめる。

3　非伝搬光の光学モード分布と表面プラズモン損失

有機分子からの放射強度 P は電界ベクトル E，電気双極子モーメント μ および振動周波数 ω のスカラ積として表される。また双極子の放射エネルギーの波数ベクトル依存性（パワースペクトル）は電界 E を波数ベクトル k の関数で表した平面波にフーリエ展開し，フレネル理論に基づいて金属層を含めた積層薄膜内の多重干渉効果を計算することで得られる。代表的な低分子系緑色蛍光材料である 8-hydroxyquinoline aluminum（Alq_3）を用いた二層構造有機 EL 素子（ITO/NPB/Alq_3/LiF/Al）について，Alq_3 膜厚が 50，150 および 250nm における水平および垂直配向双極子のパワースペクトルを素子構造と共に図 2（a），（b）および（c）に示す。グラフの横軸は面内方向の波数ベクトル（k_h）であり，大気中の波数で規格化しているため，各層の屈折率に読み替えることができる。なお，電気双極子は Alq_3/NPB 界面に位置すると仮定しており，従って Alq_3 膜厚は金属電極と双極子間の距離に等しい。発光波長は 510nm とし，各層の光学定数は実測値を用いた。但し，Alq_3 と Al の間に位置する LiF 層の膜厚は 1nm 以下と小さいため，計算では除外した。

Alq_3 膜厚が 50nm の場合，垂直双極子の放射強度は，k_h = 1.86 付近に強い表面プラズモンポール（SPP），k_h = 1.52 付近に薄膜導波光に起因する弱い TM 波が認められるが，外部放射光（k_h < 1）は殆ど存在しない。一方，水平双極子では外部放射光および基板伝搬光（1 < k_h < 1.52）が支配的であり，その他 k_h = 1.64 付近に薄膜導波光である TE 波が観察され，SPP は殆ど認められない。即ち，外部放射光は主として水平双極子からの伝搬光で構成されており，垂直双極子からの放射光の殆どは表面プラズモンとカップリングしている。同図(b)，(c)に見られるように，SPP 強度は Alq_3 膜厚に対してほぼ指数関数的に減少し，膜厚 250nm ではほぼ消失する。代わって薄膜導波光および基板伝搬光の強度が増大し，近接場光の伝搬光への転換が生じている。

図 2 に示した緑色蛍光有機 EL 素子を作製し，放射強度の角度依存性を s, p 偏光に分けて測定した結果を，計算結果と比較して図 3 に示す。s 偏光は水平双極子のみで構成されるため，水

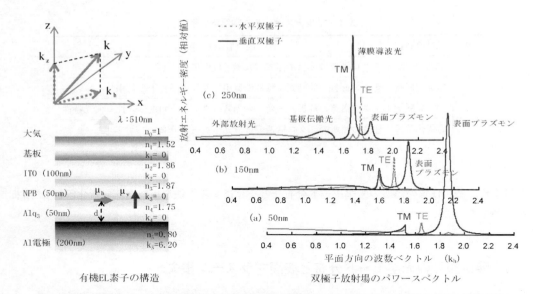

図2 水平(赤線)および垂直(青線)配向の電気双極子における放射エネルギー密度の面内方向の波数ベクトル依存性(パワースペクトル)

パラメータは Alq_3 膜厚であり,(a) 50nm,(b) 150nm および (c) 250nm である。グラフの横軸は各層の屈折率に対応し,$k_h<1$ は外部放射光,$1<k_h<1.52$ は基板伝搬光,$1.52<k_h$ は薄膜導波光および表面プラズモン損失の強度を示す。なお,波源は Alq_3 と NPB の境界面に位置すると仮定しており,従って,波源と Al 電極との距離 d が Alq_3 膜厚に等しい。

平および垂直双極子の存在比率に無関係な角度依存性を示す。そして同図(a)に示すように計算は実測と良く合致している。一方,p偏光は両双極子の影響を受けるため,μ_h と μ_v の存在比に依存して角度特性が顕著に変化する。実測した放射強度の角度特性から,逆解析法を用いて垂直双極子の比率を算出した結果,同図(b)に示すように,水平双極子の比率 $r=\mu_h/(\mu_h+\mu_v)$ は 0.10〜0.26 の範囲にある。これは表面プラズモン損失により広角度域のp偏光成分が著しく低下するためである[6]。有機EL照明では正面輝度だけでなく,広角度域を含めた全光束の向上を必要とするため,プラズモン損失への対策が求められる。

水平(μ_h),垂直(μ_v)およびランダム配向の双極子放射について,パワースペクトルから求めた光学エネルギー配分の Alq_3 膜厚依存性を図4に示す。ランダム配向の放射強度は μ_h および μ_v の結果を2:1の比率で加算することで得られる。縦軸方向は平面波数ベクトルの小さな成分から外部放射光,基板伝搬光,薄膜導波光,表面プラズモン損失(SPL)および電子励起・散乱(LSW)の順に重ねている。また,SPL および LSW は殆どが μ_v に起因するため,ランダム配向の結果のみを示した。外部放射光のエネルギー比(光取り出し効率)は Alq_3 膜厚に対して周期的に変動し,ランダム配向では膜厚 70nm および 220nm に第一および第二ピークを示す。第一ピークの膜厚では LSW は消失するが,SPL が約40%を占め,薄膜導波光と合わせて約55%が素子内部に留まっている。このため光取り出し効率は第二ピークの約24%に比べて第一ピークは約20%と少し低い。水平および垂直双極子を比較すれば,前者の光取り出し効率は約

第1章　有機EL素子の光学モード解析と光取り出し向上化技術

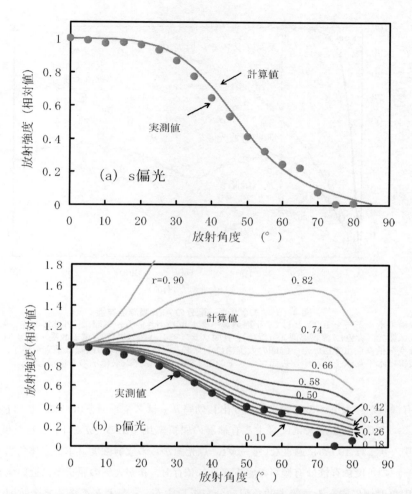

図3　緑色蛍光有機EL素子における(a) s偏光および(b) p偏光放射強度の角度依存性
測定では基板前面に半球レンズを取り付け，基板伝搬光を含めた配光特性を求めた。計算では水平・垂直配向の双極子モーメント比（$r=\mu_h/(\mu_h+\mu_v)$）をパラメータとして算出し，実測値と比較した。試作した素子の構造は，基板/ITO/NPB/Alq_3/LiF/Alであり，Alq_3膜厚は50nmとした。

40％であり，基板伝搬光を合わせて約80％に達するのに対し，後者では両者を合わせて数％以下に過ぎない。非伝搬光を含めた光取り出し効率の向上には，基板伝搬光および外部放射光の比率を高めると共に，表面プラズモン損失の低減が必要である。

4　伝搬光の光学モード分布と光取り出し効率

低分子系有機EL素子の作製には主として真空蒸着法が用いられており，成長した薄膜は無配向性のアモルファス状態に近い。従って発光を等方的な点光源の集合体からの放射と考えること

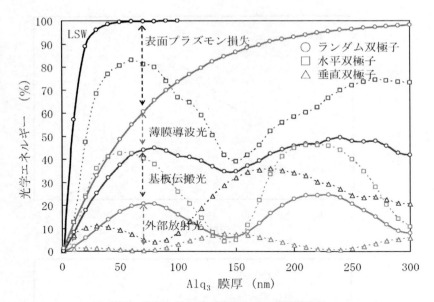

図4 光学エネルギー配分のAlq₃膜厚依存性
全放射エネルギーを100%として，平面波数ベクトルの小さい方から順に，外部放射光（赤色），基板伝搬光（青色），薄膜導波光（緑色），表面プラズモン共鳴（黒色），電子散乱・励起（LSW）の強度を積み重ねて描いた。○印の太実線はランダム双極子，△印の破線は垂直双極子，□印の破線は水平双極子を示す。表面プラズモンとLSWはランダム双極子のみを示した。

ができ，有機層から大気への伝搬光の取り出し効率 η_{out} はスネル則を用いて，$1-(1-n^{-2})^{1/2}$ で表わされる。ここで，n は大気に対する有機層の屈折率比である。n を1.7とした場合，θ_C は36.0°となり，η_{out} は19.1%に過ぎない。また，点光源からの放射強度（単位立体角当たりの放射エネルギー）の角度依存性は有機層の屈折率 n に依存し，n が大気の屈折率に近い場合は点光源と同様に広角度側に膨らみ，等方的な配向分布を示すが，n が大きくなると余弦則（ランバーシャン分布）に近づく。点光源の集合体である有機ELの配光特性が完全拡散面の特徴である余弦則に従うのはこの理由に基づく。

　金属電極を含めた多層有機薄膜からの伝搬光の光取り出し効率は，発光層から大気へ放出される透過エネルギー T に置き換えることができ，前述した立体角補正を考慮に入れ，フレネル公式と特性マトリクス計算により求められる。フレネル係数は s, p 偏光毎に定義されるため，発光特性の実測値との比較が容易である。なお，ここでは伝搬光の光学エネルギー配分と素子構造の関係に着目するため，非伝搬光であるSPLおよびSLWの影響は省略した。

　代表的な緑色燐光有機EL素子について，光学エネルギー配分の電子輸送層膜厚依存性を s, p 偏光および非偏光の場合に分けて計算した結果を図5(b)に示す。素子構成は陰極側から順に Al/LiF/Bu-PBD/CBP：Ir(ppy)₃/NPB/PEDOT：PSS/ITO/基板 であり，波源の位置はCBP：Ir(ppy)₃発光層と Bu-PBD電子輸送層の境界面と仮定した。従って，波源—金属電極間距離は電子輸送層の膜厚に等しい。なお，計算に用いた発光スペクトルは光干渉の影響を除くため，溶

第1章　有機EL素子の光学モード解析と光取り出し向上化技術

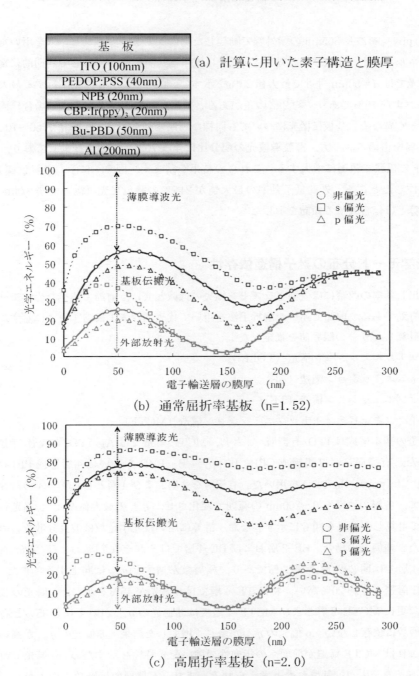

図5　光学エネルギー配分の電子輸送層膜厚依存性

CBP : Ir(ppy)$_3$を発光層に用いた緑色燐光有機EL素子について，電気双極子から放射される伝搬光に限定して，s, p偏光および非偏光ごとに光学エネルギー配分の膜厚依存性を示す。ここで(a)は計算に用いた素子構成，(b)および(c)はそれぞれ屈折率1.52の通常基板，および屈折率2.0の高屈折率基板を使用した場合の計算結果である。なお，波源の位置はCBP : Ir(ppy)$_3$発光層とBu-PBD層の境界面と仮定した。

液中の Ir(ppy)$_3$ を波長 365nm の紫外線で励起した際のフォトルミネッセンスを用いた。外部放射光のエネルギー比（光取り出し効率：η_{out}）は電子輸送層膜厚 d に対して周期的に変動しており，非偏光では $d=50$nm 付近で最大値 25% を示す。s 偏光および p 偏光に対する最大値はそれぞれ 38% および 19% であり，約 2 倍の差があると共に，特に膜厚 d が小さい場合に両偏光の振舞いは大きく異なる。基板伝搬光についても同様の周期変動を示し，膜厚 d が 60〜70nm 付近で最大値 33% を占める。一方，薄膜導波光の配分比は 40〜70% の範囲を変動しており，膜厚 d が 20nm 以下の領域で顕著に増大する。これらの結果を踏まえ，図 5(a) に示した緑色燐光有機 EL 素子を試作したところ，外部量子効率の最大値が 24.7% の緑色発光（電力効率 97 lm/W）が得られ，計算とほぼ合致する傾向を示した[7]。

5 光学モード分布の素子構造依存性

光取り出し効率の改善には表面プラズモン損失の低減と共に，前節で述べた光学モード分布の最適化が有効である。前節で述べた解析手法を用いて代表的な素子構造①〜④に対する光学モード分布を計算し，η_{out} の限界値を推定した[8]。

① デュアルエミッション構造（TOLED）
② ボトムエミッション構造（BE）
③ トップエミッション構造（TE）
④ マイクロキャビティ＋トップエミッション構造（MCTE）

ここで素子の基本構成は ITO/有機層/Al とし，MCTE 構造では Ag/ITO/有機層/半透過 Ag とした。また，有機層には 2 層構成 CBP：Ir(ppy)$_3$/Bu-PBD あるいは 4 層構成 PEDOT：PSS/NPB/CBP：Ir(ppy)$_3$/Bu-PBD を用いた。有機層を 2 層および 4 層とした①〜④の計 8 種類の構造について，各層の膜厚を 0〜200nm の範囲で変化させ，η_{out} の最大値を s, p 偏光および非偏光に分けて計算した結果を図 6 に示す。なお，計算に用いた光学定数は波長分散を含めて実測値を使用した。非偏光の場合，BE-2 層および BE-4 層ではそれぞれ 24% および 27%，TE-2 層および TE-4 層では同 29% および 32% であり，積層数が増すと η_{out} は向上する。また，TE 構造の方が BE 構造より約 20% 高い。特に TE-4 層では s 偏光が 45% を示し，p 偏光の 22% の約 2 倍である。更に MCTE-2 層および MCTE-4 層では非偏光の η_{out} がいずれも 35% と高い値を示すが，積層数に依存しない。p 偏光の η_{out} が著しく増大した結果，非偏光の η_{out} が高い値を示している。これは MCTE 構造が前面への指向性の強い配光特性を示すため，p 偏光で顕著に現れる薄膜導波光の発生が抑制されたと考えられる。また，有機層の積層数の増大が η_{out} を高めるのは，積層界面の屈折率段差が弱いキャビティ効果を生じ，MC 構造と同様な理由により薄膜導波光が抑制されるためと考えられる。

薄膜導波光を抑制する他の方法として，基板や封止層の一部に高屈折率材料を使用するのが有効である。前節で説明した緑色燐光有機 EL 素子について，基板の屈折率を 2.0 に高めた場合の

第1章　有機EL素子の光学モード解析と光取り出し向上化技術

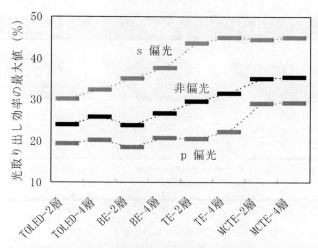

図6　構造が異なる8種類の有機EL素子における光取り出し効率の最大値
TOLED-2層：基板/ITO/CBP：Ir(ppy)$_3$/Bu-PBD/IZO
TOLED-4層：基板/ITO/PEDOT：PSS/NPB/CBP：Ir(ppy)$_3$/Bu-PBD/IZO
BE-2層：基板/ITO/CBP：Ir(ppy)$_3$/Bu-PBD/Al
BE-4層：基板/ITO/PEDOT：PSS/NPB/CBP：Ir(ppy)$_3$/Bu-PBD/Al
TE-2層：基板/Ag/ITO/CBP：Ir(ppy)$_3$/Bu-PBD/IZO
TE-4層：基板/Ag/ITO/PEDOT：PSS/NPB/CBP：Ir(ppy)$_3$/Bu-PBD/IZO
MC-2層：基板/Ag/ITO/CBP：Ir(ppy)$_3$/Bu-PBD/半透明Ag/IZO
MC-4層：基板/Ag/ITO/PEDOT：PSS/NPB/CBP：Ir(ppy)$_3$/Bu-PBD/半透明Ag/IZO

光学モード分布を図5(c)に示す。同図(b)に示した通常屈折率（$n=1.52$）と比べ，基板伝搬光が約60%に増大し，外部放射光と合わせると約80%に近づく。薄膜導波光は有機層や金属電極による減衰が著しいが，基板伝搬光の減衰は比較的小さい。このため例えば，マイクロレンズシートを組み合せることで，基板伝搬光を比較的容易に外部放射光へ転換できる。光線追跡法を用いた計算によれば，素子の反射率に依存して，基板伝搬光の1/2〜2/3を外部に取り出せる。これによりη_{out}は40〜60%に向上し，約2倍の高効率化が可能である。同手法を用いた緑色燐光有機EL素子が試作され，約40〜55%のEQEが報告されている[7, 9]。これらの結果は光学計算に基づく光学モード分布の妥当性を裏付けると同時に，薄膜導波光の基板伝搬光への転換を図ることで，光取り出し効率を飛躍的に改善できることを原理的に示した点で意義が大きい。しかし，基板の高屈折率化は製造プロセスや材料コストに問題が多く実用的でない。このため，次節で述べるように，光散乱効果，回折効果，フォトニック効果など，薄膜導波光の低減を目指した様々な光取り出し技術が検討されている。

6　種々の光取り出し効率向上化技術

周期構造を利用する場合，図7に示すように，屈折率1.5の媒質から大気への光入射に対して回折現象や干渉効果が顕著に現れる周期は0.2〜2μmであり，この範囲以上では光散乱や屈折

白色有機EL照明技術

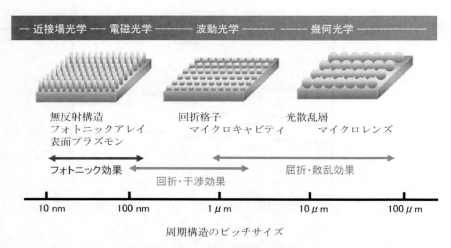

図7 光取り出し効率の改善に向けた各種の周期構造のピッチサイズと光学的効果

効果が支配的になり，これ以下のサブ波長領域ではフォトニック効果が現れる。以降は，これらの光学効果に分けて光取り出し技術を紹介する。

6.1 光散乱・屈折効果を利用した光取り出し技術
6.1.1 光散乱層方式（図8(a)）

光散乱現象は光の波長に比べて1/10以下の小さな粒子による散乱（レイリー散乱）と波長程度以上の大きさの球状粒子による散乱（ミー散乱）に分けられる。有機EL素子では主としてミー散乱効果が利用されており，これは粒子サイズに依存して散乱角度が変化すること，また散乱強度に波長依存性がないためである。

最近，通常屈折率のガラス基板の表面に厚み$20\mu m$，屈折率1.8の薄いガラス層を形成し，内部に粒径約$1\mu m$の気泡を分散した基板上に有機EL素子が試作され，強い散乱効果により，薄膜導波光の基板伝搬光への転換が生じ，発光効率が約1.8倍に向上することが報告された[10]。その他，光散乱用の分散剤としてシリカ，ポリスチレン，金属粒子などの材料が提案されており，発光効率は1.5～1.8倍に改善されている[11, 12]。

6.1.2 マイクロレンズ方式（図8(b)）

波長に比べて十分に大きなマイクロレンズを基板表面に形成することで，基板モード光の一部を外部に取り出すことができる。マイクロレンズのピッチを$20\mu m$程度としたとき，光線追跡法によるシミュレーション結果から頂角90°のピラミッド型レンズが最も改善効果が見られる。プラスチックレンズアレイを貼り付けた白色パネルの試作では，正面輝度で約1.7倍，全光束で約1.4倍の改善が得られている[13]。技術課題として，発光の"にじみ効果"による高精細表示の視認性の低下が挙げられるが，有機EL照明用に適している。また，将来，成型加工性に優れ，屈折率制御が容易なプラスチック材料を基板として使用する場合は最も簡便な効率改善策のひと

第 1 章　有機 EL 素子の光学モード解析と光取り出し向上化技術

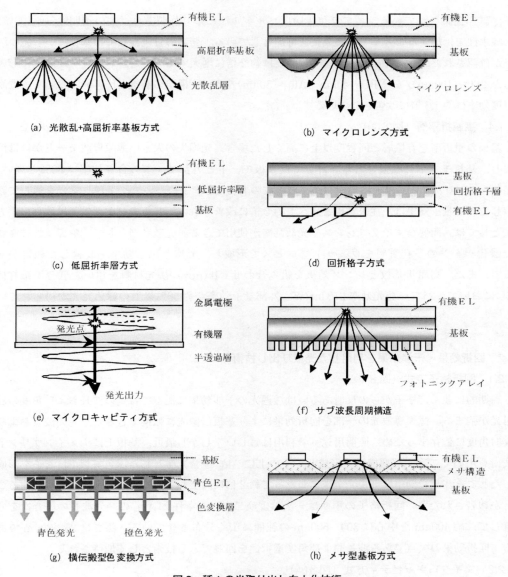

図 8　種々の光取り出し向上化技術

つである。

6.1.3　低屈折率層方式（図 8(c)）

薄膜層の光学膜厚を可視光のカットオフ波長よりも薄くすると共に，素子を低屈折率基板上に形成することで薄膜内の導波光を消失させ，薄膜モード損失および基板モード損失の再配分により，外部発光モードの増大が可能である。超微細構造を有する低屈折率（$n=1.1$）の多孔質体であるシリカエアロゲル層（$d=3\mu m$）をガラス基板と ITO 透明電極の間に挿入した有機 EL 素

子が試作提案されている。エアロゲル層はゾルゲル法により作製され，高い透明性（〜100％）と疎水性を付加することで有機膜成長を可能としている。発光の目視観察では基板モード光の消失が確認されており，Alq_3膜からのPL強度は約2倍に増大する。また，エアロゲル層上に形成したITO（100nm）/α-NPD（40nm）/Alq_3（50nm）/LiF/Al構造の有機EL素子において，電流輝度効率は約1.6倍に改善されている[14]。

6.1.4　高屈折率層（図8(a)）

基板の屈折率を有機層と同程度以上に高くした場合，光損失の大きい薄膜導波モードがほぼ消失し，基板モードに転換される。計算では基板モードと外部モードの合算比率は80％と高い。屈折率2.0のガラス基板上に形成した2層構成の有機EL素子について，半球レンズを通して観察した外部量子効率は，従来基板と比べて約2倍に改善される。基板モードを外部に取り出す方法としては，簡便なマイクロレンズや光散乱層が使用できる。光散乱層として，耐環境性に優れた酸化チタンの多孔質層をウェットプロセスで形成し，光取り出し効率を改善した報告がある[15]。また，高屈折基板とレンズ効果を組み合わせ，$Ir(ppy)_3$燐光材料を用いた低分子系有機ELにおいて，パワー発光効率210 lm/W，外部量子効率が約50％以上の緑色発光が得られている[7, 9]。

6.2　回折効果・干渉効果を利用した光取り出し技術

6.2.1　回折格子方式（図8(d)）

周期的に並んだ格子からの反射あるいは透過光の干渉効果に従って特定の波長および角度の放射光が強まる。薄膜導波光の一部を回折効果により基板伝搬光に転換できるが，光の波長および入射角度に依存するため，照明用途への利用は難しい。しかし最近，基板上にナノインプリント技術を用いて二次元周期構造を形成し，その上にAlq_3を発光層とした緑色有機EL素子を形成したところ，発光効率は可視光全域にわたって約2倍に向上し，配光分布は余弦則を維持することが報告された[16]。回折格子の周期は一次および二次回折条件とAlq_3の発光波長の整合性を考慮して，約400nmを中心に300〜600nmの範囲に広く分布させている。深さは25〜30nmである。回折効果の欠点である波長および角度選択性を回避できる技術として期待される。

6.2.2　マイクロキャビティ方式（図8(e)）

マイクロキャビティ（微小光共振器）は発光体を対向する二つの鏡面により波長の整数倍の間隔で挟み，光の干渉効果を利用して，発光特性を積極的に制御する方法である[17]。中心波長をλ，キャビティの光学距離をLとするとき，$2L = \lambda(m - k_p)$を満たす場合に発光強度が増大してキャビティ効果が顕著に現れる。ここで，mは整数であり，モード数と呼ばれる。k_pはキャビティの反射面における位相変化を波数で表したものである。一方の鏡面は光を取り出すために半透過層が配置され，高屈折材料と低屈折材料を周期的に積層した誘電体多層膜で強いキャビティ効果が得られるが，一般には，作製プロセスの簡便性から半透明の金属電極が用いられる。

キャビティ効果はディスプレイへ開発の目的では，光取り出し効率を改善する以外にも，発光

第1章　有機EL素子の光学モード解析と光取り出し向上化技術

スペクトルの半値幅低減による色純度の改善，特定波長に対する発光強度の増大，放射強度の指向性制御などに有効であり，色再現範囲の拡大，外光反射の抑制によるコントラストの改善などに利用されているが，照明目的では，演色性の低下，発光強度の波長依存性および角度依存性などを補償する工夫が必要である。

6.3　フォトニック効果を利用した光取り出し技術
6.3.1　サブ波長周期構造（図8(f)）

有機層の光学波長以下の周期構造を形成した場合，様々なフォトニック効果が現れる。高次の回折光が出現しないピッチと半波長程度の深さをもった周期構造はモスアイ構造として知られており，可視光領域における基板の反射率を0.1％以下に低減できる。しかし，全反射の臨界角以上の入射角に対する改善効果はあまり期待できない。最近，周期300nm，深さ40～60nm程度の正方型周期構造を基板上に形成し，Alq_3からの発光効率を約1.5倍に向上できることが報告された[18]。Alq_3層を導波している強いTM波の回折効率が最大となるように周期構造を設定することで，薄膜導波光を基板伝搬光に転換している。

6.3.2　表面プラズモンによる電場増強効果

有機層内の双極子放射場と金属層との表面プラズモン共鳴を利用し，励起子の放射確率の改善が行われている[19]。金属表面に二次元表面凹凸格子を形成し，回折効果により表面プラズモンモードが伝搬光に転換され，発光は金属薄膜を通して外部に放射される。励起子が金属薄膜の片側の界面の表面プラズモンを励起し，更に，このプラズモンが反対側の界面の表面プラズモンを励起する。二次元格子ではすべての方向に伝搬する表面プラズモンが共鳴透過現象に寄与するため，大幅な効率改善が期待できる。量子収率の低い燐光材料などの高効率化が期待される。

6.4　その他の光取り出し技術

上記以外の光学効果を用いた方法として，全反射効果，色変換方式などを利用した以下の光取り出し技術が提案されている。

6.4.1　横伝搬型色変換方式（図8(g)）

薄膜あるいは基板内に閉じ込められた伝搬光を発光層に並置した色変換蛍光膜で表面発光に変換する横結合型色変換方式SC^3M（Side-Coupling Color Changing Method）が提案されている。青色発光を示す有機ELセルの間隙に橙色の色変換層を配置し，青色光から橙光を得ることで白色発光を実現している。従来の表面結合型色変換方式（CCM）では青色表面光の一部を変換するために，青色励起光と比較してエネルギー効率は1より低くなる欠点があった。SC^3M方式では外部に放出されない薄膜損失光を利用しているために，このエネルギー効率を1以上にすることが可能であり，外部量子効率5％の青色ELを用いて，約8％の白色発光が得られている[20]。

6.4.2　メサ型基板方式（図8(h)）

ガラス基板上にメサ型の凹凸を形成し，トップ面に有機EL素子を形成することで，基板内の

導波モードを抑制する方法が提案されている[21]。光線解析の結果からメサ型のテーパ角が35～40°付近で基板モード光の取り出し効率は最大となり，メサ構造によるフィルファクタの低下を考慮に入れ，メサ構造のアスペクト比を0.7としたパネルにおいて，電流輝度効率は約2倍に改善された。更に，ITO膜と基板間に高屈折率のTiO$_2$層（n=2.58）を挿入することで，薄膜モードの一部を基板モードに転換し，約4倍の高効率化が確認されている。メサ端面には反射鏡を兼ねた金属膜により，ITOドット間の電極接続が行われている。

7 まとめ

本章では，有機EL素子内部の光学現象を体系的かつ定量的にまとめ，それらの知識を基礎として，光学解析技術と高効率化手法について解説した。素子単体の光取出し効率はキャビティ効果やトップエミッション構造を採用すれば，光学計算の結果として約30％まで改善できる。また，光散乱効果，屈折効果などを利用すれば，約50％が期待できる。しかし，それ以上の改善には微細な周期構造や非周期構造に基づく回折効果やフォトニック効果を利用して薄膜導波光を基板伝搬光に転換する技術が必要であり，作製プロセスや材料コストを含めて今後の検討課題である。有機EL素子は省エネルギー，省マテリアル，省スペースに適したソフトデバイスであり，その実現に向けた光学設計技術は今後，重要な高効率化手法として期待される。

文　献

1) C. W. Tang and S. A. VanSlyke, *Appl. Phys. Lett.*, **51**, p.913 (1987)
2) J. C. Scott, S. Karg, and S. A. Carter, *J. Appl. Phys.*, **82**, p.1454 (1997)
3) M. A. Baldo, S. Lamansky, p.E. Burrow, M. E. Thompson, and S. R. Forrest, *Appl. Phys. Lett.*, **75**, p.4 (1999)
4) J. Huang, M. Pfeiffer, A. Werner, J. Blochwitz, and K. Leo, *Appl. Phys. Lett.*, **80**, p.139 (2002)
5) C. Adachi, M. A. Baldo, M. E. Thompson, and S. R. Forrest, *Appli. Phys. Lett.*, **77**, p.904 (2000)
6) 三上明義，安川晃司，小柳貴裕，有機EL討論会例会予稿，**10**, p.55 (2010)
7) A. Mikami, Proc. of IDW'09, **OLED2-2**, p.447 (2009)
8) 小柳貴裕，三上明義，有機EL討論会例会予稿，**7**, p.41 (2008)
9) S. Reineke, F. Lindner, G. Schwartz, N. Seidler, K. Walzer, B. Lussen, and K. Leo, *Nature*, **459**, p.234 (2009)
10) N. Nakamura, N. Fukumoto, N. Wada, Y. Aoki, and K. Maeda, Proc. of SID'09, **40-4**, p.603 (2009)

第 1 章　有機 EL 素子の光学モード解析と光取り出し向上化技術

11) J. J. Shiang, T. J. Faircloth, and A. R. Duggal, *J. Appl. Phys.*, **95**, p.2889 (2004)
12) F. Li, X. Li, and J. Z. Yang, *Org. Elect.*, **8**, p.635 (2007)
13) N. Sone and Y. Kawakami, Proc. 10th Int. Disp. Workshop, p.1297 (2003)
14) T. Tsutsui, M. Yahiro, and H. Yokogawa, *Advanced Materials*, **13**, p.1149 (2001)
15) 小柳貴裕, 三上明義, 有機 EL 討論会, 第 6 回例会, **S8-1**, p.41 (2008)
16) W. H. Koo, S. M. Jeong, F. Araoka, K. Ishikawa, S. Nishimura, T. Toyooka, and H. Takezoe, *Nature Photonics*, **4**, p.222 (2010)
17) N. Takada, T. Tsutsui, and S. Saito, *Appl. Phys. Lett.*, **63**, p.2032 (1993)
18) K. Ishihara, M. Fujita, I. Matsubara, T. Asano, and S. Noda, *Appl. Phys. Lett.*, **90**, p.111114 (2007)
19) J. Feng, T. Okamoto, and S. Kawata, *Opt. Lett.*, **30**, p.2302 (2005)
20) A. Mikami, Y. Iida, and Y. Nishita, Proceedings of 12th IDW'05, **S3-2**, p.613 (2005)
21) G. Gu, D. Z. Garbuzov, P. E. Burrows, S. Venkatesh, S. R. Forrest, *Optics lett.*, **22**, (6), p.396 (1997)

第2章　光散乱効果を利用した光取り出し技術

中村伸宏[*]

1　はじめに

　白色有機EL照明は，高効率，長寿命，低環境負荷であり，次世代照明光源として期待されている。更なる高効率化の為には，発光効率の向上，低電圧化，光取り出し効率の向上が必須である。有機ELを構成している有機層や透明電極の屈折率は，1.7から2.0と高く，発光光が大気に出ずに，素子内部，或いはガラス基板中に閉じ込められてしまい，大気に取り出される光は全体のたかだか20％程度である。光取り出し効率を改善する方法として様々な手法が検討されているが，それぞれを原理で整理すると表1のようになる[1]。光取り出し効率を大幅に改善した例として，高屈折率ガラス基板を用いて，高効率有機ELを実現した例がある[2,3]。これらの例では，素子に閉じ込められた光を高屈折率ガラス基板内に導入し，これを基板表面に設けたテクスチャ構造や散乱層を用いてその方向を変えることで，光取り出し効率を改善している。しかしながら高屈折率ガラス基板を製造する場合，原料が高価であり製造コストが上がってしまうことから，安価に供給することは難しいと考えられる。また高屈折率基板に散乱層やマイクロレンズ形状を付与することもコストアップ要因となる。これらのことから分かるように，散乱層付き高屈折率基板と同等な構造を安価に製造できれば，光取り出し効率を大幅に改善し，高効率有機EL照明の普及に大きく貢献できることになる。旭硝子では，独自技術である"KIWI Technology"を

表1　光取り出し技術の特性比較

	高効率化	視覚特性	波長選択	プロセス
マイクロレンズ	△	○	○	○
フォトニックアレイ	○	×	×	×
無反射基板	○	△	○	×
光散乱層	△	○	○	○
低屈折率層	△	○	○	○
マイクロキャビティ	△	×	△	△
表面プラズモン	○	×	×	△
高屈折率基板＋散乱層	○	○	○	△

---

[*] Nobuhiro Nakamura　旭硝子㈱　中央研究所　ガラス材料技術ファンクション　主幹

第2章　光散乱効果を利用した光取り出し技術

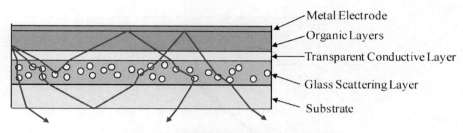

図1　高屈折率散乱層による光取り出し原理

用いて，散乱層付き高屈折率基板と同等構造を有する基板を作製して，光取り出し効率を改善することに成功している[4〜6]。本章では，この光取り出し基板について紹介する。

2　光取り出し基板の構成と原理

　光取り出し基板の構成及び原理を図1に示す。ガラス基板には安価なソーダライム基板を用いてその上に高屈折率ガラスで構成される散乱層を形成する。この基板上にボトムエミッションタイプの有機EL素子を形成し，動作させた場合の光伝搬挙動は以下のとおりになる。まず有機EL発光層から出射した光は，通常のガラス基板上素子の場合では，そのおよそ半分が素子とガラス基板界面で全反射され，ガラス基板中に入らない。一方図1の構成では，散乱層を構成するガラス材料の屈折率が，有機EL構成膜の屈折率よりも高い為に，全反射せずに発光光を散乱層に導入することができる。次に散乱層に入った光は，散乱物質により散乱され，その方向を変える。散乱は，散乱断面積，平均自由工程，散乱角で特徴づけられるが，これらは，散乱物質の大きさ，屈折率，密度で制御することができる。ここで散乱された光のうち大気に出射できる光以外は，散乱層／ガラス基板界面或いはガラス基板／大気界面で反射して再び素子方向に戻されるが，素子の金属電極で反射され，再度散乱層に導入されその角度を変えることができる。このように大気に出射できずに素子に戻った光もリサイクルして大気に出射させることが可能となる為，高い光取り出し効率が可能となる。

3　高屈折率散乱層の要件

　上述のコンセプトを具現化する為の要件を，Ray trace simulationを行い検証した。モデルを単純化する為に，ガラス基板の屈折率を1.55，有機層，透明電極の屈折率は1.9，金属電極の反射率は80％とした。散乱層については，厚さは15μm，散乱物質は気泡（屈折率1.0）を想定し，その直径は1.0μmとした。なお発光層からの放射光は指向性がないものとし，干渉の影響は無視した。発光光のうち，ガラス基板前面から取り出された光の割合を光取り出し効率（OCE：Out-Coupling Efficiency）と呼ぶことにする。図2に散乱層マトリクス部の屈折率を変えた時の，

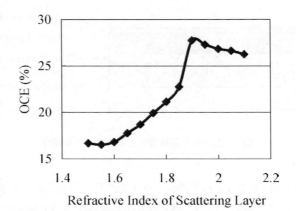

図2 散乱層屈折率と光取り出し効率の関係

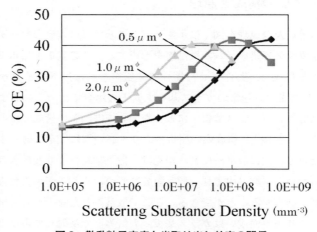

図3 散乱粒子密度と光取り出し効率の関係

光取り出し効率の変化を示す。散乱層マトリクス部の屈折率が，有機膜，透明導電膜の屈折率より低くなると，光取り出し効率が急激に減少することが分かる。一方散乱層マトリクス部の屈折率が，有機膜，透明導電膜の屈折率より高い場合には，屈折率が高くなるにつれて，光取り出し効率はわずかに減少するものの，大きな変化は見られない。このことから，散乱層マトリックス部の屈折率は，有機膜，透明電極と同じ或いは大きいことが望ましいことが分かる。図3には，散乱粒子の大きさ及び密度を変えた時の光取り出し効率の変化を示す。いずれの散乱粒子径でも最適密度が存在する。これは，散乱粒子が少ないと，発光光の角度を変えられずに，素子内部或いは基板内部を伝搬，吸収されてしまうため取り出し効率が上がらず，逆に多すぎる場合には，散乱が強すぎて，後方散乱により金属電極に吸収されてしまう為と考えられる。これらの結果から高屈折率ガラス中に適切な密度で散乱粒子を分散することができれば，光取り出しを改善でき

第2章　光散乱効果を利用した光取り出し技術

ることが分かる。この構成を具現化するに当たり，散乱層用ガラス材料及び散乱層形成プロセスが重要となる。

4　散乱層用ガラス材料及びプロセス

上記要件を満たすために，散乱層用ガラス材料を開発した。ガラス組成は Li_2O-B_2O_3-Bi_2O_3-P_2O_5 を主成分とし，これに屈折率を上げるための成分を添加している。屈折率は n_d（578.6nm）で 2.01，分散は $\nu_d = 19.0$ である。この散乱層用ガラス材料の屈折率と有機 EL の代表的な構成膜の屈折率を図4に示す。このように可視光全域にわたって散乱層用ガラス材料の方が他の材料よりも屈折率が高く，全反射により素子内に閉じ込められる光がないように設計できることを示している。散乱層を形成するプロセスとして，開発したガラスを粉末にして，ソーダライム基板

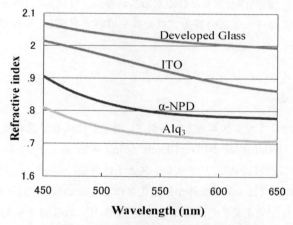

図4　開発したガラスと有機 EL 構成膜の屈折率比較

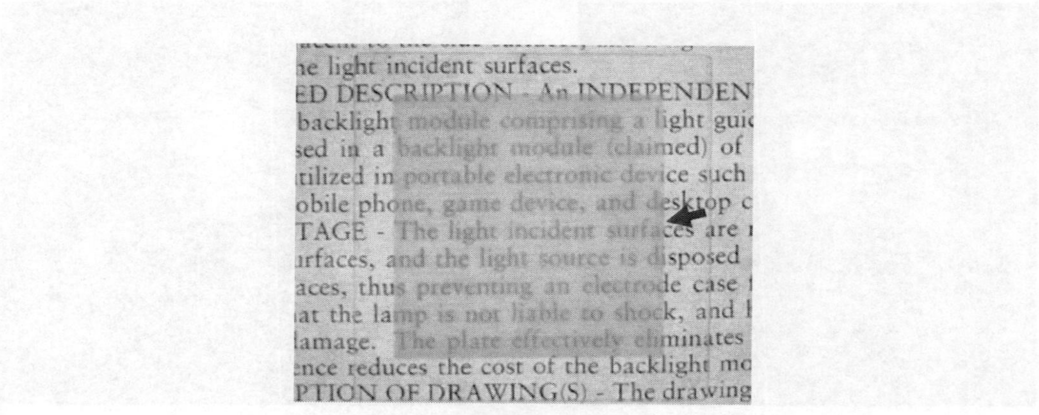

写真1　高屈折率散乱層付きガラス基板の外観

上で焼結させた。焼結したガラス内部には閉じ込められた気泡が存在しており，散乱物質の働きを示す。気泡は屈折率が1.0の為に，母ガラスとの屈折率差が大きく散乱断面積が大きい。したがって効率良く光を散乱することが可能である。気泡の平均粒径は0.7μmであり，密度は1.3×10^7（mm^{-3}）であった。散乱層の膜厚は15μmであり，見た目は曇りガラスに似ている（写真1）。焼結したガラス表面は原理的に非常に平滑であり，平均算術粗さ（Ra）で0.18nmであった。このように屈折率が有機EL構成膜より高く，散乱粒子を内在させかつ表面が平滑な散乱層を，高屈折率ガラスを用いて作製することが可能である。これら3つの特徴，①高屈折率，②厚膜形成，③表面平滑性は，どれもガラス材料，プロセス固有の利点を活かしたものである。また照明用有機EL作製プロセスでは，通常は，透明電極にITOを用いており，そのパターニングにはエッチングを適用しているのが現状である。照明パネル全体を均一に発光させる為に，ITO電極は低抵抗であることが必要であり，その為，高温で成膜することが求められる。一方でITOエッチングでは塩化第二鉄と塩酸の混合溶液や，硝酸と塩酸の混酸が用いられる。このように照明用有機EL基板には，耐熱性や耐薬品性が求められるが，今回開発した高屈折率散乱層は，いずれの条件も満足しており，従来の製造プロセスを用いて有機ELを作製することが可能である。

5　光取り出し効率

前節で述べた散乱層付きガラス基板上に有機EL素子を作成して光取り出し効率を評価した。用いた素子はITO（150nm）/α-NPD（100nm）/Alq$_3$（60nm）/LiF（0.5nm）/Al（80nm）である。光取り出し効率の評価においてリファレンス素子は構成によって干渉条件が異なる為，注意が必要である。上述の構成は，干渉条件が最適化されたものである。同一素子を散乱層付きガラス基板上にも作製した。発光素子の面積は2mm□であり，散乱層は発光素子を中心に10mm$^\phi$

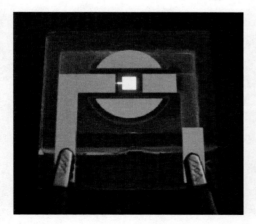

写真2　リファレンス素子の発光状態

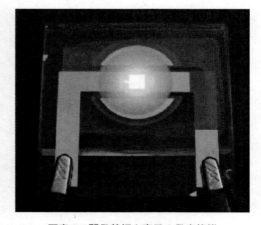

写真3　開発基板上素子の発光状態

第2章　光散乱効果を利用した光取り出し技術

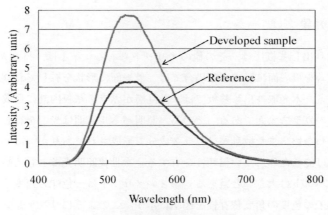

図5　発光スペクトルの比較

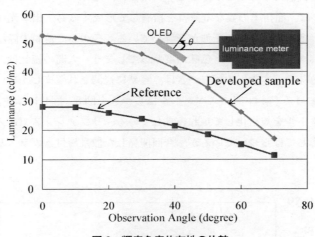

図6　輝度角度依存性の比較

の円形状に作製した。リファレンス及び散乱層上素子に1mA印加した際の発光の様子を，それぞれ写真2，写真3に示す。リファレンス素子では，素子発光部からのみ光が出射しているが，散乱層付きガラス基板では発光部で輝度が増加している上に素子周辺の散乱層からも光が取り出されている様子が分かる。その時の発光スペクトルを図5に示す。ピーク波長はリファレンス，光取り出し基板いずれを用いた場合でも530nm付近にピークを有しており，発光色に大きな差がないことが分かる。ついで輝度計を用いて，輝度の角度依存性を測定した。その結果を図6に示す。このように測定された全角度において，散乱層付基板を用いた方が，高い輝度が得られる。この値を積分することにより全光束が得られ，リファレンスに対して光取り出し効率が1.8倍改善したことが分かった。最近の開発においては，母ガラスから焼成中に析出させた$BiPO_4$結晶を散乱物質とすることにより光取り出し効率を2.0倍まで高めることに成功している[6]。

6 その他の効果

開発された光取り出し基板には，その他のメリットもある。第1は，外観及び信頼性である。光取り出しフィルムを最表面に形成する場合では，最表面に形状を有しており，光沢のある外観は得られない。一方，本光取り出し基板では，散乱層がガラス基板内部に形成される為，照明パネルの表面は通常のガラス表面である。その為，照明パネル表面は光沢を有しており，ガラスの持つ光沢感を損なわない。また散乱層はガラス成分で形成されておりかつパネルの封止エリア内部に選択的に形成可能なため，高い信頼性を有する。次世代照明光源として高寿命は必要条件である為，このインパクトは大きいと言える。第2のメリットは，色味の角度依存性が小さいことである。上述の素子の色度の角度依存性を図7に示す。このようにリファレンスに比べて，色味の角度依存性を抑制することができる。照明光源において色調が見る角度によって異なるのは望ましくなく，これを抑制できることが望ましい。第3は，色味のパネル間ばらつきを抑制することである。有機ELは，屈折率の異なる薄膜を積層して形成する為，出射光は発光色素本来のスペクトルではなく，多層薄膜による干渉が影響している。その為，薄膜の膜厚がばらついた場合には，出射光のスペクトルが変化し，色味が変わってしまう。人間の視覚は白色の色味に敏感であり，そのような色味のパネル毎のばらつきは，容易に視認され望ましくない。リファレンス及び散乱層上素子におけるパネル間のスペクトルばらつきを図8，図9に示す。ここでは各25サンプルの出射スペクトルを規格化して重ね書きしている。リファレンスではスペクトルが素子膜厚のばらつきに対応してばらついているが，今回開発した散乱層付きガラス基板では，スペクト

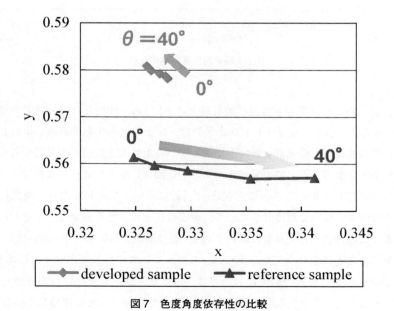

図7　色度角度依存性の比較

第2章　光散乱効果を利用した光取り出し技術

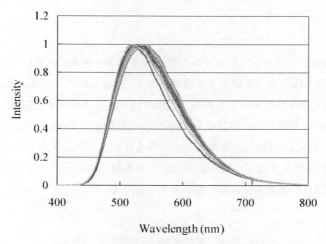

図8　リファレンス素子の発光スペクトルばらつき

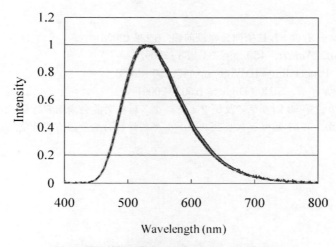

図9　開発基板上素子の発光スペクトルばらつき

ルのばらつきは極めて小さい。これは，リファレンスではITOとガラス基板の屈折率差が大きくここでの反射光が干渉の原因となっているのに対して，散乱層付きガラス基板では，透明電極であるITOの直下に屈折率が近い散乱層を設けている為，この界面での反射が抑制される為である。さらに散乱層は15μmと厚くかつ散乱性を有している為，干渉を引き起こさない。これにより，透明電極などの膜厚がばらついたとしても，スペクトルは影響を受けず安定した放射スペクトルを得ることができる。この効果により色味の安定した有機ELパネルが供給可能となるだけではなく，製造マージンを大きくすることができ，歩留まり改善によるコストメリットにも貢献することができると考えられる。

7 まとめ

このように，高屈折率ガラスで形成された散乱層付きガラス基板を用いて，有機EL素子導波光を取り出し，光取り出し効率を改善するだけでなく，散乱を用いて色味の角度依存性を抑制し，さらに素子内部の干渉を抑制することから，色味のパネル間ばらつきを抑制できることを確認した。我々は，これらの効果から，本技術をKIWI Technology（Killer technology for Waveguide and Interference of OLED lights）と命名した。環境に対する意識が高まる中，有機EL照明は，ECO照明として期待が高まっている。我々はガラス素材のユニークさを活かした本技術をさらに進化させて有機EL照明産業に貢献したいと考えている。

文　献

1) 三上明義ほか，有機EL技術開発の最前線，p.222（2008）
2) Reineke *et al.*, *Nature*, **459**, pp.234-238（2009）
3) A. Mikami, Proceedings IDW09, pp.447-450（2009）
4) N. Nakamura *et al.*, SID09 Digest, p.603（2009）
5) 和田直哉ほか，第50回ガラス及びフォトニクス材料討論会講演要旨集，p.43（2009）
6) 福本奈央ほか，第51回ガラス及びフォトニクス材料討論会講演要旨集，p.38（2010）

第3章　表面プラズモン効果を利用した光取り出し技術

岡本隆之*

1　はじめに

　一様な媒質中に置かれている場合の双極子の輻射パターンはよく知られたドーナツ状になる。しかし，双極子が誘電率の異なる媒質の界面に置かれている場合，その輻射強度は誘電率の大きい側の媒質で大きくなる[1,2]。さらに，輻射レートも環境によって変化する。この効果はPurcell効果としてよく知られている[3]。

　有機EL素子では陰極から注入された電子と陽極から注入された正孔が発光層で励起子を形成し再結合により発光する。励起子からの発光は双極子輻射と見なすことができる。有機EL素子において励起子のエネルギーは面内波数（光子の波数の界面に平行な成分）の小さい方から自由空間への伝搬光，基板モード，有機層（透明陽極を含む）をコアとした導波路モード，表面プラズモン，損失表面波（lossy surface wave）へ散逸する。損失表面波は金属中の電子-正孔対の生成に対応する。通常の平坦な界面からなる有機EL素子の場合，自由空間への伝搬光成分だけが取り出せる。

　表面プラズモンとは金属表面における自由電子の集団的振動であり，表面電磁波（エバネッセント波）を伴う。表面電磁波の存在範囲は表面から波長程度の距離である[4]。平坦な金属界面を伝搬する表面プラズモンの波数は常に金属と接する誘電体中を伝搬する光の波数より大きいため，

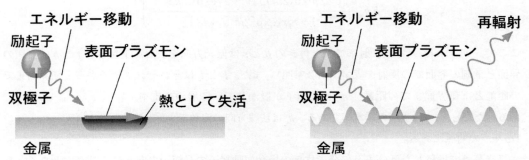

図1　有機EL素子における光取り出しのメカニズム。（左）プラズモニック構造がない場合，表面プラズモンに移動したエネルギーは熱として失活するが，（右）プラズモニック構造が存在する場合，光として取り出せる。

---

*　Takayuki Okamoto　㈱理化学研究所　基幹研究所　河田ナノフォトニクス研究室　先任研究員

表面プラズモンは伝搬光となって輻射することはない。表面プラズモンは金属そのものによる吸収により減衰するが，その寿命は比較的長い（ピコ秒オーダー）。したがって，種々の微細構造を金属陰極表面に施すことにより，再び光として取り出すことができる。この効率を上げることにより，高効率な有機EL素子が実現できる（図1参照）。

2　表面プラズモンへのエネルギー散逸の割合

励起子のエネルギー散逸は励起子を振動双極子で近似することで古典電磁気学的に求められる。双極子のエネルギー散逸はその双極子モーメントをμとすると，$\wp=(\omega/2)\mathrm{Im}(\mu^*\cdot E)$で与えられる。ここで，$E$は双極子の位置における双極子自身の輻射電場で，＊は複素共役を意味する。電場には，界面からの反射電場が含まれる。有機EL素子のように金属界面が近傍にある場合は，励起された表面プラズモンの電場も加わる。表面プラズモンの寿命の長さにより，その電場は著しく大きくなる。その結果として，励起子からのエネルギーの散逸も一様な媒質中におけるそれと比較して非常に大きくなる。

図2に示すように，上下に界面がある場合，双極子の向きが界面に垂直な場合と水平な場合のそのエネルギー散逸の面内波数$k_\parallel$に対する依存性はそれぞれ次式で表される[5]．

$$\wp_\perp(k_\parallel)=\frac{\omega\mu^2}{8\pi\varepsilon_1}\mathrm{Re}\left\{\frac{k_\parallel^3}{k_z}\frac{[1+r_t^p\exp(2ik_zl_t)][1+r_b^p\exp(2ik_zj_b)]}{1-r_t^p r_b^p\exp[2ik_z(l_t+l_b)]}\right\} \quad (1)$$

$$\wp_\parallel(k_\parallel)=\frac{\omega\mu^2}{16\pi\varepsilon_1}\mathrm{Re}\left\{\frac{k_1^2 k_\parallel}{k_z}\frac{[1+r_t^s\exp(2ik_zl_t)][1+r_b^s\exp(2ik_zl_b)]}{1-r_t^s r_b^s\exp[2ik_z(l_t+l_b)]}\right.$$
$$\left.+k_z k_\parallel\frac{[1-r_t^p\exp(2ik_zl_t)][1-r_b^p\exp(2ik_zl_b)]}{1-r_t^p r_b^p\exp[2ik_z(l_t+l_b)]}\right\} \quad (2)$$

ここで，$\mu=|\mu|$，$r_{t,b}^{p,s}$は反射率で，上付きのpとsは偏光方向を表し，下付きのtとbは上側の界面と下側の界面での反射を表す（図2参照）。また，l_tとl_bはそれぞれ双極子から上側界面までの距離と下側界面までの距離，ε_1は双極子が置かれている層の誘電率，$k_1=\sqrt{\varepsilon_1/\varepsilon_0}(\omega/c)$である。ただし，$\varepsilon_0$は真空の誘電率である。$k_z$は法線方向の波数で，面内波数とは$k_\parallel^2+k_z^2=(\varepsilon_1/\varepsilon_0)(\omega/c)^2$の関係にある。

真空蒸着で堆積した低分子系の発光材料の場合，励起子の双極子の向きはランダムとなる。その場合，双極子の平均のエネルギー散逸$\bar{\wp}$は次式で与えられる，

$$\bar{\wp}=\frac{1}{3}(\wp_\perp+2\wp_\parallel) \quad (3)$$

実際の有機EL素子において，励起子からのエネルギー散逸の面内波数およびエネルギー依存

第3章　表面プラズモン効果を利用した光取り出し技術

性を計算した例を図3(a)に示す。素子の層構成は Air/Ag[50nm]/Alq$_3$[50nm]/NPB[50nm]/ITO[150nm]/SiO$_2$ となっている。発光位置は Alq$_3$ と NPB との界面から5nm, Alq$_3$ 内に入ったところに取った。エネルギー散逸の極大値の軌跡が各モードの分散曲線に対応している。2つの導波路モードと1つの表面プラズモンモードがこの素子には存在することが分かる。図3(b)はエネルギー 2.25eV（波長550nm）における散逸を表したものである。曲線Aは図3(a)と同

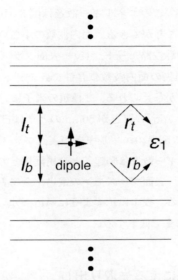

図2　層状構造中の双極子。l_t および l_b はそれぞれ，双極子から上側および下側界面までの距離，ε_1 は双極子が置かれている層の誘電率である。

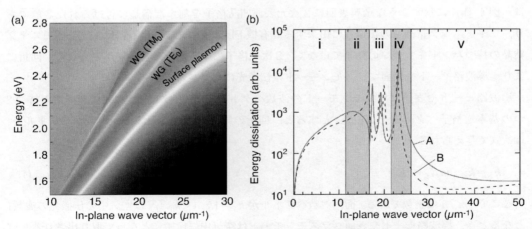

図3　(a) 有機 EL 素子における発光層内の励起子からのエネルギー散逸の面内波数およびエネルギー依存性。Air/Ag[50nm]/Alq$_3$[50nm]/NPB[50nm]/ITO[150nm]/SiO$_2$，(b) 図(a)のエネルギー 2.25eV（波長550nm）における断面 A，B は Alq$_3$ と NPB の厚さを共に 100nm として計算したもの。

表1 励起子のエネルギー散逸の各モードに対する割合

	輻射	基板モード	導波路モード	表面プラズモン	電子正孔対
50nm	14%	14%	12%	52%	7%
100nm	16%	29%	20%	27%	8%

じ素子構成で，曲線 B は Alq$_3$ と NPB の厚さが共に 100nm の素子の場合の計算結果でる。上に述べたように有機 EL 素子では，このエネルギー散逸は図3（b）に示すように，面内波数の大きさにより5つの領域に分けることができる。面内波数の小さい方から順に（ⅰ）自由空間への輻射，（ⅱ）基板モード，（ⅲ）導波路モード，（ⅳ）表面プラズモン，および（ⅴ）電子正孔対に散逸する。このエネルギー損失の面内波数依存性を各モードに対応する波数範囲で積分すると，各モードへの散逸の大きさが与えられる。2種類の素子に対して，積分して得られた結果を表1にまとめた。発光層である Alq$_3$ の厚さが 50nm のときは自由空間へ輻射されるエネルギーの割合は高々14%であり，実に52%のエネルギーが表面プラズモンとして散逸することがわかる。表面プラズモンへのエネルギー散逸は励起子と金属陰極との距離に大きく依存し，距離が大きくなると小さくなる。これは，表面プラズモンの電場が金属表面から遠ざかるにしたがって，指数関数的に減衰するためである。表1に示すように Alq$_3$ の厚さが 100nm の場合，表面プラズモンへのエネルギー散逸は27%まで低下する。

3　プラズモニック結晶による光取り出し

著者らは有機 EL 素子において，表面プラズモンを伝搬光に変換する構造として，図4（a）に示すようにプラズモニック結晶を金属陰極に導入することを提案した[6]。プラズモニック結晶とは，図4（b）に示すような金属表面に2次元表面凹凸格子を刻んだ構造に付けられた名前であり，フォトニック結晶との類似性に由来する。有機 EL 素子の光取り出しには，プラズモニック結晶の持つバンドギャップの効果ではなく，2次元格子による回折の効果が用いられる。回折により，導波路モードや表面プラズモンモードは伝搬光に変換される。

導波路モードや表面プラズモンモードの波数ベクトルを k_{sp} とする。2次元周期構造が持つ2つの基本逆格子ベクトルを K_1, K_2 とすると，回折の結果得られる光波の面内波数ベクトル $k_\parallel$ は次式で与えられる。

$$k_\parallel = k_{sp} + mK_1 + nK_2 \tag{4}$$

ここで，m, n は整数である。面内波数ベクトルが $k_\parallel = |k_\parallel| < k_0$（$k_0$ は空気中の伝搬光の波数）となるとき，導波路モードや表面プラズモンモードは空気中に伝搬光となって取り出される。

図4（b）に示されるような三角（六方）格子からなるプラズモニック結晶を考える。この構造は図4（a）の金属陰極を発光層側から見たものに等しい。図では円筒開孔を並べた形状（凹）

第3章 表面プラズモン効果を利用した光取り出し技術

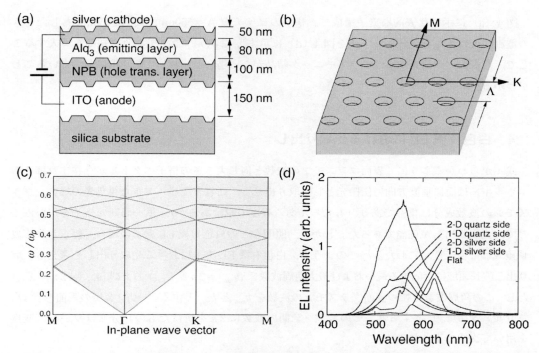

図4 (a) プラズモニック結晶を導入した有機 EL 素子の層構造。(b) 円筒開孔を 2 次元三角格子状に周期的に並べたプラズモニック結晶。(c) 振幅が無限小の三角格子プラズモニック結晶の分散関係。金属はドルーデモデルにしたがう損失のない理想金属，誘電体は空気または真空を仮定した。ω_p はプラズマ周波数。基本逆格子ベクトルの大きさは $K=\omega_p/2c$ とした。また，式(4)で m, $n=-1$, 0, 1 のみをプロットした。影のついている部分の表面プラズモンが自由空間中に伝搬光として取り出せる。(d) 発光スペクトル。比較のため同じ条件で作製した1次元プラズモニック結晶を用いた素子と金属界面が平坦な従来型の素子の測定結果も示した。また，金属陰極を通して観測した結果も示した。

であるが，円柱を並べた形状（凸）でも同じである。この格子の基本逆格子ベクトルの大きさは $|K_1|=|K_2|=2\pi/\Lambda$ で与えられる。図4（c）は金属がドルーデモデルにしたがう損失のない理想金属で金属に接する誘電体が空気または真空の場合の表面プラズモンに対する式(4)で与えられる $k_\parallel$ をプロットしたものであり，プラズモニック結晶の分散関係に対応する。ω_p は理想金属のプラズマ周波数。基本逆格子ベクトルの大きさは $K=\omega_p/2c$ とした。図の影をつけた部分がライトラインの内側に対応し，表面プラズモンが伝搬光と結合する領域である。

この分散関係は，金属も誘電体も均一で，厚さは半無限大として計算した。しかし，実際の有機 EL 素子では誘電体層は種々の有機薄膜や透明陽極，ガラス基板等からなり，その誘電率は層状に変化し均一ではない。この場合の表面プラズモンの波数を求める必要がある。表面プラズモンに限らず導波モードも含めて正確な波数（複素伝搬定数）は転送行列法などを用いて求めることができる[7]。しかし，波数の実部だけが必要な場合は，図3の各モードに対応するピークを与える面内波数がそれに等しい。

図4(a)に示す代表的な素子構成で，格子のピッチを $\Lambda=550\text{nm}$，高さを50nmとしたときの電流注入による発光スペクトルを図4(d)に示す[6]。2次元プラズモニック結晶を導入することで，基板側への発光効率はプラズモニック結晶がない場合と比較して約4倍になっていることがわかる。

4 白色有機ELにおける光取り出し

式(4)からわかるように，表面プラズモンの波数と同じ大きさの格子ベクトルが存在すればそのエネルギーは面に垂直方向に伝搬光として取り出せる。これまで述べてきた単色光の場合，プラズモンの波数成分は単一であり（もちろんある程度の幅はあるが），単一周期の格子を用いることで，光取り出しが可能であった。しかし，照明などの白色有機EL素子の場合，要求される波長領域は可視光全域にわたる。このような，白色有機EL素子における光取り出しを考える。取り出し波長領域に対応する最小および最大角周波数を $\omega_{\min}(=2\pi c/\lambda_{\max})$ および $\omega_{\max}(=2\pi c/\lambda_{\min})$ とし，この角周波数を持つ表面プラズモンの波数を $k_{\min}$ と $k_{\max}$ とする。一方，金属の表面形状（高さ分布）を $h(x,y)$ とすると，その波数（空間周波数に 2π を掛けたもの）分布はフーリエ変換を用いて次式で表される。

$$\tilde{h}(K_x, K_y) = \int_{-\infty}^{\infty} \int_{-\infty}^{\infty} h(x,y) \exp[-(K_x x + K_y y)] dx dy \tag{5}$$

上で示した波長領域の表面プラズモンをすべて取り出すためには，結局，金属表面形状のパワースペクトル $|\tilde{h}(K_x, K_y)|^2$ が $k_{\min}^2 \leq K_x^2 + K_y^2 \leq k_{\max}^2$ の領域において適当な有限の値を持つことが必要である。

5 大面積金属陰極表面への凹凸構造の導入

金属表面への凹凸構造の導入には種々の方法が考えられる。我々が行っている方法は干渉（ホログラフィック）露光法である。レーザービームを広げて2光束に分けてフォトレジスト上で重ね合わせ干渉縞を露光する方法である。一度の露光では1次元の格子しか露光できないため，2次元の格子を作製するためには縞の方向を変えて2重あるいは3重露光する必要がある。この方法は電子ビーム露光法と比較するとはるかに大きな面積が短時間で露光できるという利点を持つ。我々のところで用いている波長266nm，強度200mWの紫外レーザー光の場合，1秒以下で露光できるのは直径数ミリメートルの面積である。露光時間は露光面積に反比例するため，センチメートルオーダーの面積を露光するには数10秒かかる。そのため，外乱を含めた光学系の安定性に注意を払う必要がある。

数10cmオーダーの大面積の凹凸構造を作製する方法として，コロイダルリソグラフィー法が

第3章　表面プラズモン効果を利用した光取り出し技術

あげられる。この方法ではまず，基板上に直径数100nmのサイズをそろえた球形ポリスチレンあるいはシリカコロイドを2次元結晶上に自己集積的に堆積する。これをそのまま基板として用いると，凹凸の振幅が大きすぎるため，堆積したコロイドをマスクとして基板をエッチングするか，誘電体層をリフトオフする必要がある。

最近Kooら[8]がナノ凹凸構造の新しい作製法を提案している。基板上に堆積したシリコーン樹脂（PDMS）を100℃に加熱し，その上に厚さ10nmのアルミニウムを蒸着したものを室温まで冷却することで表面凹凸構造が自発的に形成される。これにより，光取り出しの増大が可能であることが報告されている。この方法で得られる構造が持つ波数成分は$2\pi/400\text{nm}^{-1}$で，表面プラズモンからの光取り出しの条件に一致している。（この論文では表面プラズモンという言葉は出てこないが，導波モードTM_0は表面プラズモンのことである。）

この他にナノインプリント法がある[9]。本方法はモールドの作製には時間がかかるが，形状の精度は高いという特徴を持つ。

6　おわりに

本章では金属陰極にプラズモニック結晶構造を採用することで光取り出しの効率を向上する方法について述べてきた。誘電体層のみの誘電率の変調によっても光取り出しの効率は生じるが，金属表面を直接変調した方がはるかに効果は大きい。有機EL素子で用いられる誘電体の比誘電率の範囲は1〜4程度であり，誘電率の変調振幅を大きくとれないからである。そのため回折効率が小さい。金属の比誘電率は-10程度あり，金属表面に凹凸を設けることではるかに変調振幅を大きくとれるため，回折効率が大きくなる。

フォトニック結晶を用いて光取り出しを行っている例もある[9,10]。Ishiharaら[9]は正方格子のフォトニック結晶を用いている。この場合も金属陰極表面に深さ40nmの凹凸が形成されており，フォトニック結晶の効果というより，むしろ，プラズモニック結晶の効果といったほうが適当であると考えられる。また，論文中に「表面プラズモン」という言葉は出てこないが，主として取り出されているのはTM_0導波路モードで，これはまさに表面プラズモンである。また，金ナノ粒子を正孔輸送層内に埋め込んで光取り出しを行っている例もあるが[11]，そのメカニズムはまだよく分かっていない。

文　献

1) E. H. Hellen and D. Axelrod, "Fluorescence emission at dielectric and metal-film interfaces", *J. Opt. Soc. Am.* B, **4**, 337-350 (1987)

2) J. Mertz, "Radiative absorption, fluorescence, and scattering of a classical dipole near a lossless interface : a unified description", *J. Opt. Soc. Am.* B, **17**, 1906-1913 (2000)
3) E. M. Purcell, "Spontaneous emission probabilities at radio frequencies", *Phys. Rev.*, **69**, 681 (1946)
4) 岡本隆之, 梶川浩太郎, 「プラズモニクス―基礎と応用」, 講談社サイエンティフィク (2010)
5) G. W. Ford and W. H. Weber, "Electromagnetic interactions of molecules with metal surfaces", *Phys. Rep.*, **113**, 195-287 (1984)
6) J. Feng, T. Okamoto, and S. Kawata, "Enhancement of electroluminescence through a two-dimension corrugated metal film via grating-induced surface-plasmon cross coupling", *Opt. Lett.*, **30**, 2302-2304 (2005)
7) J. Chilwell and I. Hodgkinson, "Thin-films field-transfer matrix theory of planar multilayer waveguides and reflection from prism-loaded waveguides", *J. Opt. Soc. Am. A*, **7**, 742-753 (1984)
8) W. H. Koo, S. M. Jeong, F. Araoka, K. Ishikawa, S. Nishimura, T. Toyooka, and H. Takezoe, "Light extraction from organic light-emitting diodes enhanced by spontaneously formed buckles", *Nat. Photon.*, **4**, 222-226 (2010)
9) K. Ishihara, M. Fujita, I. Matsubara, T. Asano, S. Noda, H. Ohata, A. Hirasawa, H. Nakada, and N. Shimoji, "Organic light-emitting diodes with photonic crystals on glass substrate fabricated by nanoimprint lithography", *Appl. Phys. Lett.*, **90**, 111114 (2007)
10) M. Fujita, K. Ishihara, T. Ueno, T. Asano, S. Noda, H. Ohata, T. Tsuji, H. Nakada, and N. Shimoji, "Optical and electrical characteristics of organic light-emitting diodes with two-dimensional photonic crystals in organic/electrode layers", *Jpn. J. Appl. Phys.*, **44**, 3669-3677 (2005)
11) A. Fujiki, T. Uemura, N. Zettsu, M. Akai-Kasaya, A. Saito, and Y. Kuwahara, "Enhanced fluorescence by surface plasmon coupling of Au nanoparticles in an organic electroluminescence diode", *Appl. Phys. Lett.*, **96**, 043307 (2010)

第4章 分子配向制御による光取り出し技術

三崎雅裕[*1], 吉田郵司[*2]

1 はじめに

　分子形状に異方性がある有機材料では、電荷輸送や電荷注入、吸収や発光において異方性を生じるという特有のケースが存在する。従来、この異方性はデバイス開発の障害であったが、最近では積極的に分子配向制御を取り入れようとする試みもある[1, 2]。これは、分子配向制御が光取り出し効率や駆動電圧の改善に有効であるとの認識によるものである。一方、筆者らのグループにおいても、分子配向を含めた高次構造を制御することが有機分子の本来持っている材料物性を引き出す上で重要であるという考えに基づき、これまで一貫した研究を進めてきた。特に、分子配向制御を行うことで従来知られていなかった新しい機能も次々と見つかっており、発光層内の分子を一軸配向させることで偏光発光する有機EL（以下、偏光有機EL）素子を創成することも可能となる。本章では、低分子系と高分子系の各材料において偏光有機EL応用の具体的な方法や基礎的な特性を解説すると共に、分子配向制御が有機ELの光取り出し効率における重要な因子であることを述べる。

2 低分子の分子配向制御

2.1 分子配向と光学的異方性

　ベンゼン環が一次元に連なったオリゴフェニレンは、青色の蛍光発光材料として知られており、有機EL材料としても研究されてきた興味深い分子である[3, 4]。オリゴフェニレンは基本的には結晶性であり、例えば6量体（セキシフェニル、6P）の薄膜を真空蒸着で石英基板上に形成したものでは、平坦な樹枝状結晶（デンドライト）が大きく成長する。これは基板に対して分子長軸が垂直であり、積層方向よりもラテラル方向で成長速度が速いためである。一方、岩塩などのイオン結晶などの静電的相互作用の強い基板上では、基板結晶の110面に対して分子が平行になるように4回対称の方向でエピタキシャル成長して棒状結晶が成長することが知られている[5]。これらの特徴はアルカン類などの直鎖状分子と類似の成長様式であり、成膜時の基板温度や蒸着速度などを変えることで分子配向を自在に制御することが可能である[6]。こうした一次元

[*1] Masahiro Misaki　神戸大学　自然科学系先端融合研究環　重点研究部　助教
[*2] Yuji Yoshida　㈱産業技術総合研究所　太陽光発電研究センター　有機新材料チーム　研究チーム長

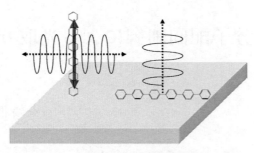

図 1　オリゴフェニレンの基板への分子配向と発光特性の関係

の π 電子共役系オリゴマー全般に見られる特徴であるが，π 電子が分子長軸の方向に非局在化するため，光吸収・発光に関わる π-π*遷移モーメントは長軸方向に平行となり，高い光学的異方性の起源となる。

図 1 に，オリゴフェニレンの基板への分子配向と発光特性の関係図を示す。垂直に配向した場合は，分子からの発光は分子長軸に対して直交方向，薄膜面内を横方向に伝播する。即ち，薄膜の正面方向では弱い散乱光のみが観測されるのに対して，端面方向では伝搬光が強く発光する。一方，平行配向した場合は，主に正面方向に強く発光が観測される。柳らは，この特性を利用してイオン結晶基板上に数百ミクロンの棒状結晶を異方的に成長させ，結晶内部を伝搬する発光の自己導波路効果を利用した発光増幅を試みており，光励起による蛍光発光が結晶内を導波して棒状結晶の端面で強く偏光発光することを報告している[3]。

2.2　オリゴフェニレンの一軸配向制御

発光層が基板に対して平行配向し，かつ薄膜面内方向でも分子長軸が一方向に揃った"一軸配向膜"を発光層とした場合，異方的な光学特性を発現させることができる。オリゴフェニレンを一軸配向させるための効果的なテンプレート（鋳型）としては，摩擦転写法で作製した π 電子共役系高分子膜が有効である。摩擦転写法は，高分子を基板に擦り付けることで極薄い薄膜を作製するものであり，高分子の主鎖を摩擦方向に高度に一軸配向させることができる。これまでに，ポリパラフェニレンビニレン（PPV），ポリパラフェニレン（PPP）などの π 電子共役系高分子において一軸配向膜の作製が可能であることが分かっている[7]。また，これらの摩擦転写膜上に 6P 分子を真空蒸着した際，摩擦掃引方向に直交する方向に棒状結晶が一方向に並んで成長することが知られている[8, 9]。膜の偏光吸収および偏光蛍光スペクトルは，図 2 に示すように高分子主鎖の一軸配向方向に平行な方向で吸収および蛍光強度が共に最大となり，直交する方向では極めて小さい値を示す。この光学異方性は 6P の分子長軸が摩擦掃引方向に平行に一軸配向していることに起因しており，ベンゼン環より構成される PPV や PPP の一軸配向膜上に対し，6P の結晶格子の面間隔の値，特にラテラル方向（a-b 面）の面間隔が近いことでエピタキシャル成長することを示している。

第4章　分子配向制御による光取り出し技術

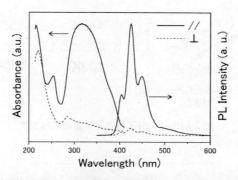

図2　摩擦転写膜上の6P薄膜の偏光吸収および蛍光スペクトル

2.3 オリゴフェニレンの偏光有機EL

オリゴフェニレンを用いた偏光有機ELの先駆的な研究は江良らによって行われ，薄膜そのものを直接ラビング処理することにより，分子を液晶のように一方向に配列させて素子が作製されている[10]。筆者らも，摩擦転写法による一軸配向膜上に形成したオリゴフェニレン配向膜を素子化することにより，偏光有機EL素子の開発に成功している[11]。具体的には，ITO (Indium Tin Oxide) 透明電極上にPPP摩擦転写膜 (20nm)，オリゴフェニレン蒸着膜 (60nm)，ホールブロッキング層としてトリアゾール誘導体 (TAZ) 蒸着膜 (50nm)，上部電極のAlの順でデバイスを作製し，電圧印可により約2.5倍のEL発光の異方性を確認した。しかし，発光はするものの，劣化が激しく測定が困難なものであった。上記のオリゴフェニレンに限らず，結晶性低分子の配向結晶を用いたデバイスの研究では，配向結晶化に伴う結晶粒の形成，それによる界面の粗さは，駆動時の安定性に著しく悪い影響を与えることは明らかである。この問題を解決するために，次に液晶性高分子の流動性を利用した研究事例を紹介する。

3 高分子の分子配向制御

3.1 ポリフルオレンの摩擦転写膜

ポリフルオレンは熱的にも化学的にも安定で高い蛍光量子収率を示し，高分子ELの中心的な材料である。その中でも，ポリジオクチルフルオレン (PFO) は青色発光材料として注目を集めており，広い温度域においてサーモトロピック液晶性を有している (図3)。筆者らは，摩擦転写法によるPFOの一軸配向化を試みており，転写条件の最適化により平均50nm厚の高品質な薄膜を得ることに成功している。図4は，基板温度80℃で作製したPFO摩擦転写膜の偏光吸収および蛍光スペクトルである。入射光の偏光方向が摩擦転写方向と平行では，フルオレン骨格の$\pi-\pi^*$遷移に起因した397nmに極大を持つ吸収ピークが現れているが，垂直方向では著しく低下しており，PFOの主鎖が摩擦掃引方向に対して高度に一軸配向していることを示唆している。同様に，蛍光スペクトルでも摩擦掃引方向に平行では435，460，493nmを極大とした蛍光

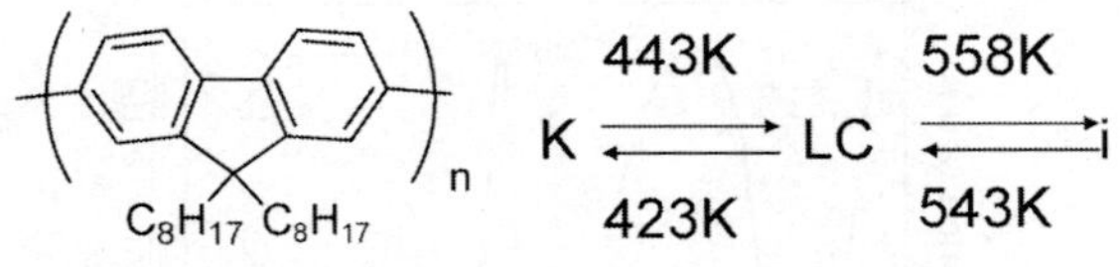

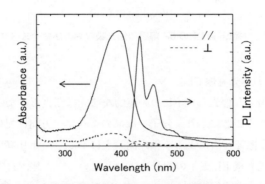

図3 PFOの分子構造と液晶相転移温度

図4 PFO摩擦転写膜の偏光吸収および蛍光スペクトル

ピークを示すが，これらの振動構造を持つピークは垂直方向において著しく減少している。吸収および蛍光の二色比は，それぞれ7および10と高い値を示し，この値はラビング処理したポリイミド膜上での液晶流動配向に匹敵する。更に，PFO摩擦転写膜を液晶転移温度（180℃）まで加熱し，その後室温まで冷却すると吸収および蛍光の二色比は，それぞれ10および25と増加する。高配向化のメカニズムは，PFOが液晶温度でも乱れることなく安定な基板界面層をテンプレートとし，液晶状態から結晶化する際に再配列することで高度な配向化が膜全体に伝搬・促進されたと考えられる。こうした配向度の向上は，電子線回折[12]やX線回折[13]などの構造評価でも確認されている。また，熱処理は配向度の向上だけでなく，膜表面の平滑性の向上にも効果がある。図5に熱処理前後の原子間力顕微鏡（AFM）像を示すが，摩擦転写直後の膜では平均粗さが40nmであるのに対し，熱処理後は10nm以下の極めて平坦なものであることが分かる。これはPFOが"柔らかい"ネマティック液晶であることから，液晶状態で表面が平坦化され，そのまま固体化したためと考えられる。

3.2 ポリフルオレンの偏光有機EL

ポリフルオレン摩擦転写膜を素子に実装するためには，まずITO透明電極付きガラス基板上にポリ（エチレンジオキシチオフェン）：ポリ（スチレン・スルフォン酸）（PEDOT：PSS）膜をスピンコート法により形成する。その上にPFO配向膜を摩擦転写法により形成する。このPFO膜を液晶相温度（約180℃）まで加熱し，室温まで冷却する。特に有機ELに実装する場合，

第4章　分子配向制御による光取り出し技術

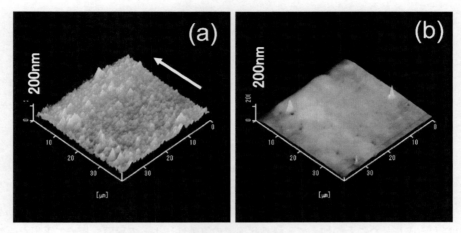

図5　摩擦転写直後(a)および熱処理後(b)の PFO 摩擦転写膜の AFM 像

図6　PFO 配向膜を用いた偏光有機 EL 素子（偏光フィルムを摩擦掃引方向に平行(a)および垂直(b)に配置）

結晶化が促進され過ぎると逆に結晶粒界の存在が影響して問題となるため，高度に結晶化させたものでなく，液晶温度で熱処理後に急冷することで高度な配向性を維持しまま，平坦かつ均一な配向膜を形成させることが重要である。次に，この PFO 配向膜上にホールブロック層と電子輸送層を兼ねる 1,3,5-トリス（N-フェニルベンズイミダゾール-2-イル）ベンゼン（TPBI）を，最後に陰極として LiF/Al を真空蒸着することで素子化する。こうして作製した素子からは，発光開始電圧が 4V，電流効率が約 1.0cd/A，最大輝度 5,500cd/m^2（11V）の性能が得られている。図6に，偏光フィルムを通して撮影した発光の様子を示すが，偏光フィルムの方向が摩擦掃引方向と平行では発光が観測でき，垂直では発光が見られないことが分かる。また，偏光 EL スペクトルを図7に示すが，発光の二色性は積分強度比で 45 と極めて大きな値を示すことが分かる。特に測定中の劣化はほとんど見られず，デバイス駆動の安定性は低分子蒸着膜に比べて格段に向上していた。これは，高分子特有の海島構造のように配向結晶のドメインがアモルファス部に包

白色有機EL照明技術

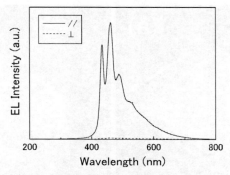

図7 PFO転写膜を用いた偏光ELスペクトル

埋されながら成長したことに加えて，液晶状態での流動性によって界面も極めて平坦な膜が得られたことによる。また，今回は紙面の都合により割愛するが，PFOのコンフォメーションや結晶構造の制御が新たな高効率化への有効な手段になることが明らかとなっており，これらの最適化によって，これまでに輝度8,000cd/m^2，電流効率2cd/A，偏光比50以上の性能が達成されている[14]。

4 おわりに

本章では，オリゴフェニレンおよびポリフルオレンを例に分子配向制御法や偏光有機EL応用について解説した。元来，有機分子の光・電子機能は，共有結合に由来する分子構造の異方性と分子の空間的重なりに大きく影響を受けることが特徴であり，特定の偏光方向に強い光吸収や発光を示す光学特性の異方性は無機材料では成し得ず，"有機材料ならでは"の現象といえる。勿論，分子配向制御は発光層だけでなく，ホール輸送層や電子輸送層などにおいても有効であり，今後は光取り出し効率のみならず，駆動電圧や電流密度などへの影響も調査する必要がある。最後に，有機デバイスにおける分子配向制御の研究は未だ始まったばかりであり，現状では不明な点も多いが，将来的には有機ELへの応用だけでなく，そこから生み出される知見が次の産業として期待される有機薄膜トランジスタ，有機薄膜太陽電池，有機薄膜メモリ，有機薄膜レーザーなどの有機エレクトロニクスの全般の基礎と成り得ることから，今後の積極的な研究・開発が求められる。

謝辞

本章の内容は，神戸大学の上田裕清教授，㈱産業技術総合研究所・ナノシステム研究部門の八瀬清志博士およびユビキタスエネルギー研究部門の谷垣宣孝博士との共同研究の成果であり，ここに厚く感謝の意を示す。

第 4 章　分子配向制御による光取り出し技術

文　　献

1) D. Yokoyama, A. Sakaguchi, M. Suzuki, C. Adachi, *Appl. Phys. Lett.*, **93**, 173302 (2008)
2) D. Yokoyama, A. Sakaguchi, M. Suzuki, C. Adachi, *Appl. Phys. Lett.*, **95**, 243303 (2009)
3) H. Yanagi, T. Ohara, T. Morikawa, *Adv. Mater.*, **13**, 1452 (2001)
4) S. Tasch, C. Brandstatter, F. Meghdadi, G. Leising, G. Froyer, L. Athouël, *Adv. Mater.*, **9**, 33 (1997)
5) Y. Yoshida, H. Taniguchi, T. Hanada, N. Tanigaki, E. M. Han, K. Yase, *J. Cryst. Growth.*, **198**, 923 (1999)
6) A. Kubono, R. Akiyama, *Mol. Cryst. Liq. Cryst.*, **378**, 167 (1999)
7) N. Tanigaki, H. Kyotani, M. Wada, A. Kaito, Y. Yoshida, E.-M. Han, K. Abe, K. Yase, *Thin Solid Films*, **331**, 229 (1998)
8) K. Yase, E.-M. Han, K. Yamamoto, Y. Yoshida, N. Takada, N. Tanigaki, *Jpn. J. Appl. Phys.*, **36**, 2843 (1997)
9) Y. Yoshida, H. Taniguchi, T. Hanada, N. Tanigaki, E. M. Han, K. Yase, *Appl. Surf. Sci.*, **130-132**, 651 (1998)
10) M. Era, T. Tsutsui, S. Saito, *Appl. Phys. Lett.*, **67**, 2436 (1995)
11) Y. Yoshida, J.-P. Ni, N. Tanigaki, K. Yase, *Mol. Cryst. Liq. Cryst.*, **69**, 370 (2001)
12) M. Misaki, Y. Ueda, S. Nagamatsu, Y. Yoshida, N. Tanigaki, K. Yase, *Macromolecules*, **37**, 6926 (2004)
13) M. Misaki, S. Nagamatsu, M. Chikamatsu, Y. Yoshida, R. Azumi, N. Tanigaki, Y. Ueda, K. Yase, *Polymer Journal*, **39**, 1306 (2007)
14) M. Misaki, M. Chikamatsu, Y. Yoshida, R. Azumi, N. Tanigaki, K. Yase, S. Nagamatsu, Y. Ueda, *Appl. Phys. Lett.*, **93**, 023304 (2008)

第4編

白色有機ELの長寿命・高信頼化技術

第1章　インピーダンス分光による有機デバイスの電子物性評価

内藤裕義*

1　はじめに

　インピーダンス分光（IS）法は微小正弦波電圧信号をデバイスに印加し，その応答電流信号の振幅と位相からインピーダンスを算出し，印加微小正弦波電圧信号の周波数の関数としてインピーダンススペクトルを得る測定法である。IS 測定では，有機半導体層および電極／半導体界面層等のインピーダンスを時定数の違いにより分離することができ，有機 EL デバイス，有機太陽電池などの有機ダイオードの等価回路や移動度をはじめとする様々な物理量を決定することが可能となる。これらの知見は，駆動回路設計や動作解析，劣化解析に有用である。すでに，poly(2-methoxy,5-(2'-ethyl-hexyloxy)-1,4-phenylene vinylene) (MEH-PPV)[1,2], poly(p-phenylene vinylene) (PPV)[2〜6], poly(9,9-dioctylfluorene) (F8)[7,8], tris(8-hydroxyquinoline) aluminum (Alq$_3$)[9] など[10〜12]において IS 測定が行われており，そのインピーダンススペクトルが報告されてきた。

　IS 測定では，等価回路，キャリア移動度，キャリアバランス，トラップ分布やイオン不純物濃度等の物理量が決定できると考えられるが，本章では主に IS 測定による等価回路，キャリア移動度，トラップ分布の測定について述べる。このような評価法は，有機デバイスの動作解析のみならず劣化解析にも有効である。

　移動度を測定する方法としては，IS 測定の他に，Time-of-flight（TOF）法[13]，Dark injection (DI) transient 法[14〜17]，空間電荷制限電流（space-charge-limited current：SCLC）の I-V 特性から求める方法，時間分解 EL スペクトル測定[18]等がある。しかし，TOF，DI 法は，走行時間を明確に測定するため，実際の有機デバイスと比較してかなり厚い膜厚の試料が必要となる。有機半導体では，膜厚の違いによって，電子物性や光物性が変化するため[19]，実際のデバイスと同程度の膜厚で測定を行うべきである。SCLC 法では，実際のデバイス構造での測定は難しく，移動度の電界依存性が得られない等の欠点がある。さらに，時間分解 EL スペクトル測定は移動度の正確な評価には不向きである。一方，IS 測定は，実際の有機デバイスの移動度が測定でき，移動度の電界依存性も測定できる。有機半導体中のキャリア輸送現象はスモールポーラロンやダイポールディスオーダーなど[20]との関連で興味深い課題である。

　有機デバイスのトラップ分布は主に熱刺激電流で測定されているようである[21〜23]。しかし，熱刺激電流では液体窒素温度程度の低温から室温までの熱スキャンの必要があり，これが，デバ

---

*　Hiroyoshi Naito　大阪府立大学大学院　工学研究科　電子・数物系専攻　教授

イスに機械的なダメージを与えてしまう可能性がある。また，熱刺激電流測定では，一定の昇温速度下で試料に流れる微小直流電流を測定する必要がある。IS測定によるトラップ分布測定であると，室温付近の測定で良く，lock-in検出を行うため微小信号をS/N比良く測定することができる。

2　インピーダンス分光（IS）

IS法では電子デバイスに微小正弦波電圧信号 $[V=V_0\exp(i\omega t)]$ を与え，その応答電流信号 $[I=I_0\exp\{i(\omega t+\phi)\}]$ の電流振幅と位相差よりデバイス内の半導体バルク層や電極／半導体界面層のインピーダンス（$Z=V/I$）を求めることができる。

印加電圧信号の周波数をパラメータとし，得られたインピーダンスを複素平面上に表示したものをCole-Coleプロットと呼ぶ。インピーダンスより，基本的な伝達関数であるモジュラス，アドミタンス，誘電率を得ることができる[24, 25]。この4つの伝達関数から，解析目的に適した伝達関数が選択される。本章では，実軸から抵抗成分がわかるインピーダンス（Z）プロット，容量成分の逆数がわかるモジュラス（M）プロットを用いた。ISの解析では，Cole-Coleプロットの軌跡からデバイスの等価回路を推定し，その等価回路から計算したCole-Coleプロットの軌跡と測定データとを一致させ等価回路を決定することが一般的である。

IS測定にはソーラトロン1260型インピーダンスアナライザおよび1296型誘電率測定インターフェイスを用いた。測定には直流電圧に30 mV_{rms} 程度の交流電圧（周波数範囲は10 mHzから10 MHz）を重畳した。

3　等価回路

ここでは，デバイス構造が単純であるF8単層構造有機ELデバイスの例を示す。

3.1　単一電荷注入機構

発光閾値電圧以下におけるF8単層構造有機ELデバイス（デバイス構造ITO（indium tin oxide）/F8/LiF/Ca/Al）のZプロット，Mプロットを図1(a)(b)に示す。いずれにおいてもR–C並列回路で表される一つの半円を描いた。このR–C並列回路は，CがF8の誘電率，膜厚から推定される静電容量と一致することからF8バルク層を表していることがわかる。あわせて，電極／F8界面層は存在しないことがわかる（F8バルク層と異なる時定数を有する界面層が存在すれば，これに起因する半円が観測されるはずである）。

Zプロットより印加電圧を増加させると，抵抗値が減少することがわかる。これは電圧増加に伴う空間電荷の形成，あるいは，移動度の増加に伴う抵抗の減少によると考えられる。また，Mプロットより静電容量の値が一定となることがわかる。

第1章 インピーダンス分光による有機デバイスの電子物性評価

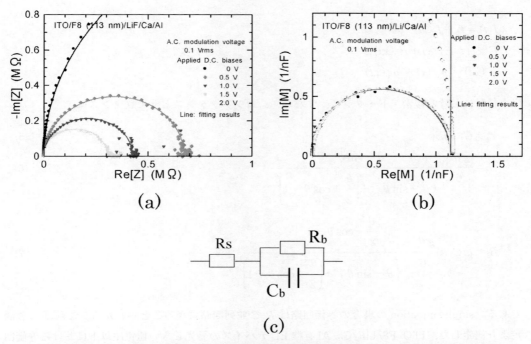

図1 ITO/F8/LiF/Ca/Al 有機 EL デバイスの発光しきい値電圧以下における(a) Z plot, (b) M plot, (c)等価回路。(a), (b)中の実線は(c)に示す等価回路によるフィッティング結果。

Zプロットでは電極抵抗（電極の抵抗，90Ω）だけ半円が右にシフトし，Mプロットでは電極抵抗は半円に接する線分となる。これらの結果から，発光閾値電圧以下では図1(c)に示す等価回路で表されることがわかった。なお，図1(a)(b)中の実線は，図1(c)の等価回路から計算したインピーダンスを表示したものである。

発光閾値電圧以下では，有機 EL デバイスからの発光が観測されないため，電子，正孔のいずれか一方のみが注入されている。従って，発光閾値電圧以下の測定結果を単一電荷注入（single injection）モデルにより考察する。解析には，電流の式，ポアソンの式，電流連続の式を用い，拡散電流および捕獲準位の存在を無視した[26]。

$$J(x,t) = q\rho(x,t)\mu E(x,t) + \varepsilon\frac{\partial E(x,t)}{\partial t} \tag{1}$$

$$\frac{\partial E(x,t)}{\partial x} = \frac{q\rho(x,t)}{\varepsilon} \tag{2}$$

$$\frac{\partial \rho(x,t)}{\partial t} = \frac{1}{q}\frac{\partial J(x,t)}{\partial x} \tag{3}$$

微小信号解析においては電流密度，電界，キャリア密度を次式で与えることができる。

$$J(t) = J_{dc} + J_1(t)$$
$$E(x,t) = E_{dc}(x) + E_1(x,t) \tag{4}$$
$$\rho(x,t) = \rho_{dc}(x) + \rho_1(x,t)$$

微小信号における複素アドミタンス，すなわち，コンダクタンスとサセプタンスは，

$$Y_1 = G_1 + jB_1 \tag{5}$$

$$G_1 = \frac{g\theta^3}{6} \frac{\theta - \sin\theta}{(\theta - \sin\theta)^2 + \left(\dfrac{\theta^2}{2} + \cos\theta - 1\right)^2} \tag{6}$$

$$B_1 = \omega C_1 = \frac{g\theta^3}{6} \frac{\dfrac{\theta^2}{2} + \cos\theta - 1}{(\theta - \sin\theta)^2 + \left(\dfrac{\theta^2}{2} + \cos\theta - 1\right)^2} \tag{7}$$

である。single injection の場合の等価回路は R-C 並列回路になることがわかる。これは，IS 測定より決定した，ITO/F8/LiF/Ca/Al 有機 EL デバイスの発光しきい値電圧以下における等価回路と良く一致する（図1(c)）[7]。ここで $g = 9\varepsilon\mu V_0/4d^3$ は微分コンダクタンス，$\theta\,(=\omega t_t)$ は走行角である。上述の結果から，発光閾値電圧以下における等価回路定数には移動度の情報が含まれていることがわかる。

(6)(7)式より，コンダクタンス，キャパシタンスの周波数特性を図示すると，図2のようになる。高周波域から低周波域に向かって，コンダクタンスは増加し，キャパシタンスは減少していることがわかる。高周波域においては，注入キャリアは，交流電界に追従できず，1/2周期の間に対向電極に到達することができないため，幾何容量が測定される。コンダクタンスに関しても，同

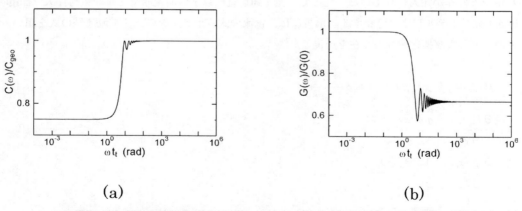

図2　単一電荷注入機構の(a)コンダクタンス，(b)キャパシタンスの周波数特性

様の理由により変化が生じている。これを走行時間効果（transit-time effect）と呼ぶ[26]。

3.2 複注入機構

発光閾値電圧以上における F8 単層構造有機 EL デバイスの Z プロットを図 3(a) に示す。低周波域（図 3(a) の第四象限）において誘導成分が観測された[7, 8, 10]。これにより発光閾値電圧以上での等価回路は発光閾値電圧以下の等価回路に誘導成分を表す 2 つの R-L 直列成分を並列に加え，図 3(b) のように決定した。図 3(a) 中の実線で示すように，図 3(b) から求めたインピーダンスは実験結果と良く一致することがわかる。

発光閾値以上では，有機 EL デバイスから発光が観測されるため，複注入が生じている。解析には，上述同様，電流の式，ポアソンの式，電流連続の式を用い，拡散電流および捕獲準位の存在を無視した[26, 27]。解析の結果，

$$Y_1 = \frac{1}{Z_1} \approx \frac{1}{R_0 \left[1 + \frac{3}{4}\left(\frac{\Theta}{\tau}\right)\right]} + \frac{1}{R_0 + j\omega\tau R_0} + \frac{9}{8}j\omega C_0 + \frac{1}{\frac{4}{3}\left(\frac{\tau}{\Theta}\right)R_0 + \frac{4}{9}j\omega\left(\frac{\tau}{\Theta}\right)\tau R_0} \tag{8}$$

なるデバイスのアドミタンスが得られた。ここで，τ は再結合時間，$R_0 = V_0/I_0$ は直流信号に対する抵抗，$\Theta = 3R_0C_0/2$ である。上式は，実験により決定した図 3(b) の等価回路と良く一致する。

図 3(b) のインダクタンス成分は，再結合速度が大きくなると消滅し，再結合速度が小さくなると出現する[10, 28]。著者らの ATLAS を用いたシミュレーションによれば，Langevin 再結合を仮定すると，このインダクタンス成分は検出されなくなる。従って，インダクタンス成分の大きさは，再結合速度と密接な関係があり，有機 EL デバイスでインダクタンス成分が検出されるか否かで，再結合速度を推定できると考えている。

図 1(c)，図 3(b) のような等価回路が決定できれば，デバイスを駆動劣化させた後に，どのよう

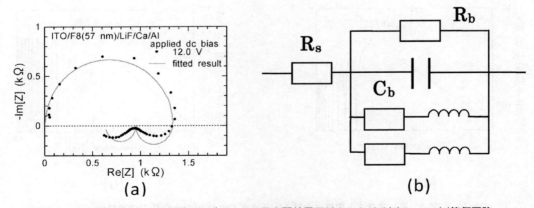

図 3　ITO/F8/LiF/Ca/Al 有機 EL デバイスの発光閾値電圧以上における (a) Z plot, (b) 等価回路。(a) 中の実線は (b) に示す等価回路によるフィッティング結果。

に等価回路の成分が変化するか，あるいは，新しい界面層などが形成されるかなどの知見を得ることができる。これにより，デバイス内の劣化箇所を同定することが可能となる。

4 移動度評価

IS 測定による移動度決定法としては，走行時間効果によるサセプタンスの変化量に見られる極大値から走行時間を求める方法が，PPV 有機 EL デバイスにおいて報告されている[5,6]。この移動度評価法を概説したのち，我々が提案した移動度評価法について述べる。

4.1 走行時間効果によるサセプタンスの極大値からの移動度評価法（－ΔB 法）[5,6]

single injection モデルにおいて

$$-\Delta B = \omega (C_1 - C_{geo}) \tag{9}$$

の周波数特性を(7)式を用いて図示すると，図4(a)のようになる。ここで最も低周波側で $-\Delta B$ が極大となる周波数と走行時間との間には

$$t_t \approx 0.72 f_{max}^{-1} \tag{10}$$

の関係があるので，インピーダンス測定より，$-\Delta B$ の周波数特性をプロットすれば，走行時間（すなわち，移動度）を算出することができる。

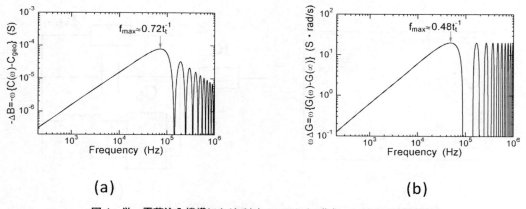

(a)   (b)

図4 単一電荷注入機構における(a)$-\Delta B$ および(b)$\omega \Delta G$ の周波数特性

4.2 走行時間効果によるコンダクタンス変化からの移動度評価法（$\omega \Delta G$法）[29]

走行時間効果はキャパシタンスだけでなく，コンダクタンスにも観測されるので，これを利用して移動度を測定することができる。single injection モデルにおいて

$$\omega \Delta G = \omega (G_1 - G_1(\theta \to \infty)) \tag{11}$$

の周波数特性を(6)式を用いて図示すると，図4(b)のようになる。最も低周波側で $\omega \Delta G$ が極大となる周波数と走行時間との間には

$$t_t \approx 0.48 f_{\max}^{-1} \tag{12}$$

の関係があるので，走行時間を測定し，移動度を算出することができる。

上述の $-\Delta B$ 法，$\omega \Delta G$ 法では，single injection モデル〔(6)，(7)式〕（オーム性の接触）を前提としている。しかし，有機半導体への接触で理想的なオーム性である電極材料はなく，注入障壁がある場合が一般的である。勿論，有機半導体への注入現象には不明なところが多く[30]，これ自体，大きな研究テーマと思えるが，Schottky型の注入過程を仮定し，移動度決定における注入障壁の影響を考察してみた。その結果，$-\Delta B$ においては注入障壁が約0.2eVより大きくなると走行時間効果による極大点が観測されなくなるが，$\omega \Delta G$ においては約0.4eVまで走行時間効果による極大点が観測された。従って，$-\Delta B$ 法よりも我々が提案した $\omega \Delta G$ 法の方が，より注入障壁の影響を受けにくく，正確な移動度評価に適することがわかった。

上述の移動度決定の理論的背景は，トラップのない単一電荷注入機構である。このため，トラップが存在すると式(10)，(12)によって移動度が評価できるかどうか吟味しておく必要がある。禁制帯中で連続分布したトラップがある場合の単一電荷注入時のアドミタンスは次式で与えられる[31,32]。なお，ここでは電子の注入を考えているが，正孔に関しても同様の結果となる。

$$Z = 6\psi R_i \sum_{k=0}^{\infty} \frac{1}{k+3} \frac{\Gamma(\psi+1)}{\Gamma(\psi+k+2)} \left(\frac{\psi}{\delta}\right)^k (-i\theta)^k \tag{13}$$

ここで $\theta \ (=\omega t_t)$ は走行角，R_i は低周波域における抵抗であり，次式で与えられる。

$$R_i = \frac{4}{9} \frac{d^3}{\varepsilon \delta \mu_0 V_{dc} S} \tag{14}$$

ここで S はデバイス面積，μ_0 は微視的移動度である。また ψ，δ は，次式で与えられる。

$$\delta = \left\{1 + \int_{E_v}^{E_c} \frac{\gamma_c(E)}{\gamma_t(E)} dE\right\}^{-1} \tag{15}$$

$$\psi(\omega) = \left\{1 + \int_{E_v}^{E_c} \frac{\gamma_c(E)}{\gamma_t(E)+i\omega} dE\right\} \left\{1 + \int_{E_v}^{E_c} \frac{\gamma_c(E)}{\gamma_t(E)} dE\right\}^{-1} \tag{16}$$

ここで，$\gamma_t [= \nu \exp\{-(E_c-E)/kT\}]$ はエネルギー準位 E に存在するトラップの離脱率，$\gamma_c [= N_t(E) S_t(E) v_{th}]$ はエネルギー準位 E に存在するトラップの放出率，E_c，E_v はそれぞれ伝導帯下

端，価電子帯上端であり，最低空準位（Lowest Unoccupied Molecular Orbital：LUMO）および最高被占準位（Highest Occupied Molecular Orbital：HOMO）に対応する。$\nu\,(=N_c S_t(E) v_{th})$ は離脱周波数，$N_t(E)$ はトラップ分布，N_c はバンド端における有効状態密度，$S_t(E)$ は捕獲断面積，v_{th} はキャリアの熱速度である。数値計算により，分布したトラップがある場合でも式(10)，(12)による移動度評価が $-\Delta B$ 法，$\omega \Delta G$ 法により行えることがわかった[33]。

5 トラップ分布評価

分布したトラップが存在すると，低周波になるほどキャパシタンスは大きくなり，コンダクタンスは小さくなる。これは，トラップに関する情報が低周波域の特性に反映されており，これらの特性を解析することによりトラップ分布が算出できることを意味している。

低周波域，$\theta \ll 1$，では，(13)式の第一項が支配的になる[32]。これより，トラップ分布は，

$$N_t(E_0) = \frac{2\omega}{S_t v_{th} \delta kT\pi} \left\{ \frac{2R_i G(\omega) - 1}{(2R_i \omega C(\omega))^2 + (2R_i G(\omega) - 1)^2} - \delta \right\} \tag{17}$$

あるいは

$$N_t(E_0) = \frac{2R_i \omega}{S_t v_{th} kT \delta} \frac{\partial}{\partial \omega} \left\{ \frac{\omega^2 C(\omega)}{(2R_i \omega C(\omega))^2 + (2R_i G(\omega) - 1)^2} \right\} \tag{18}$$

で与えられる。なお，

$$E_c - E_0 = kT \ln(\nu/\omega)$$

である[34]。数値計算で(17)(18)式の妥当性を吟味したところ，(18)式の方が(17)式に比べエネルギー分解能が高いことがわかった。すなわち，指数関数分布した裾準位を仮定した場合，特性温度が(17)式では T，(18)式では $T/2$ 以上なら正確に評価できる。ここで，T は測定温度である。(18)式はエネルギー分解能が高いもののデータの微分操作が必要で，これには，少し数値的テクニックが必要である。反面，(17)式は比較的容易に状態密度を計算することができるため，エネルギー分解能を高くとる必要がない時には有用である。

以上は有機半導体単層デバイスを対象とした測定原理であるが，多層デバイスにも適用可能である。この場合，移動度の低い層の情報が得られることが明らかにされつつある。また，IS は有機 EL デバイス診断にも応用され始めている[35]。

第1章　インピーダンス分光による有機デバイスの電子物性評価

6　おわりに

　有機デバイスの等価回路，移動度，トラップ分布が，ISにより評価できることを示した。ISは非破壊検査であるため，有機デバイスの劣化過程を追跡することができる。等価回路の変化，移動度の変化，トラップ分布などの情報により劣化機構が解明され，デバイス寿命が一段と向上することが期待される。

文　　献

1) I. H. Campbell, D. L. Smith, and J. P. Ferraris, *Appl. Phys. Lett.*, **66**, 3030 (1995)
2) M. G. Harrison, J. Grüner, and G. C. W. Spencer, *Syn. Metals.*, **76**, 71 (1996)
3) M. Meier, S. Karg, and W. Riess, *J. Appl. Phys.*, **82**, 4 (1997)
4) H. C. F. Martens, H. B. Brom, and P. W. M. Blom, *Phys. Rev. B*, **60**, R8489 (1999)
5) H. C. F. Martens, W. F. Pasveer, H. B. Brom, J. N. Huiberts, and P. W. M. Blom, *Phys. Rev. B*, **63**, 125328 (2001)
6) I. N. Hulea, R. F. J. van der Scheer, H. B. Brom, B. M. W. Langeveld-Voss, A. van Dijken, and K. Brunner, *Appl. Phys. Lett.*, **83**, 1246 (2003)
7) H. Azuma, T. Okachi, N. Watanabe, T. Kobayashi, and H. Naito, Proceedings of The 12th International Display Workshops in conjunction with Asia Display 2005, 760 (2005)
8) T. Okachi, H. Azuma, T. Nagase, T. Kobayashi, and H. Naito, Proceedings of The 13th International Display Workshops 2006, OLED, p.17 (2006) ; T. Okachi, T. Nagase, T. Kobayashi, and H. Naito, *Thin Solid Films*, **517**, 1327 (2008)
9) S. Berleb, and W Brutting, *Phys. Rev. B*, **89**, 286601-1 (2002)
10) H. H. P. Gommans, M. Kemerink, and R. A. J. Janssen, *Phys. Rev. B*, **72**, 235204 (2005)
11) S. W. Tsang, S. K. So, and J. B. Xu, *J. Appl. Phys.*, **99**, 013706 (2006)
12) D. Poplavskyy, and F. So, *J. Appl. Phys.*, **99**, 033707 (2006)
13) M. Redecker, D. D. C. Bradley, M. Inbasekaran, and E. P. Woo, *Appl. Phys. Lett.*, **74**, 1400 (1999)
14) D. Poplavskyy, and J. Nelson, *J. Appl. Phys.*, **93**, 341 (2003)
15) D. Poplavskyy, J. Nelson, and D. D. C. Bradley, *Appl. Phys. Lett.*, **83**, 707 (2003)
16) D. Poplavskyy, W. Su, and F. So, *J. Appl. Phys.*, **98**, 014501 (2005)
17) R. U. A. Khan, dy and D. D. C. Bradley, M A. Webster, J. L. Auld, and A. B. Walker, *Appl. Phys. Lett.*, **84**, 921 (2004)
18) S. C. Tse, H. H. Fong, and S. K. So, *J. Appl. Phys.*, **94**, 2033 (2003)
19) H. Azuma, K. Asada, T. Kobayashi, and H. Naito, *Thin Solid Films*, **509**, 182 (2006)
20) S. Baranovski, *Charge transport in disordered solids* (John Wiley & Sons, 2006)
21) T. Mori, S. Miyake, and T. Mizutani, *Jpn. J. Appl. Phys.*, **34**, 4120 (1995)

22) A. G. Werner, J. Blochwitz, M. Pfeiffer, and K. Leo, *J. Appl. Phys.*, **90**, 123 (2001)
23) M. Nakahara, M. Minagawa, T. Oyamada, T. Tadokoro, H. Sasabe, and C. Adachi, *Jpn. J. Appl. Phys.*, **46**, L636 (2007)
24) E. Barsoukov, and J. R. Macdonald, *Impedance spectroscopy* (Wiley-Interscience, New York, 2005)
25) 内藤, 応用物理, **76**, 1252 (2007)
26) K. C. Kao, and W. Hwang, *Electrical transport in solids* (Pergamnon Press, Oxford, 1981)
27) R. Baron, and J. W. Mayer, *Semiconductors and semimetals ; Volume 6 Injection Phenomena* (Academic Press, New York, 1970)
28) A. Pitarch, G. Garcia-Belmonte, J. Bisquert, and H. J. Bolink, *J. Appl. Phys.*, **100**, 084502 (2006)
29) T. Okachi, T. Nagase, T. Kobayashi, and H. Naito, Proceedings of The 14th International Display Workshops 2007, OLED, p.31 (2007) ; T. Okachi, T. Nagase, T. Kobayashi, and H. Naito, *Thin Solid Films*, **517**, 1331 (2008)
30) 内藤, 応用物理, **69**, 1227 (2000)
31) D. Dascalu, *Int. J. Electron.*, **21**, 183 (1966)
32) D. Dascalu, *Solid-State Electron*, **11**, 491 (1968)
33) T. Okachi, T. Nagase, T. Kobayashi, and H. Naito, *Jpn. J. Appl. Phys.*, **47**, 8965 (2008)
34) T. Okachi, and H. Naito, *Appl. Phys. Lett.*, **94**, 043301 (2009)
35) 特開 2011-034805, 特開 2011-034811

第2章　白色有機ELパネルの長寿命化技術

皆川正寛*

1 はじめに

　白色有機EL素子は，山形大学城戸教授らのブレークスルー[1,2]を契機に国内外の様々なメーカーで製品化に向けた検討が盛んに行われ，今日では家電製品，携帯電話，モバイルオーディオプレーヤーなどのデジタルディスプレイとして多くの製品に採用されている。さらに近年ではマルチフォトンエミッション（MPE）技術[3~5]等により飛躍的にパネル特性が改善され，蛍光灯や白熱灯に代わる新たな照明用光源としての普及が進められている。
　一方で，これまでグリーンやブルーグリーン，アンバーといったモノカラーが主流であった車載用ディスプレイや計器用照明においても，近年は白色有機ELパネルを搭載したモデル[6,7]が販売され始めており，その視認性の良さから国内外のメーカーでさらに採用に向けた検討が行われている。一般に車載向けパネルは耐熱性，駆動耐久性，高輝度などの特性が重要とされる。中でも車内温度は気候，環境条件により大きく変化し，部分的に氷点下から100℃近い高温になる場合もあり，使用するデバイスの熱に対する安定性を高めることが重要とされる。
　照明用有機ELと車載用有機ELは一見用途が大きく異なるように思える。しかし，照明用有機ELは省エネルギーかつ省スペースといった特長を持つことから，屋内外を問わず様々な場面での使用が予想され，厳しい環境下で長期間使用が想定される点では車載向け有機ELと共通する部分がある。そこで本章では，これまで筆者らが進めてきた車載向け白色有機ELパネルの開発の中で，今後の照明用白色有機ELパネルの開発に活用できると思われるいくつかの知見について紹介する。

2 車載向け有機ELディスプレイに求められる性能

　表1に車載向け有機ELディスプレイにおける信頼性試験項目の例を示す。前述のように車内温度は気候，環境条件により大きく変化するため，車載用途の場合はモバイル用途や家電用途の場合よりも高い信頼性が要求される。また車載純正製品ではオーディオやレーダーのような後付け製品よりも高い信頼性が求められる。VFD，LCD，有機ELなど車載純正として採用されるディスプレイの場合，一般に作動状態で−40～85℃，非作動（保存）状態で−55～105℃範囲内の信頼性が仕様に盛り込まれることが多い。必然的に開発品の信頼性試験もこれらの仕様を反映

＊　Masahiro Minagawa　長岡工業高等専門学校　電子制御工学科　准教授

白色有機EL照明技術

表1 車載向け有機ELディスプレイに要求される信頼性試験項目の例

分類	試験項目	試験条件例	試験スペック
環境的条件	高温動作	+85℃,500hr以上	客先仕様により異なる
	低温動作	−40℃,500hr以上	
	温度サイクル	−40℃⇔+85℃,500サイクル	
	高温高湿	+60℃,90%RH,500hr以上	
	高温保存	+105℃,24hr以上	
	低温保存	−40℃(−55℃),500hr以上	
	熱衝撃	−40℃ Keep⇔+85℃ Keep,500サイクル	
	耐光性	JISサンシャインウェザー試験	
メカニカル条件	振動耐久	モジュールとして試験	
	衝撃		

した条件で行われるため,車載向けディスプレイは設計の段階から耐熱性に優れたモジュール部品,外装部品などを選択することになる。ディスプレイの主要部材であるパネルも同様で,有機ELディスプレイの場合も耐熱性に優れたパネルおよび素子を開発することが大きな技術課題となる。

有機EL素子の耐熱性を決定するひとつの要因に有機材料のガラス転移温度(T_g)がある。開発当初はTPD(N,N'-diphenyl-N,N'-bis(3-methylphenyl)-1-1'biphenyl-4,4'-diamine)などT_gの低い材料が使用されたため,発光に伴う発熱や周辺環境温度の上昇により有機材料が結晶化するという問題があった。しかし近年ではプロセス改善や新規材料の開発が進み,この問題に関しては車載信頼性試験において現在までにほぼ解決されたと言える。参考として紹介しておくと,車載向け有機ELディスプレイで用いられる有機材料のT_gは,想定される使用温度および発光による発熱も考慮しておよそ140℃以上が目安である。

また,有機EL素子は水分に弱いという特徴を持つため,高信頼性封止技術の確立は車載向け有機ELディスプレイの開発において特に重要である。これまで量産された車載向け有機ELパネルでは,2枚の基板をUV硬化型接着剤などで張り合わせたタイプの封止が多く採用されている。この方式は部材コストが割高ではあるが,強度や耐久性に優れていることから有機EL製品販売当初から現在に至るまで広く採用されている。この方式の場合,封止性能を決定する主な要素は,

① UV接着剤の硬化後の寸法(幅,長さ,厚さ(ギャップ))
② UV接着剤塗布時の濡れ性を良くするための基板処理
③ UV接着剤の硬化後の透湿度

である。通常はこれらのパラメータが設計されたのちに透湿量が見積もられ,その量に対して封

第2章　白色有機ELパネルの長寿命化技術

止内部に封入する吸湿剤の分量が決定される。その後高温多湿環境下での発光の変化，輝度劣化，電極間リークなどについて加速試験が行われ封止性能が確認される。

これに加え，封止外部の基板上にドライバICなどの電子部品を実装する場合はモジュール部材の封止技術も重要となる。近年ではモジュール部材の低コスト化を実現させるため，ドライバICがCOG実装された有機ELモジュールが主流となっている。COG実装の場合，ドライバICは異方性導電フィルム（ACF）を介して基板上配線に接続されるが，高温多湿環境下における接続信頼性は特に注意深く見極める必要がある。

3　有機EL素子の寿命特性

有機EL素子の耐熱性は，前述したように高いT_gをもつ有機材料が開発されたため大幅に改善された。したがって近年では膜質変化などといった物理的劣化ではなく，材料劣化のような化学的変化に対する熱の影響が議論されるようになった。非常に一般的な議論になるが，ある時間駆動した有機EL素子における輝度劣化の割合は，

$$\frac{dL}{dt} = -kL \tag{1}$$

と表せ，式（1）中の反応（この場合は劣化反応）速度定数kは，

$$k \propto \exp\left(-\frac{H}{k_B T}\right) \tag{2}$$

と表すことができる。ここでLは輝度，k_Bはボルツマン定数，Hは劣化反応の活性化エネルギーである。実際の輝度劣化特性を正確に表すには式(2)をさらに拡張する必要もあるが，有機EL素子の輝度劣化特性は大きな温度依存性を示し，通常は温度が高くなると通電による輝度劣化が大きくなる。したがって，85℃などの高温環境下における輝度劣化特性を改善するには，式(2)中の活性化エネルギーHを大きくし，反応速度定数kを小さくする技術が必要となる。有機EL素子の寿命特性は，有機材料に依存する部分が大きいことは言うまでもないが，素子構造の最適化も長寿命化に欠かせない技術である。耐久性に優れた材料を用いて素子を作製した場合でも，素子構造を見直すことによりさらに耐久性が改善される例が少なくない。したがって，有機材料の性能を引き出す素子構造をいかに開発するかがパネルメーカーにとって腕の見せ所と言える。

有機ELの素子構造を工夫することで寿命特性が改善された有名な例が，Motorola社[8,9]やXerox社[10]が行った材料混合の試みである。筆者らも彼らの手法を参考にし，正孔輸送材料：α-NPD(4,4'-bis[N-(1-naphthyl)-N-phenyl-amino]-biphenyl)および電子輸送性発光材料：Alq$_3$(tris-(8-hydroxyquinoline)aluminum)を用いた積層型二層素子と，界面を混合した混合型三層素子を作製し，寿命特性を調べた。室温において初期輝度が1,000nitとなるような電流値で定電流駆動させた際の寿命特性を図1に示す。積層型二層素子が駆動開始後数時間において大きい輝度劣化を示すのに対し，混合型三層素子は2,500時間を越えても初期輝度比80%を保持し，

白色有機 EL 照明技術

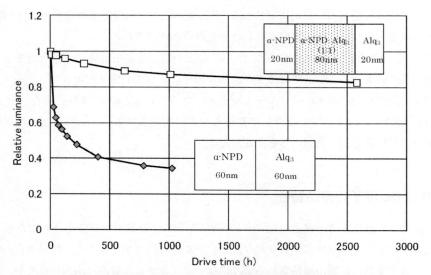

図1　積層型二層有機 EL 素子および混合型三層有機 EL 素子の寿命特性
（室温下 DC 定電流駆動，初期輝度 1,000nit）

寿命特性が飛躍的に改善された。そこで筆者らは，混合型三層素子における寿命改善のメカニズムを明らかにするため，積層型二層素子および混合型三層素子における熱刺激電流（TSC：Thermal Stimulation Current）の測定を行い，有機 EL デバイスの劣化機構について考察した[11,12]。

4　有機 EL 素子の長寿命化技術

図2は積層型二層素子（a-1）と混合型三層素子（b-1）のそれぞれにおける初期（連続通電なし）および95，302，500，1,000 時間連続通電した後の TSC スペクトルである。積層型二層素子の初期では，120K，170K および 200K 付近に TSC の変化が見られた。このうち，120K 付近のピーク（図中(x)）は連続通電時間が長くなるにつれて減少し，また 200K 付近の TSC（図中(y)）は連続通電時間の増加とともに上昇する傾向がみられた。一方，170K 付近の TSC（図中(z)）については連続通電による変化はほぼ確認されなかった。ここで，トラップ深さ E_t を次式[13〜15]

$$E_t = k_B T_m \ln\left(\frac{T_m^4}{\beta}\right) \tag{3}$$

を用いて計算すると，120K 付近のピークは 0.17eV 程度の深さのトラップ準位からの TSC であり，200K 付近は 0.33eV 程度の深さのトラップ準位からの TSC に相当すると見積もられた。ここで，式(3)中の k_B は Boltzmann 定数，T_m は TSC ピークの温度，β は昇温レートである。したがって，本実験結果より有機 EL 素子内では，連続通電により浅い準位のトラップが減少し深い

第 2 章 白色有機 EL パネルの長寿命化技術

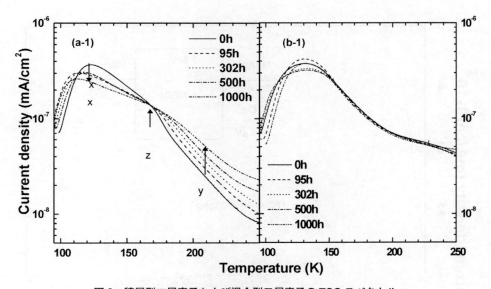

図 2 積層型二層素子および混合型三層素子の TSC スペクトル
((a-1), ITO/α-NPD (60nm)/Alq$_3$ (60nm)/LiF (0.5nm)/Al (100nm), (b-1), ITO/α-NPD (20nm)/α-NPD：Alq$_3$ (80nm)/Alq$_3$ (20nm)/LiF (0.5nm)/Al (100nm))

準位のトラップが生成されることが確認された。これに対し，混合型三層素子の TSC スペクトルでは，連続通電による変化はほぼ見られなかった。すなわち，混合型三層素子ではトラップの経時的変化はほとんど起こらないと考えられる。さらに，積層型二層素子と混合型三層素子の連続通電による TSC スペクトル変化を比較すると，連続通電により積層型二層素子のスペクトルが混合型三層素子のスペクトルに近付いていくことがわかる。このことから，積層型二層素子では連続通電により α-NPD と Alq$_3$ 分子の相互拡散が起きていることが推定された。

次に，積層型二層素子の TSC スペクトルにおける各ピークの帰属について考察する。図 3 は，α-NPD を用いた単層型デバイスの TSC スペクトルである。両電極に MgAg を用いた単電荷（電子）デバイス（MgAg/α-NPD (200nm)/MgAg）では，TSC スペクトルを観測することはできなかった。これは，図 4(a)に示すように電極から注入された電子に対するトラップが α-NPD 薄膜中にほとんど存在しないためと考えられる。一方，電極に ITO および MgAg を用いた単層型デバイス（ITO/α-NPD (200nm)/MgAg）では，約 110K 付近に TSC ピークが観測された。これは電極から注入されたホールに対し，α-NPD 膜中に約 0.16eV 程度の深さのトラップ準位が存在するためと考えられる（図 4(b)）。図 5 は，Alq$_3$ を用いた単層型デバイスの TSC スペクトルである。両電極に MgAg を用いた単電荷（電子）デバイス（MgAg/Alq$_3$ (200nm)/MgAg）では約 150K 付近に TSC ピークが観測され，図 6(a)に示すように Alq$_3$ 薄膜中に深さ約 0.23eV 程度の電子トラップが存在すると推定された。また，Alq$_3$ 薄膜を ITO 電極と Au 電極で挟んだ単電荷（ホール）デバイス（ITO/Alq$_3$ (200nm)/Au）において約 220K 付近に TSC ピー

白色有機EL照明技術

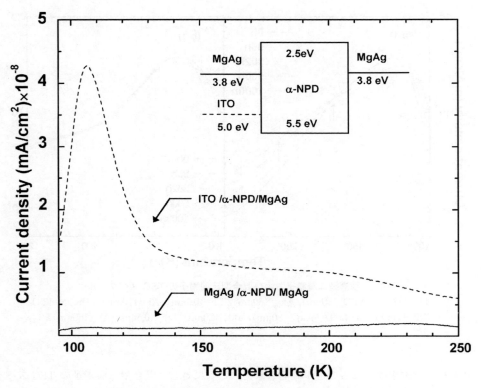

図3 α-NPDを用いた単層型デバイスのTSCスペクトル
(MgAg/α-NPD (200nm)/MgAg (100nm) およびITO/α-NPD (200nm)/MgAg (100nm))

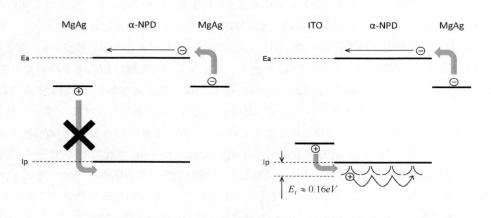

(a) MgAg/α-NPD/MgAg 素子　　　　(b) ITO/α-NPD/MgAg 素子

図4 α-NPDを用いた単層型デバイスにおけるトラップ準位の概略図

第2章　白色有機ELパネルの長寿命化技術

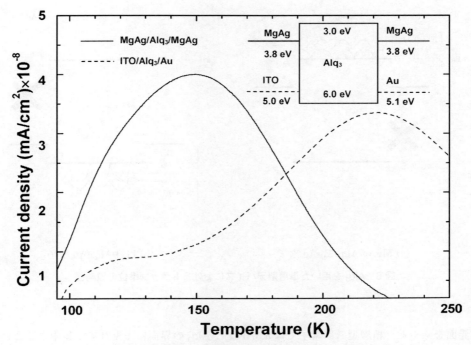

図5　Alq_3 を用いた単層型デバイスの TSC スペクトル
($MgAg/Alq_3$ (200nm)/MgAg (100nm) および ITO/Alq_3 (200nm)/Au (40nm))

クが観測されたことから，Alq_3 薄膜中には約 0.37eV 程度の深さのホールトラップ準位も存在することが推定された（図6(b)）。以上の実験結果と図2(a-1)に示した各 TSC ピークを比較すると，各ピークの帰属を推定することができる。図2(a-1)において，120K 付近（図中(x)），150K 付近（図中(z)）および 200K 付近（図中(y)）の各 TSC ピークは，α-NPD 薄膜中のホールトラップ準位，Alq_3 薄膜中の電子トラップ準位および Alq_3 薄膜中のホールトラップ準位にそれぞれ対応していると推定される。したがって，図2(a-1)は積層型二層素子では連続通電により Alq_3 薄膜中にホールトラップ準位が生成されることを示唆している。この連続通電に伴うトラップ準位の経時的変化は，これまでいくつか報告[16,17]されているような Alq_3 の電気化学的不安定性に基づく不可逆的化学変化（材料劣化）が原因と考えられ，有機 EL 素子の寿命特性に大きく関与していると思われる。この考え方に沿って混合型三層素子における寿命改善メカニズムを考察すると，混合層は電子輸送層である Alq_3 層に注入される過剰の電荷（この場合ホール）の量を抑える役割があり，さらに混合層では発光に関与する Alq_3 分子が不安定な状態（ラジカル状態）に偏りにくくなったため，寿命特性が改善されたと推定することができる。

一方で，混合型三層素子における寿命改善メカニズムに関して，キャリアの蓄積の点からみた考察[18,19]もある。通常，異種材料間でのキャリア授受は材料間の電位障壁が大きいほど大きなエネルギーを要する。つまり，キャリアは電位障壁が存在する界面に蓄積されやすい。電極-有

161

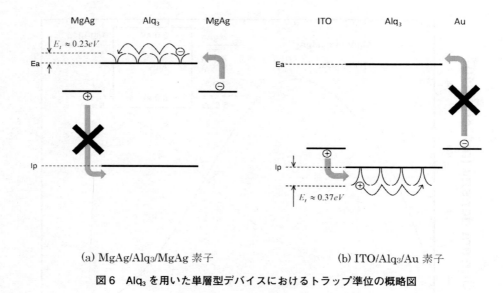

(a) MgAg/Alq3/MgAg 素子　　　(b) ITO/Alq3/Au 素子

図6　Alq$_3$ を用いた単層型デバイスにおけるトラップ準位の概略図

機膜界面を除くと，積層型二層素子では α-NPD と Alq$_3$ の界面にキャリアが集中することになる。そのため界面付近の材料は常に不安定な状態（ラジカル状態）となり，材料の劣化などあらゆる化学反応が起こりやすい状態にあると考えられる。これに対し，混合型三層素子のように混合層を設けた場合では，混合層はホールと電子の両方を輸送するため界面が明確に形成されず，キャリアが局所的に蓄積されにくい構造となる。さらに rubrene（5,6,11,12-tetraphenylnapthacene）を部分ドープする方法で積層型二層素子と混合型三層素子の発光領域を調べたところ，積層型二層素子では α-NPD と Alq$_3$ の界面を中心として発光が行われるのに対し，混合型三層素子では混合層中の広い領域で発光していることが確認された。したがって，混合層はキャリアおよび発光領域の集中を防ぐ役割があり，それによって図1のように寿命特性が改善されたと推定することができる。

以上の議論から，長寿命の有機 EL 素子を設計する際は，

① 耐熱性のある（T_g の高い）有機材料の使用
② キャリア輸送層にカウンターキャリアが注入されにくい素子構造
③ キャリアが蓄積しにくい素子構造
④ 発光領域が狭い領域に集中しない素子構造

などのコンセプトが重要と考えられる。これらの知見をもとに，筆者らは長寿命白色有機 EL 素子を開発した[20]。

図7は従来の積層構造をもつ白色有機 EL 素子（before development）と，同一材料を用い，かつ上記コンセプトに留意してデバイス構造を再設計した白色有機 EL 素子（under development）の寿命特性である。ここでは，両デバイスとも室温（30℃）一定環境下で初期輝

第 2 章　白色有機 EL パネルの長寿命化技術

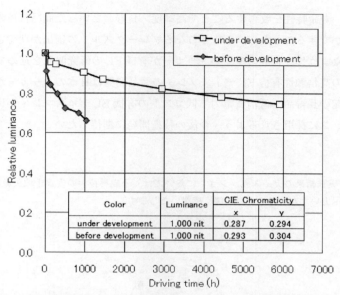

図7　従来の白色有機 EL 素子（gray diamond）および本章で紹介した長寿命化コンセプトに基づき素子構造を再設計した白色有機 EL 素子（white square）の寿命特性（室温下 DC 定電流駆動，初期輝度 1,000nit）

度 1,000nit の際の電流値で直流駆動した場合の輝度減衰特性を示す。改善後のデバイスでは，同一材料を使用しているにもかかわらず初期輝度比 80％ 到達時間が約 15 倍改善された。また，連続通電に伴う駆動電圧の変化も改善前に比べて半分以下に抑えられた。さらに，従来白色有機 EL 素子の課題の一つに挙げられていた連続通電時の色度変化に関しても，改善後の素子では小さくなることが確認されている。具体的な手法については割愛するが，以上の結果から上記コンセプトの②，③および④に特に留意することが長寿命有機 EL 素子を開発する上で重要と考えられる。

5　今後に向けて

　有機 EL の製品が初めて世に出されてから十数年が経過し，有機 EL を採用するアプリケーションも着実に増えている。しかし車載市場では，車載ディスプレイとしての応用が早くから期待されていたにもかかわらず，有機 EL を採用する車種は未だに少ないのが現状である。有機 EL の良さは誰しもが認めるところだが，価格が高いというのが主な理由である。この課題は白色有機 EL パネルを照明用途に適用する場合も同様である。素子やパネル部材だけでなく，駆動を含むモジュール全体のコストダウンや歩留まり向上のための生産技術の改善が急務と言える。素子開発では，発光特性を改善することでモジュール全体のコストダウンに大きく貢献すること

ができる．また，寿命特性を改善することで高輝度・長寿命といった商品自体の付加価値を直接的に高めることができることから，今後さらなるブレークスルーの創出が期待される．

冒頭でも述べたように，世界の多くのメーカーが有機 EL の研究開発を進めているが，現在でも車載向けなどの高信頼性有機 EL ディスプレイの製品開発は日本のメーカーがリードしていると言える．日本発の長寿命，低消費電力，低コストの有機 EL ディスプレイが世界中のより多くのアプリケーションに採用されるよう，今後の技術開発に期待したい．

謝辞

TSC 測定および実験結果のディスカッションにおいては，千歳科技大の安達千波矢教授（現 九州大）の研究グループにご尽力いただいた．ここに深く感謝いたします．

文　献

1) J. Kido, C. Ohtaki, K. Hongawa, K. Okuyama and K. Nagai, *Jpn. J. Appl. Phys.*, **32**, L917-L920 (1993)
2) J. Kido, K. Hongawa, K. Okuyama and K. Nagai, *Appl. Phys. Lett.*, **64**, 815 (1994)
3) 城戸，遠藤，中田，森，横井，松本，第 49 回応用物理学関係連合講演会予稿集，p.1308 (2002)
4) J. Kido, T. Matsumoto, T. Nakada, J. Endo, K. Mori, N. Kawamura and A. Yokoi, *SID Int. Symp. Dig. Tech. Pap.*, **34**, 964 (2003)
5) T. Matsumoto, T. Nakada, J. Endo, K. Mori, N. Kawamura, A. Yokoi and J. Kido, *SID Int. Symp. Dig. Tech. Pap.*, **34**, 979 (2003)
6) LEXUS RX450h/RX350/RX270, LEXUS ホームページ，http://lexus.jp/models/rx/specifications/equipment/equipment1.html
7) Mercedes Benz E-class, 日本精機㈱ニュースリリース，2009 年 5 月 11 日，http://www.nippon-seiki.co.jp/topics/news_release/news2009051/
8) F. So, C. L. Shieh, H. C. Lee and S. Q. Shi, *US Patent* 5853905
9) F. So, S. Q. Shi, C. A. Gorsuch and H. C. Lee, *US Patent* 5925980
10) Z. D. Popovic, H. Aziz, C. P. Tripp, N. X. Hu, A. M. Hor and G. Xu, *SPIE Proceedings*, 3476 (1998)
11) 中原誠，皆川正寛，田所豊康，小山田崇人，雀部博之，安達千波矢，第 53 回応用物理学関係連合講演会講演予稿集，No.26a-ZK-6, p.1404 (2006)
12) M. Nakahara, M. Minagawa, T. Oyamada, T. Tadokoro, H. Sasabe and C. Adachi, *Jpn. J. Appl. Phys.* Part II, **46**, L636-639 (2007)
13) J. C. Fan, Y. C. Wang, I. S. Chen, K. J. Hsiao and Y. F. Chen, *Appl. Phys. Lett.*, **85**, 5604 (2004)

14) I. Chen, *J. Appl. Phys.*, **47**, 2988 (1976)
15) J. Plans, M. Zielinski and M. Kryszewski, *Phys. Rev.*, **B 23**, 6557 (1981)
16) J. D. Anderson, E. M. McDonald, P. A. Lee, M. L. Anderson, E. L. Ritchie, H. K. Hall, T. Hopkins, E. A. Mash, J. Wang, A. Padias, S. Thayumanavan, S. Barlow, S. R. Marder, G. E. Jabbour, S. Shaheen, B. Kippelen, N. Peyghambarian, R. M. Wightman and N. R. Armstrong, *J. Am. Chem. Soc.*, **120**, 9646-9655 (1998)
17) H. Aziz, Z. D. Popovic, N.-X. Hu, A.-M. Hor and G. Xu, *Science*, **283**, 1900 (1990)
18) 小原賢, Su Shi-Jian, 井出伸弘, 城戸淳二, 第67回応用物理学会学術講演会講演予稿集, No.31a-ZV-9, p.1203 (2006)
19) 藤田祐司, 井出伸弘, 城戸淳二, 第67回応用物理学会学術講演会講演予稿集, No.31a-ZV-10, p.1204 (2006)
20) M. Minagawa and Y. Shimotori, "Development of highly-durable white OLED for automobile applications", *14th SID'07 Vehicles and photons*, 21 (2007)

第5編

白色有機EL成膜プロセス・新規技術

第1章　真空成膜技術による有機ELの製作

松本栄一*

1　はじめに

　有機ELデバイスに用いられる材料は低分子材料と高分子材料に分かれる。低分子材料は真空蒸着法により成膜を行い，高分子材料は溶液化して印刷法などで成膜する。有機ELは有機材料自体が発光するため，有機材料の純度，膜厚，膜構成，形成プロセスなどがデバイス特性に大きく影響する。現在製品化されている有機ELデバイスのほとんど全てが低分子材料を用いた真空プロセスで生産されている。これは低分子材料が昇華精製により純度が上げられること，注入層や輸送層など機能分離が可能なこと，真空プロセスであるため不純物の混入が極めて少なく，また数十nm程度の極めて薄い膜を均一に成膜できることなどから高分子材料に比べ製品化が早かったと考えられる。本稿では低分子材料の真空プロセスによる有機ELデバイスの成膜技術について説明する。

2　低分子材料の真空蒸着技術

2.1　低分子材料の蒸発特性

　低分子有機材料は一般的に真空蒸着法で成膜を行う。通常の真空蒸着と同様，るつぼに材料を充填し，加熱，蒸発させて対向する位置に配置した基板に蒸発粒子を付着させる。図1に有機EL材料の真空蒸発の例としてAlq3（トリス（8-ヒドロキシキノリン）アルミニウム（III））の真空熱天秤で測定したTG測定結果を示す。測定真空度は1.6×10^{-3}Pa。横軸に温度，縦軸に材料の重量変化を示す。この真空圧においてAlq3は225℃で蒸発を始める。融点は約420℃であるため固相からの蒸発すなわち昇華が起こる。NPB（N,N'-Bis(naphthalen-1-yl)-N,N'-bis(phenyl)-benzidine)）などのように溶融する材料もある。単位時間あたり単位面積から蒸発する質量，つまり蒸発速度R（g/cm^2・sec）は，Langmuirの式で表わせる。Pを温度Tにおける飽和蒸気圧（Torr），Mを蒸発分子のグラム分子量（g），Tを蒸発表面の温度（K），αcを凝縮係数とすると式(1)で表せる[1]。

$$R = 5.83 \times 10^{-2} \cdot \alpha c \cdot P \cdot (M/T)^{1/2} \tag{1}$$

　図1で示したAlq3の測定では300℃での蒸発速度Rは約1.4×10^{-4}（g/cm^2・sec）と測定さ

---

*　Eiichi Matsumoto　トッキ㈱　R&Dセンター　課長

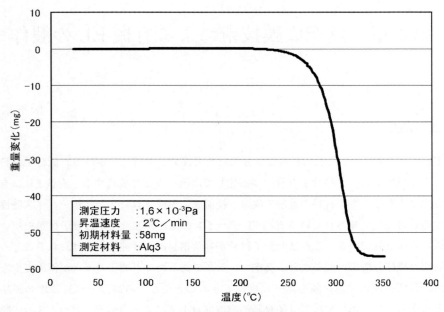

図1　Alq3 の真空蒸発特性

れた。分子量 $M=450$, 凝縮係数 $\alpha c=1$ とすると，飽和蒸気圧 P は約 3×10^{-1}Pa となる。加熱された有機材料は飽和蒸気圧まで蒸発する。

但し，金属材料などと異なり有機材料は加熱により分解を起こすことから材料に加えられる上限温度が決まってしまう。Alq3 の分解温度は約420℃なので，それ以下の温度で希望する蒸着レートが得られないとしたら基板と蒸発源の距離を近づけたり，るつぼ構造を工夫して蒸着レートを上げる工夫が必要である。

2.2 真空度

有機材料は酸素や他の有機（汚染）物質に影響されやすい。真空チャンバの中で蒸発粒子が残留ガスに衝突しないで直進する平均の距離（平均自由行程）を λ とすると，密度 N_0 の蒸着分子のうち距離 D を飛行した後も散乱を受けずに始めの方向に飛翔する分子密度 N は(2)式で表せる[1]。

$$N = N_0 \exp(-D/\lambda) \tag{2}$$

また，1個の蒸発分子が分子密度 n の残留ガス中を速度 v で進むとき，その分子半径を σ とすると，平均自由行程 λ は(3)式で表わせる。

$$\lambda = 1/n\pi\sigma^2 \tag{3}$$

分子直径は数Å程度であるから 10^{-2}Pa の残留ガス（分子密度 $n=3\times10^{12}$cm^{-3}）中における

第1章 真空成膜技術による有機ELの製作

平均自由行程 λ は 50cm 程度となる。蒸発源と基板間距離 D を 50cm として(2)式を求めると，N/N_0 は 0.3 程度となり，散乱されずに基板に到着する蒸発粒子は 3 割程度である。10^{-3}Pa では 9 割までになるので，それ以下の真空度（10^{-4}Pa 以下）が必要と言える。

一方，基板に入射する分子を考えると，基板には蒸着粒子の他に，常に残留ガスが入射している。基板への入射頻度 J（個/cm$^2\cdot$s）は，分子量 M，温度 T，圧力 P としたとき下記の式で表せる[2]。

$$J = 2.7 \times 10^{20} P/(MT)^{1/2} \tag{4}$$

酸素分子（$M=32$），室温（300K）のとき入射頻度 J_{o2}（個/cm$^2\cdot$s）はおよそ，

$$J_{o2} \fallingdotseq 3 \times 10^{18} P \tag{5}$$

となる。有機材料の分子直径を 0.5〜1 nm と仮定し，毎秒 1 分子層を基板面に形成したとすれば，10^{-14}〜10^{-15}個/s の入射頻度に相当する。従って 10^{-3}〜10^{-4}Pa で基板に入射する残留ガス量と蒸発粒子の量が同程度になり，この点からも 10^{-4}Pa 以下の真空度が必要である。

2.3 蒸発源

一般的に低分子材料は，①蒸気圧が高い，②熱伝導が悪い，③過熱で材料の分解，結晶化，変性などが起こる，④突沸（スプラッシュ）が起こり易い，などの特徴があるため，これらを考慮した蒸発源設計が必要である。

種類	形状例	主な用途
抵抗加熱蒸発源	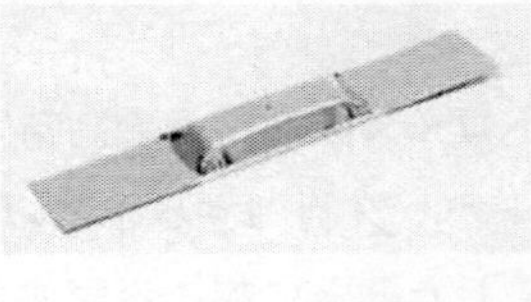 蓋付きボート	研究・開発用実験機
セル式蒸発源	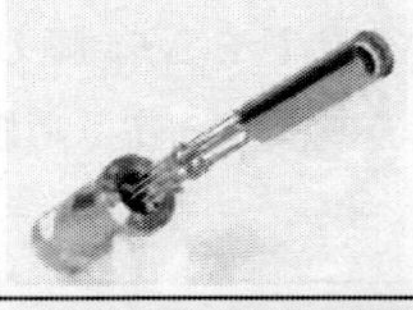 低温セル蒸発源	研究・開発用実験機 小・中量生産機
量産用蒸発源	 大容量多点蒸発源	量産機

図2 有機材料用の蒸発源

方式	ポイントソース	ラインソース	面状蒸発源
構成	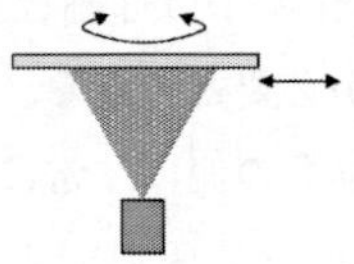	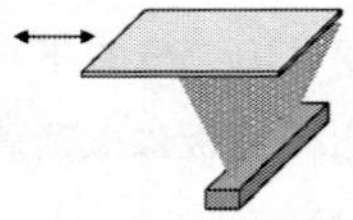	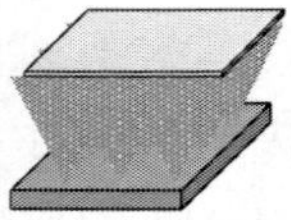
特徴	◎レート安定性 ◎膜厚分布 ◎基板温度	◎大型基板対応 ◎ピクセル内分布 ◎インライン化可能 ◎HotWallで高材料使用効率化	◎大型基板対応 ◎ピクセル内分布 ◎バルブセルで高材料使用効率化

図3 低分子材料の量産用蒸発源

　図2に有機材料用の蒸発源の一例を示す。実験機用途の少容量の蒸発源は，抵抗加熱蒸発源ややセル式蒸発源が用いられる。抵抗加熱蒸発源では突沸防止のため蓋付のボートを使用する。セルタイプは容量が大きいため連続した成膜が可能である。量産用の蒸発源は，材料の使用量が多く連続で安定した蒸発源が必要である。るつぼは数十cc～数1百cc程のものが使用される。また，図2で示したように少量のるつぼを交換しながら連続で使用する場合もある。これは長い時間材料に熱を加えると劣化する材料の場合などに用いられる。

　図3に有機材料の量産用蒸発源の一例を示す。ポイントソースは基板回転式装置やインライン装置で使用される。ラインソース[3]はインライン装置で用いられる。またラインソースでも基板を固定し蒸発源側が移動する方式もある。面状蒸発源[4]は基板を固定したまま蒸着できる。

2.4　レートコントロール技術

　蒸着中のレート制御は，真空中でオングストロームオーダーの高精度な膜厚測定が可能な水晶振動子式膜厚計（水晶モニタ）を用いフィードバック制御するなどの方法が採られる[3]。水晶モニタは，共振状態の水晶振動子に蒸着膜が付着したときに起こる周波数変化量が蒸着物の質量に比例することを利用した測定器である。周波数の変化量をΔf, 膜の付着前の周波数をf_r, ATカットの水晶振動子の周波数定数をN_{at}, 水晶振動子の密度をd_q, 薄膜の密度をd_fとすると薄膜の膜厚d_sは(6)式で表せる[5]。

$$d_s = N_{at} \cdot d_q \cdot \Delta f / f_r^2 \cdot d_f \tag{6}$$

　今，$N_{at}=1.66$MHz, $d_q=2.649$g/cm^3, $f_r=6$MHz, $d_f=1.0$g/cm^{3}とすると，1Hzの周波数の変化は1.2nmの膜厚変化に相当する。1μm程度の膜厚が水晶に付着してもその周波数変化量は初期周波数に対し小さく，1μm程度の膜厚は水晶モニタで十分測定できる。この式が成り立つのは限られた周波数範囲であるが，水晶振動子と蒸着物質の音響インピーダンスの補正値（Zレシ

第1章　真空成膜技術による有機ELの製作

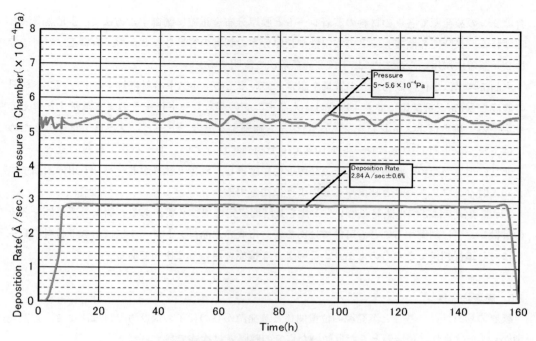

図4　有機材料用の長時間（144時間）蒸着レート安定性

オ）の設定や，水晶振動子の温度特性などを考慮することで高精度な計測が可能になる。

水晶モニタによる膜厚の計測は間接測定になる。通常基板近傍に水晶モニタを設置し，水晶モニタの計測値を基板上の膜厚に換算する。この換算値をツーリングファクターと呼ぶ。実際に基板に蒸着された膜厚を Ts，膜厚計の表示膜厚を Tx，最初にセッティングしたツーリングファクターを TF_0 とすると，新たに設定すべきツーリングファクター TF_n は次式で表される。

$$TF_n = TF_0 \times (Ts/Tx) \tag{7}$$

初期状態では最初のツーリングファクター TF_0 を100％と設定し，基板上に蒸着した実膜厚を触針式膜厚計やエリプソメータなどの測定器を用いて正確に測定した値を用いて膜厚計の表示値を校正すればよい。図4は水晶モニタの水晶片を定期的に交換し6日間（144時間）連続で蒸着レートを測定したデータを示す。この結果では±1％以下のレート安定性が得られている。

2.5　ドーピング蒸着技術

有機ELのRGBカラー化のためホスト材料に数％程度の色素材料をドーピングする[6]。2種類の材料の混合比を制御して蒸着する方法として，混合材料を蒸発させる方法と，別々のるつぼから個々に蒸発させ気相で混合する方法がある[5]。前者は蒸気圧が異なる場合，蒸気圧の高い材料から蒸発するため，少量の混合材料を瞬時に蒸発させるフラッシュ蒸着法が用いられる。一方後

者は2つの蒸発源で各々の材料の蒸着レートと膜厚分布を正確に制御する方法で，2元蒸着法と呼ばれる。長時間の蒸着レートの安定性や膜厚分布の制御の容易さなどから，有機ELの製造では2元蒸着法が用いられる[7]。以下は2元蒸着法を説明する。

水晶モニタは単位時間あたりの質量を測定しているため，ホスト材料に対するドーパント材料の濃度をwt%（重量比）で表す場合は，水晶モニタの蒸着レート比をそのまま重量比と考えて設定する。例えばホスト材料を2Å/sでレート制御する場合，ドーピング濃度2%を得るためにはドーパント材料の蒸着レートを0.04Å/sで制御すればよい。ドーパント材料の蒸着レートは非常に小さいため，水晶モニタを蒸発源近傍に設置し，ホスト材料がドーパント用の水晶モニタに入射（クロストークと呼ぶ）しないように注意する。

2元蒸着法では2つの蒸発源のレート比を長時間安定に保つ必要がある。個々の蒸発源を各々の目標レートに制御することも可能ではあるが，市販の水晶コントローラにはホスト材料のレートに対し追従制御できるものもあり，そのような機能を用いると便利である。

2.6 膜厚均一性

膜厚の均一性は，基板と蒸発源の位置関係と蒸発源からの粒子の飛び方でほぼ決まる。点蒸発源からlだけ離れ，蒸発源とθだけ傾いた点での膜厚dは次式で与えられる[8]。

$$d(\theta) = (m/4\pi\rho l^2) \cos\theta \tag{8}$$

ここでρは膜密度（g/cm^3），lは蒸発距離（cm），mは全蒸発量（g）である。(8)式は膜厚が蒸発距離の2乗に逆比例し，蒸発源に対する傾きの$\cos\theta$に比例すること（cos則）を示す。また微小蒸発源における平面基板上の膜厚分布は(9)式で与えられる。

$$d(\theta) = (m/\pi\rho l^2) \cos\theta \cos\phi \tag{9}$$

このように膜厚分布がcos則に従うことから，平面基板上に均一な膜厚を形成するには工夫が必要である。

広い基板上に均一膜を形成する方法として，①蒸発源の配置による改善法や②相対運動を伴う蒸発流密度分布内の基板滞留時間の改善による方法，などがある[5]。①は数個の点蒸発源を一列に並べたもので，その膜厚の均一化には(a)点蒸発源の配置位置を最適化することで均一な膜厚を得る方法と，(b)各々の蒸発源からの蒸発レートを変える方法がある。②は基板を蒸発源に対し相対的に移行させる方法で，高い蒸発流密度領域内の基板の通過時間を短くし，低い蒸発流密度領域内を基板が通過する時間を長くする方法である。具体的には基板中心から離れた位置に蒸発源を配置し，基板を回転させる方法が古くから用いられている。この場合，基板中心から蒸発源が離れるほど膜厚均一性は向上するが，蒸着効率は低くなる。また，蒸発源あるいは基板を搬送しながら成膜を行うインライン蒸着法においても，搬送方向の開口率を基板の中心部と端部で変えるような補正板を用いることがあるが，これも蒸発流密度分布に対し基板の滞留時間を改善

第 1 章　真空成膜技術による有機 EL の製作

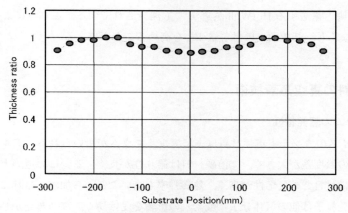

図 5　基板回転式装置の膜厚分布

した方法になる。図 5 は蒸発源を固定し基板を回転したときの膜厚分布を示す。蒸着材料は Alq3 であり膜厚均一性は ± 5 ％ が得られている。

2.7　材料使用効率

有機 EL デバイスのコストを下げるため成膜時に使用する高価な有機材料の利用率（材料使用効率と呼ぶ）を高くする必要がある。材料使用効率 η はるつぼから蒸発した材料量 W_R と基板面に付着した材料量 W_S の比で表される。るつぼから蒸発した材料量 W_R は言い換えれば全蒸発量であり，量産装置では搬送時間で消費された材料量 W_h，アライメント時間で消費された材料量 W_a，基板面以外に付着した材料量 W_b，蒸着マスクに付着した材料量 W_m，所定レートまでの立ち上げ時間に消費された材料量 W_{st} を含んでいる。材料使用効率を(10)式に示す。

$$\eta\,(\%) = W_S / W_R \times 100 \tag{10}$$
$$W_R = W_h + W_a + W_S + W_b + W_m + W_{st}$$

材料使用効率を高めるには，例えばインライン装置では基板と基板の間隔をできるだけ小さくすることで W_h を小さくすることができる。またストップバルブ付の蒸発源[9)]では $W_h + W_a$ を小さくすることができる。蒸着マスクは照明用のように同一色の層を広い面積に蒸着する場合は大きい開口率のマスクで良いので材料ロスは少ないが，RGB を一色ずつ塗り分ける場合はマスクにより基板面への付着量は単純に 1/3 に落ちる。

基板面に付着する材料量 W_S を高める場合，同時に膜厚均一性を両立することが必要である。しかし 2.6 項で述べたとおり蒸発粒子が cos 則に従い球状に広がるため，例えば基板回転式装置で膜厚均一性 5 ％ を得るには蒸発源の位置を基板中心より外側に配置しなければならず材料使用効率は数 ％ 程度である。W_S を上げるには基板と蒸発源の距離を近づけ，蒸発源から噴出する蒸発粒子が直進性を持っていることが望ましい。蒸発源から基板までの空間を壁面で囲み，蒸発粒

子の殆どを基板側へ輸送するHotWall蒸着法[10]も開発されている。これらにより基板以外への付着量 W_b を少なくし，基板面への付着量 W_S を高めることができる。

3 金属材料の真空蒸着技術

3.1 アルミニウムの蒸発特性

有機ELデバイスのカソード電極材料は主にアルミニウムが用いられる。アルミニウムは①溶融から蒸発までの温度差が大きく，②溶融材料は濡れ性が良く，るつぼの這い上がりが起こり易い。また③るつぼ材料との反応性が高く，熱膨張率も高いことから加熱・冷却によりるつぼを破壊し易い。④蒸発粒子は他の気体分子（酸素）の影響を受け易く，高速蒸発が必要である，などの特性がある。

3.2 アルミニウム用蒸発源

アルミニウム用の蒸発源は，①抵抗加熱式蒸発源，②セル式蒸発源と③EB蒸発源がある。

抵抗加熱式ではタングステンワイヤを用い，アルミニウムの小片をワイヤに引っ掛けて一気に蒸発させる。所謂フラッシュ蒸着という方式を採る。これは容器状のボートでは溶融したアルミニウムがボートの外に流れてしまうからである。また高速レートが得られる利点もある。タングステンワイヤは数回しか使用できないため実験機用途の少量蒸着に向いている。

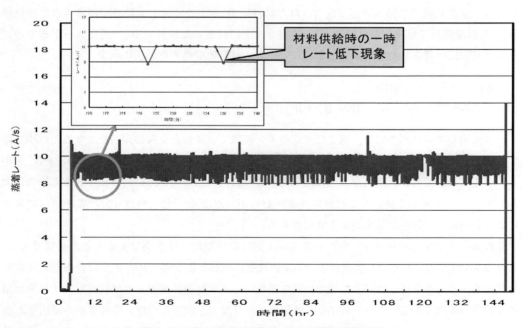

図6 アルミニウムの長時間（144時間）連続蒸着

第1章　真空成膜技術による有機ELの製作

　生産用の蒸発源はセル式蒸発源に大量のアルミニウムを入れ連続で蒸着する。上述したようにアルミニウムは加熱により這い上がり現象が起こるが，それを防止するためるつぼ上部を冷却する方法もある。またるつぼ材質はアルミニウムと反応しないもので，セラミックの場合でも空隙が無いものを選ぶ。空隙にアルミニウムが浸透すると破壊に至るからである。加熱源としてはるつぼをヒータや高周波誘導で加熱する方法と，アルミニウムを直接高周波誘導で加熱する方法が知られている[1]。アルミニウムは比抵抗が低いため周波数を高くする必要がある。図6は量産用蒸発源として開発したセル式蒸発源の一例を示す。アルミニウムを10Å/secのレートで，材料を自動供給しながら6日間（144時間）の連続蒸着を可能にしている。

　EB蒸発源は蒸着レートの立ち上げ時間が短く，高レートが得られるため生産用途に適する。しかし溶融面から2次電子やX線などが発生し有機材料やTFT基板を劣化させるため対策が必要である[7]。

3.3　アルカリ金属用の量産用蒸発源

　電子注入層としてLiやCaなどのアルカリ金属，LiFやLiO$_2$などの弗化物や酸化物材料が用いられる。Caは1Paの蒸気圧温度が600℃程度と低く，融点は850℃と高いので昇華する。粒状や粉状の材料を用いると突沸が起こり易くレート安定化が難しい。また非常に酸化しやすいため不活性ガスで封入したものを用いると良い。弗化物や酸化物はLiやCaなどに比べ蒸発温度は若干高いものの，酸化しやすいアルカリ金属よりも取り扱いは容易である。

　実際のデバイスでは電子注入層としての役目をするので膜厚は数Å～十数Å程度と非常に薄い。したがって量産用の蒸発源でもるつぼの容量は小さくてよい。

4　パターニング技術

　有機層のパターニングは，有機層の成膜後にウェット式のパターニングができないため，蒸着時にシャドーマスクを用いて成膜範囲をパターニングする。特にRGBの塗り分けを行う際，ピクセルサイズ（数十～数百μm程度）の高精細シャドーマスクが必要になる。正孔注入層や電子輸送，カソード電極層などの共通層は，デバイスサイズの開口をもったマスクで良い。またカソード電極層は陰極隔壁法[9]を用いれば高精細な蒸着マスクを用いなくてもパターニングできる画期的な方法である。

4.1　アライメント機構

　ガラス基板の所定の位置に有機膜を成膜するためシャドーマスクと基板の位置を合わせる。アライメント精度が100μm以上の場合はピンアライメント方式でも良いが，高精細なアライメントはCCDカメラを用い真空チャンバ内で±5μm以下の精度でアライメントを行う[7]。有機EL照明では白色化の方式により異なる。RGBを塗り分けて白色を出す場合は高精細アライメント

機構が必要になるが，共通層と同じ開口で成膜する方式ではピンアライメントで良い。

4.2 マスク蒸着技術

シャドーマスクを用いた蒸着法では，①基板とマスクの密着性，②ピクセル内の膜厚均一性，③パーティクル対策が必要である。

まず基板とマスクの密着性はパターンの精度を得るために必須である。真空蒸着は真空度が高いため，蒸発源から飛び出した蒸発粒子はほぼ直進する。蒸発源との位置関係によるがマスクと基板に隙間があると，斜め方向から蒸発粒子が隙間に入り込み所定パターンより広い範囲に成膜される。これを避ける方法としてマスクにテンションを張る方法や，基板の裏側から磁石でマスクを吸引する方法などが用いられる[12]。また，蒸発源からの輻射熱でマスクが伸びて，密着性の悪化や位置ズレを起こす場合がある。マスクにインバー材などの低熱膨張率の材料を用いることや，冷却構造で温度上昇を抑える方法をとるのが望ましい。

またピクセル内の発光分布を均一にするため，ピクセル内の膜厚を均一にすることが重要である。蒸発源とマスク開口位置によりマスクの板厚で影ができる。これにはマスクの開口部を傾斜エッチングして影を少なくする方法などで対処する[12]。マスクの製法にはエッチング法と電鋳法がある。エッチングはマスクの板厚によりエッチング可能な開口寸法が決まるため，高精細なマスクを作るには電鋳のほうが適している。一方電鋳は低熱膨張率の材料で作れないため熱の影響が大きい。ピクセル内膜厚均一性を得るためマスクの開口形状，製法，熱影響などを考慮し最適化していくことが必要である。

そしてパーティクル対策も必要である。膜厚がミクロン以下である有機ELではパーティクルをほぼゼロにしなければならないが，量産装置では蒸着マスクにミクロンオーダーの蒸着材料が付着するためパーティクルの発生原因になり得る。これを避けるにはマスクにある程度膜厚が付着してきたら交換すればよい。量産装置ではマスクストック室を設け，定期的にマスクを交換しており，使用後のマスクは洗浄し再利用する。

5 有機ELの真空成膜装置

5.1 実験装置

有機ELデバイスはその成膜工程と薄膜形成後にも水分や酸素の影響を避けるため，実験装置といえども真空から封止までのプロセスを一貫してできる装置が望ましい。図7に実験装置の一例を示す。基板は仕込室から投入し，ドライ洗浄を行い，有機層を形成するチャンバに搬送する。有機層は多層の成膜ができるように複数個の蒸発源を搭載する。またドーピングを行えるよう同時蒸着機能も盛り込む。金属層に基板を搬送しアルカリ金属やアルミ電極を成膜する。その後基板を封止室（図ではグローブボックス）に搬送し封止する。真空排気ポンプは水分の排気能力が高いクライオポンプと，オイルバックが無いドライポンプを用いるのが望ましい。

第1章　真空成膜技術による有機ELの製作

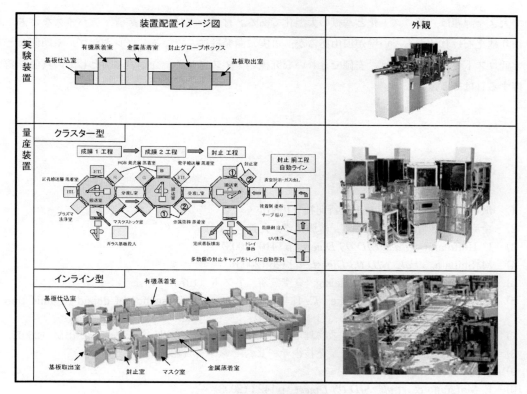

図7　有機EL製造装置

5.2　量産装置

図7に量産装置の構成と外観例を示す。大別してクラスター型とインライン型がある。現在生産に使用されているのは主にクラスター型である。搬送室を中央にして，各処理室を周囲に配置した構成である。基板はロボットで一枚一枚処理室に搬送され，一枚毎に成膜される。クラスター型はプロセス変更時のチャンバの増設が容易であるが，タクトタイムは短くない。

一方インライン型は基板を搬送しながら成膜を行う。蒸発源は図3で示したラインソースなどが用いられる。蒸発源を複数台並べることでチャンバサイズも小さくできる。インライン型はタクトタイムを短くでき生産性の優れた装置である。

ディスプレイの製造ではRGBの微細パターニングを行うためクラスター型が採用されてきたが，照明など生産性重視の製品はインライン型が主流になると考えられる。

6　おわりに

有機ELディスプレイは低分子材料の真空蒸着法により製品化に至り，今後益々の生産増加が見込まれる。今後は大画面テレビや有機EL照明の製品化の開発も加速されるであろう。その中

で大きな課題は，低コスト化と基板の大型化である。材料やプロセス，装置，デバイスなど未だ乗り越えなければならない壁が沢山あるが，着実に開発は進んでいる。フレキシブルや印刷などで低コスト化が実現すれば，安価できれいな究極のディスプレイ，究極の照明としての真価を発揮する日はそう遠くない。

文　　献

1) 沢木司，真空蒸着，日刊工業新聞社（1965）
2) 金原，白木，吉田監修・編著，薄膜工学，丸善（2003）
3) U. Hoffmann, et al., *SID 03 Digest*, p.1410 (2003)
4) M. Shibata, et al., *SID 03 Digest*, p.1426 (2003)
5) Siegfried Schiller, Ullrich Heisig, 真空蒸着，アグネ（1978）
6) C. W. Tang, S. A. VanSlyke, C. H. Chen, Electroluminescence of doped organic thin films, *J. Appl. Phys.*, **65** (9), (1 May 1989)
7) 安達監修，有機 EL のデバイス物理・材料化学・デバイス応用，シーエムシー出版（2007）
8) 塙編集，実用真空技術総覧，産業技術サービスセンター（1990）
9) 特開 2003-95787
10) E. Matsumoto, et al., *SID 03 Digest*, p.1423 (2003)
11) 仲田，有機 EL 素子とその工業化最前線, p.250，エヌ・ティ・エス（1998）
12) 松本，有機 EL ハンドブック，p.297，リアライズ理工センター（2004）

第2章　印刷・塗布技術による有機ELの作製

大森　裕*

1　はじめに

　有機EL（electroluminescence）は可視光域に発光する材料が多く開発されている。大きく分けると低分子系の材料と高分子系の材料に分類される。高分子材料は，側鎖を付与することにより可溶性が与えられ有機溶媒に可溶となる。発光色は有機材料を選択することにより種々の発光が得られ，可視域はすべてカバーすることができる。近年，高輝度，高効率な有機材料が多く開発され，ディスプレイのみならず高輝度が必要な照明としても盛んに研究開発がおこなわれている。有機ELは電流注入により発光するため，有機発光ダイオード（LED：Light Emitting Diode）と呼ばれることもあり，駆動電圧が低いためにモバイル機器への用途にも適している。有機ELは，溶媒に可溶な材料を用いることにより印刷技術を使って比較的容易に大面積に作製でき，またプラスチック基板を用いることによりフレキシブルな素子ができる特徴を持つ。

　本章では，塗布，主に印刷技術で作製される高分子材料を用いた有機EL，また白色有機ELについて素子作製例と発光特性を紹介する。

2　高分子有機EL発光材料

　有機ELに用いられる発光材料は低分子材料と高分子材料とに大きく2つに分類される，前者は主として真空プロセスで，後者は可溶性の高分子を用いることにより溶液プロセスで素子作製が行われる。低分子材料にも溶媒に可溶な分子が開発されており，また可溶な高分子材料に低分子材料を添加することにより溶液プロセスで薄膜形成が可能となる。近年，高効率な発光が得られる燐光と呼ばれる三重項の励起子からの発光が室温で得られる燐光材料が開発されている。それらの材料も溶媒に可溶な高分子材料などをホスト材料とすることにより溶液プロセスを用いた素子作製が可能となる。

　有機ELに用いられる高分子は，その骨格によりポリパラフェニレンビニレン誘導体（poly(p-phenylenevinylene)：PPV)[1,2]，ポリフルオレン誘導体（poly(9,9-dialkylfluorene)：PDAF)[3]，ポリパラフェニレン誘導体（poly(1,4-phenylene)：PPP)[4]，ポリアルキルチオフェン誘導体（poly(3-alkylthiophene)：PAT)[5]，などに分類される。それらの高分子材料は1990年代に有機ELの報告がなされたが，その後それらの骨格を持つ多くの材料が開発された。PPV[1]に側鎖を

---

*　Yutaka Ohmori　大阪大学　大学院工学研究科　教授

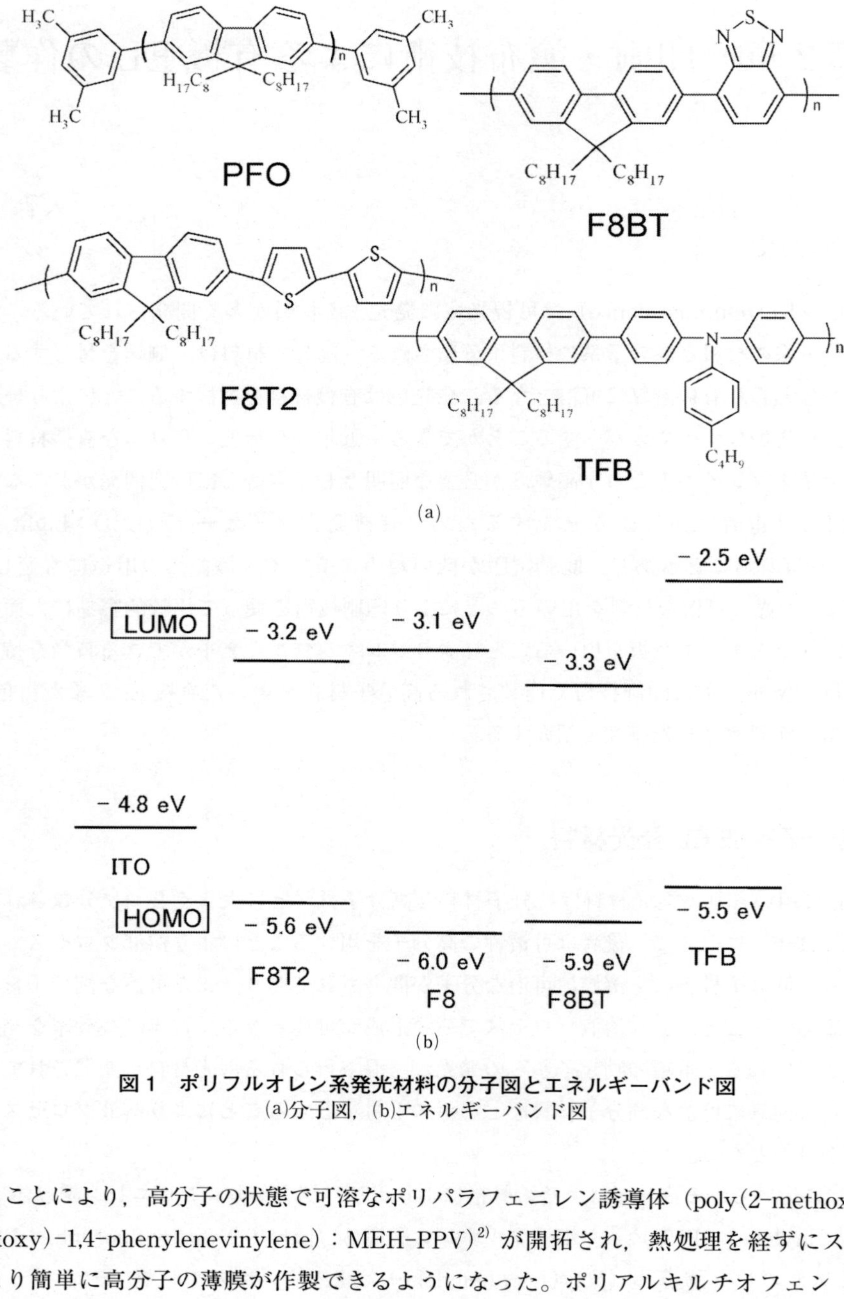

白色有機EL照明技術

図1 ポリフルオレン系発光材料の分子図とエネルギーバンド図
(a)分子図, (b)エネルギーバンド図

導入することにより, 高分子の状態で可溶なポリパラフェニレン誘導体 (poly(2-methoxy, 5-(2'-ethylhexoxy)-1,4-phenylenevinylene): MEH-PPV)[2] が開拓され, 熱処理を経ずにスピンコート法により簡単に高分子の薄膜が作製できるようになった。ポリアルキルチオフェン (PAT), ポリジアルキルフルオレン (PDAF) なども同様にアルキル基を付与することにより溶液プロセスで有機ELの作製がなされている。

青色ELとして報告されたPDAF[3]は, 骨格は同じでも異なる側鎖や, 共重合体を形成することにより発光波長を制御でき, 青色から赤色までの発光を実現できる。図1(a)に種々のポリアル

第 2 章　印刷・塗布技術による有機 EL の作製

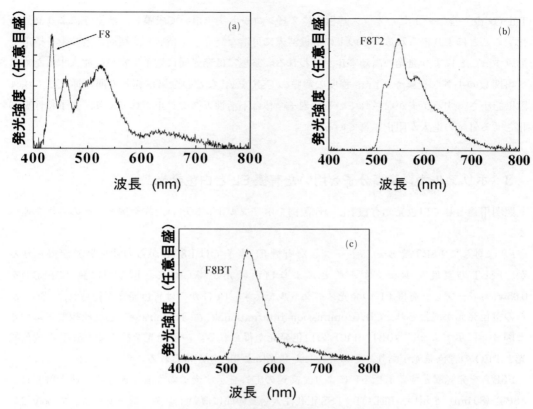

図2　ポリフルオレン系発光材料の EL スペクトル
(a) F8 の EL スペクトル，(b) F8T2 の EL スペクトル，(c) F8BT の EL スペクトル

キルフルオレン誘導体の分子図を，図1(b)にエネルギーバンド図を示す。

図2にそれらの種々のポリアルキルフルオレン誘導体の EL スペクトルを示す。図2(a)には poly(9,9-dioctylfluorenyl-2,7-diyl) (F8)，図2(b)には poly(9,9dioctylfluorene-co-bithiophene) (F8T2)，図2(c)には poly[(9,9-dioctylfluorenyl-2,7-diyl)-co-(1,4-benzo-{2,1',3}-thiadiazole)] (F8BT) を示す。尚，ここで示す発光スペクトルは熱処理を経て得られた薄膜の EL を示す。

また，溶媒に可溶な高分子，例えばカルバゾール誘導体（polyvinylcarbazole：PVCz）をホスト材料として燐光材料[6,7]と呼ばれる三重項励起子から発光する高効率な発光材料をドープすることにより高輝度で高効率な有機 EL が溶液プロセスで作製される[8]。

高分子材料を用いて高輝度の発光を得るには発光層と正孔輸送層の積層構造を形成することによって得られる。溶液プロセスで積層構造を作製する方法としては，異なる溶媒を用いて下地の高分子が溶けないようにして積層する。水溶性のスルフォン酸（poly(ethylenedioxythiophene)/poly(sulfonic acid)：PEDOT/PSS）は，有機溶媒に可溶な発光材料と溶液プロセスで積層構造を得ることが可能となり，高分子正孔輸送層にしばしば用いられる。PEDOT/PSS を ITO (Indium-

Tin-Oxide）をコートしたガラス基板上にスピンコート法を用いて成膜し，熱処理により高分子化することにより得られる．その上に有機溶媒に可溶な高分子を積層し，積層構造の素子構造を形成することにより発光の高効率化が行われる．陰極には発光層に電子を容易に注入するために仕事関数の小さな金属や，1 nm 程度の薄膜の CsF を Al などの金属電極との間に挿入して注入障壁を小さくする工夫がなされている．素子全体は不活性ガスで封止されており，素子特性を劣化させる外気の進入が阻止されている．

3　ポリフルオレン高分子を用いた有機 EL と白色発光

　照明用途として白色発光有機 EL の作製例をポリフルオレン用いた作製例と，その特性を述べる．

　F8 に対して F8BT を 5 wt％ドープした有機 EL 素子では F8BT からの黄色発光が得られるが，F8BT の濃度を少なくすることにより白色発光が得られる．図 3(a)に F8 に F8BT を 0.05wt％ドープした有機 EL の発光スペクトルを示す．PFO からは青色発光が得られ，F8BT からの黄色発光が混合され，CIE（Commission Internationale de l'Éclairage）色度座標で表示すると図 3(b)に示すように（0.34, 0.40）の白色発光が得られる．白色発光を挟んで F8BT の黄色発光と PFO の青色発光があり，その混合した発光により白色が得られる．

　F8BT を発光層とする有機 EL により，高速の応答を示す素子の作製を述べる．発光層として F8BT（80 nm）を用い，PEDOT：PSS 正孔注入層との間に薄いインターレーヤーとして poly(2,7-(9,9-di-n-octylfluorene)-alt-(1,4-phenylene-((4-sec-butylphenyl)imino-1,4-phenylene)))：TFB 層を挿入することにより輝度と発光効率が向上する．陰極には積層構造の陰極材料 Al

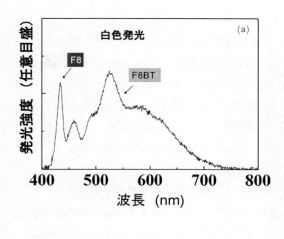
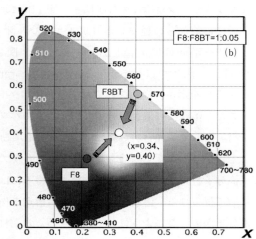

図3　白色発光有機 EL の発光特性
(a)白色有機 EL の EL スペクトル，(b)白色発光の CIE 色度座標表示

第 2 章　印刷・塗布技術による有機 EL の作製

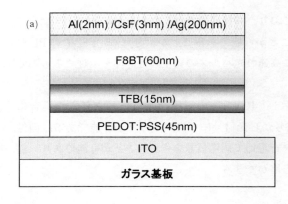
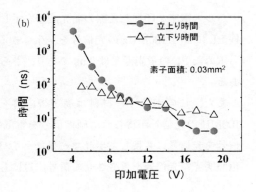
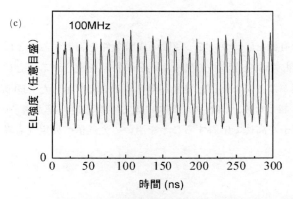

図 4　ポリフルオレン系高分子を用いた有機 EL の応答特性
(a)有機 EL の素子構造，(b)発光の印加電圧に対する EL の応答特性，
(c)100MHz のパルス電圧を印加した有機 EL の発光

(2 nm)/CsF(3 nm)/Ag(200nm) を用いた。15nm の TFB 層を挿入することにより効率的に正孔輸送を行うとともに，F8BT 発光層での電子の閉じ込めを行い発光効率が向上する。図 4(a)に素子構造を示す。TFB 層を挿入した素子において，発光層側から Al/CsF/Ag の順に積層した電極構成を持つ素子は CsF/Al/Ag の順に電極を構成した素子に比べ発光強度と発光効率が増す。このことは，F8BT 発光層に直接 CsF 層が接するより，薄膜の Al 層が接する電極構成により注入効率が改善されることを示唆する。

次に有機 EL の過渡応答特性を示す。図 4(b)にパルス波形の電圧を印加した際の印加電圧に対する発光の立ち上がり時間，立ち下がり時間と発光強度との関係を示す。尚，素子面積は高速の応答を得るために 0.03mm² の小さな面積としている。印加電圧が増加するに従い，発光層におけるキャリアの走行が加速され応答が速くなっていることが示される。立ち上がり時間は印加電圧の増加に対して大きく減少し，電流の増加に伴い発光強度が増すが応答時間は飽和傾向になる。一方，立ち下がり時間の変化は立ち上がり時間の変化に比べて減少が少ないが，このことは発光の立ち下がりはキャリアの寿命と蛍光寿命の影響を大きく受けることにある。図 4(c)には 100MHz

のパルス電圧を印加した際の発光波形を示しており，直接変調でポリフルオレン系のポリマー有機ELにより100MHzの光信号を発生させることが可能であることが示される。F8BTのPLから求めたPLの蛍光寿命は3nsであり，さらに高速の光パルスの発生の可能性を示唆するものである。

また，このポリマー材料は高速の応答を示し，100MHzの電圧パルス信号を与えた場合に100MHの光信号が得られ，画像信号を電気信号から光信号に変換することが可能である。画像信号を光信号に変換してポリマー光ファイバーを用いて画像信号を送る[9]ことが可能であり，白色照明光に光信号を重畳させて信号伝送にも応用ができる。

4 まとめ

高分子材料を用いた有機ELについて，薄膜の成膜条件を制御することにより発光効率の向上が得られることを紹介した。発光波長の異なる高分子材料を混合することにより発光強度の向上と，混合比を適当に選ぶことにより白色発光が得られることを示した。印刷技術で容易に大面積の発光素子の作製が可能となり，溶液プロセスによる照明用途の発光素子の応用が期待される。また，ポリマー発光素子が高速で応答することを用いて光通信への用途も考えられる[8,9]。

文　献

1) J. H. Burroughes, D. D. C. Bradley, A. R. Brown, R. M. Marks, K. Mackay, R. H. Friend, P. L. Burns, and A. B. Holmes, "Light emitting diodes based on conjugated polymers", *Nature*, **347** (6293), pp.539-541 (1990)
2) D. Braun and A. J. Heeger, "Visible light emission from semiconducting polymer diodes", *Appl. Phys. Lett.*, **58** (18), pp.1982-1984 (1991)
3) Y. Ohmori, M. Uchida, K. Muro, and K. Yoshino, "Blue Electro luminescent Diodes Utilizing Poly (alkylfluorene)," *Jpn. J. Appl. Phys.*, **30** (11B), pp.L1941-L1943 (1991)
4) G. Grem, G. Leditzky, B. Ullrich, G. Leising, "Realizing of a Blue-Light-Emitting Device using Poly (p-phenylene)", *Adv. Mater.*, **4**, pp.36-37 (1992)
5) Y. Ohmori, M. Uchida, K. Muro, and K. Yoshino, "Visible-light Electroluminescent Diodes Utilizing Poly (3-alkylthiophene)", *Jpn. J. Appl. Phys.*, **30** (11B), pp.L1938-L1940 (1991)
6) M. A. Baldo, D. F. O'Brien, Y. You, A. Shoustikov, S. Sibley, M. E. Thompson, and S. R. Forrest, "Highly efficient phosphorescent emission from organic electroluminescent devices", *Nature*, **395**, pp.151-154 (1998)
7) M. A. Baldo, S. Lamansky, P. E. Burrows, M. E. Thompson, and S. R. Forrest, "Very

high-efficiency green organic light-emitting devices based on electrophosphorescence", *Appl. Phys. Lett.*, **75** (1), pp.4-6 (1999)
8) Y. Ohmori, H. Kajii and Y. Hino, "Organic Light Emitting Diodes Fabricated by a Solution Process and Their Stress Tolerance", *IEEE Journal of Display Technology*, **3**, pp.238-244 (2007)
9) Y. Ohmori and H. Kajii, "Organic Devices for Integrated Photonics", *Proceedings of IEEE*, **97**, pp.1627-1636 (2009)

第3章 溶液プロセスを用いた低分子系有機ELの作製

中　茂樹[*1]，岡田裕之[*2]

1 はじめに

　有機半導体材料はそれ自身が自由キャリヤを持たず，伝導キャリヤは外部の電極からの注入キャリヤに起因する。また，有機EL材料の移動度は$10^{-3}cm^2/Vs$程度と無機半導体と比較して低いため，低電圧化のためには100nm程度に薄膜化する必要がある。このような薄膜を電極に挟み込んだ有機EL素子においては，薄膜にはピンホールなどの欠陥のない均一な膜質実現と凝集あるいは結晶化を引き起こさない材料が求められる。低分子有機材料の中には，真空蒸着法で膜形成すると，膜形成の途中または膜形成後に結晶化を起こして島状の凝集構造を示すものがある。このような凝集，結晶化の発生は薄膜の均一性を悪化させ，ピンホール欠陥を招く原因になりうる。有機薄膜の凝集，結晶化を防ぐため，基板の表面処理，材料の非対称な分子構造の検討，分子へのかさだかい置換基の導入，分子量の増大化，ガラス転移温度の引き上げ，など様々な工夫がなされてきた。例えば，KodakのTangらは正孔輸送性を持つトリフェニルアミンをシクロヘキサンを介して結合した対称性の低い二量体を正孔輸送材料として使用し，ピンホール欠陥のないアモルファス膜を得ることに成功し，現在の有機EL素子の基礎を築いた[1]。他にも凝集，結晶化を防ぐ方法として，異種分子の混合が挙げられる。例えば，佐藤らは正孔輸送性を持つ2種のヒドラソン誘導体を混合蒸着することで安定なアモルファス膜を実現している[2]。また，中らは正孔輸送性材料，電子輸送性材料，発光材料の3種の材料を混合蒸着した単層型有機EL素子を作製し，安定な素子を実現している[3]。

　一方，低コスト化の点から常圧下で成膜可能な溶液プロセスについても盛んに研究されている[4~11]。溶液プロセスは，一般にポリマー材料が用いられてきたが，低分子材料と比較し高純度化および分子量制御が困難であることによる低信頼性のため実用化が遅れていた。反面，低分子材料は貧溶解性や膜結晶化という固定概念から着目されなかった。特に，膜結晶化は信頼性向上が至上課題である有機EL素子では致命的で，これまで溶液プロセスへの適用はポリマー分散系に留まっていた。しかしながら，近年，デンドリマーあるいは異種分子混合によって安定な薄膜形成が可能となり，低分子材料においても溶液プロセスを用いた有機EL素子の報告がなされている[4,5]。ここでは，溶液プロセスを用いた低分子系有機ELの作製について述べる。

　[*1]　Shigeki Naka　富山大学　大学院理工学研究部（工学）　准教授
　[*2]　Hiroyuki Okada　富山大学　大学院理工学研究部（工学）　教授

第3章　溶液プロセスを用いた低分子系有機ELの作製

2　有機EL用薄膜に求められる条件

　有機EL用薄膜に求められる条件として，数ナノメートル以下の膜厚均一性，膜安定性などが挙げられる。蒸着法は，蒸着可能で結晶化や膜凝集を起こさない材料であれば，比較的簡単にナノメートルオーダーの膜厚制御が可能で，かつ均一な高純度の薄膜を得ることができる。実際に市販されている有機ELパネルのほとんどは有機薄膜が蒸着法で成膜されている。しかしながら，材料利用効率が低く，真空装置利用による高コスト化など，改善の余地がある。
　一方，低コスト化の点から常圧化で成膜可能な溶液プロセスについても盛んに研究されている。溶液プロセスによる有機EL用薄膜形成に必要とされる条件としては，蒸着法で実現されている膜形成条件に加え，
　①　乾燥による膜凝集がないこと
　②　残留溶媒がないこと
などが挙げられる。
　特に，①の乾燥による膜凝集について，基板上への溶液供給は，均一な厚さで供給は可能であるが，溶媒の蒸発時の溶液濃度変化に伴う対流により，膜厚の不均一が生じる。加えて，特に低分子材料においては溶液内で分子が比較的自由に動き回ることが可能であることから，単一材料の溶液の場合，凝集あるいは結晶化しながら固体化すると考えられる。結晶化については異種分子と同時に溶液化することで防ぐことが可能であると考えられる。

3　スピンコート法による有機EL素子の作製

　まず，スピンコート法による低分子有機EL素子[5]の作製について述べる。使用した材料を図1に示す。蒸着膜においてアモルファス膜形成が可能な正孔輸送材料としてN,N'-bis(3-methylphenyl)-(1,1'-biphenyl)4,4'-diamine（TPD），ホスト材料として4,4'-bis(N-carbazolyl)biphenyl（CBP），発光材料としてりん光材料である fac-tris(2-phenyl pyridine)iridium（Ir(ppy)$_3$）を混合した溶液を作製し，ITO透明電極付きのガラス基板上に，スピンコート法により有機EL薄膜を成膜した。溶液には溶媒として1,2-ジクロロエタンを使用し，有機材料の混合比は TPD：CBP：Ir(ppy)$_3$＝x：$100-x$：5（$x=0, 5, 10, 15, 20$）とした。溶液の濃度は1.4wt%である。また室温では材料の一部が不溶であったため，スピンコートの直前に溶液およびITO基板を50～60℃程度に温め，有機材料が完全に溶解した状態にし，スピンコートを行った。その後，溶媒除去のため真空中で60℃，1時間のベークを行った。最後に陰極としてLiF（1nm），Al（100nm）をそれぞれ真空蒸着法により形成し，単層りん光有機EL素子を作製した。
　スピンコート法で作製した有機EL薄膜の原子間力顕微鏡（AFM）表面観察像を図2に示す。TPD，CBP，Ir(ppy)$_3$の混合比は TPD：CBP：Ir(ppy)$_3$＝x：$100-x$：5と変化させた。TPDを加えない場合の有機膜はCBPの結晶化によりかなり表面が粗くなっていることがわかる。TPD

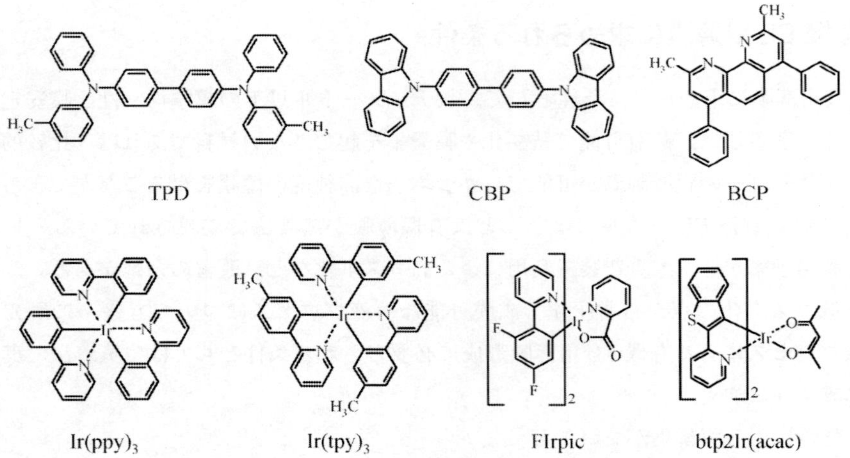

TPD　CBP　BCP

Ir(ppy)$_3$　Ir(tpy)$_3$　FIrpic　btp2Ir(acac)

図１　本章で紹介する低分子有機 EL 材料の例

TPD:CBP:Ir(ppy)$_3$=x:100-x:5

図２　スピンコート法で成膜した有機 EL 表面の AFM 観察像

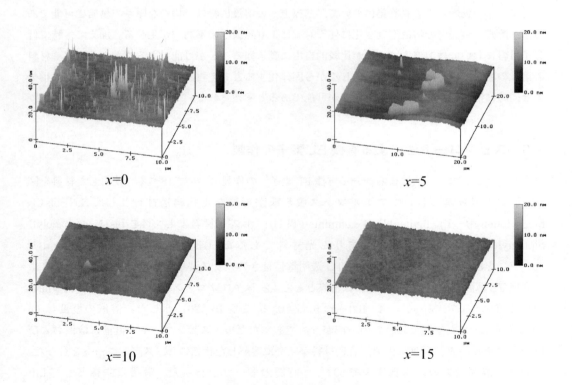

第3章　溶液プロセスを用いた低分子系有機 EL の作製

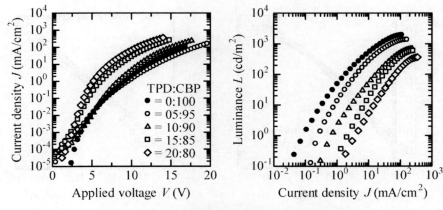

図3　スピンコート法で成膜した有機 EL 素子の特性例

の混合比を $x=5$, 10, 15 と増やしていくことにより，表面は平滑化されていくことがわかる。これらの結果から膜均一性改善のため，TPD 等のアモルファス性材料を混合することが有効であることがいえる。

作製した有機 EL 素子の電流密度―電圧特性，発光輝度―電流密度特性を図3に示す。有機層の膜厚は 100nm である。いずれの素子からも $Ir(ppy)_3$ からの良好な緑色発光が得られ，スペクトルの変化も見られなかった。TPD の量の増加とともに，TPD は高い正孔移動度の効果により低電圧化したが，発光輝度―電流密度特性は徐々に低下している。これは TPD の三重項エネルギーが $Ir(ppy)_3$ のホスト材料として十分なエネルギーを持たず，効率の良いエネルギー移動が適していないことがわかる。TPD の代わりに，より三重項エネルギーの大きなアモルファス性材料を選択することで効率の向上が見込まれる。また TPD を混合しない場合（$x=0$），高い確率でデバイスのショートが発生し素子が破壊されるのを確認した。このことからも，TPD の混合は膜均一性向上のために有効な手段であるといえる。

図4に溶液プロセスと蒸着プロセスの比較を示す。素子は特性改善を狙い，正孔注入層として PEDOT，正孔阻止層として BCP を挿入した ITO/PEDOT/発光層/BCP/LiF/Al とした。発光層は溶液プロセスと蒸着プロセスで同一材料，同一混合比とした。溶液プロセスを用いた低分子有機 EL 素子においても蒸着プロセスで作製した素子と同等の特性が得られていることがわかる。

4　スプレイ法による白色有機 EL 素子の作製

溶液プロセスではスピンコート法に限らず，様々な成膜法が用いられる。ここでは，タクトタイムが短い，材料利用率が高い，大面積対応可能などといった特徴を持つスプレイ法[6, 7]による白色有機 EL 素子の作製について紹介する。

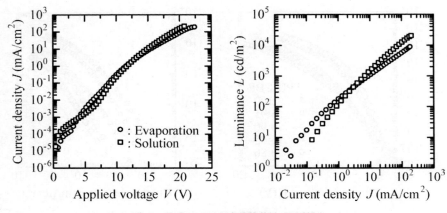

図4 スピンコート法と蒸着法の比較例

ITO基板上に，正孔輸送材料として1,1-Bis[4-[N,N'-di(*p*-tolyl)amino]-phenyl]cyclohexane (TAPC)，ホストとして電子輸送性を有するCBP，発光材料として青色りん光材料であるIridium(Ⅲ)bis(2-(4,6-diflurophenyl)pyridinato-N, C2')picolinate (FIrpic)，赤色りん光材料であるIridium(Ⅲ)bis(2-(2'-benzothienyl)pyridinato-N, C3')(acetylacetonate)(Btp2Ir(acac))を混合したChloroformの1 wt%溶液を作製し，スプレイ法により成膜した。混合比はTAPC：CBP：FIrpic：Btp2Ir(acac)＝6：114：20：xとし，補色により白色化を狙った。キャリヤガスはN_2 ($0.6kgf/cm^2$)を使用し，基板—ノズル間距離は5 mm，基板移動速度を10cm/sとした。その後，真空中で60℃，1時間ベークし，次にホールブロック性を有する電子輸送材料として2,9-dimethyl-4,7-diphenyl-1,10-phenanthroline (BCP)を蒸着した。最後に，陰極としてLiF (1 nm)，Al (70nm)をそれぞれ真空蒸着法により蒸着し，素子を作製した。

FIrpicとBtp2Ir(acac)の混合比をFIrpic：Btp2Ir(acac)＝20：2, 20：1と変化させたところFIrpic：Btp2Ir(acac)＝20：1のときに最も白色に近い発光が得られ，CIE色度座標値として(0.33, 0.34)を得た。このときのスペクトル，CIE色度座標を図5に示す。

5 自己整合IJPマルチカラー有機EL素子

低分子材料を利用した有機EL素子は前述した低分子材料のみを使用する有機EL素子のみならず，高分子材料に分散させた系で利用することも可能である[8]。ここでは，低分子材料溶液をインクジェットプリント法（IJP法）を用いて絶縁性ポリマー薄膜上に吐出し，自己整合的に発光部位を決定する方法について述べる[9～11]。図6に自己整合IJP法による有機デバイスの作製手順の例を示す。透明電極付きガラス基板上に絶縁性ポリマー薄膜を形成する。この絶縁性ポリマー材料は有機EL溶液（有機ELインク）に含まれる有機溶媒に溶解し，かつ良好な絶縁性を示す必要がある。有機ELインクをIJP法により絶縁性ポリマー薄膜上に吐出する。このとき，

第3章　溶液プロセスを用いた低分子系有機ELの作製

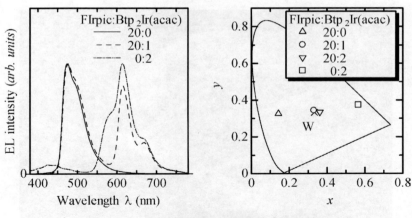

図5　スプレイ法で作製した白色有機EL素子の例

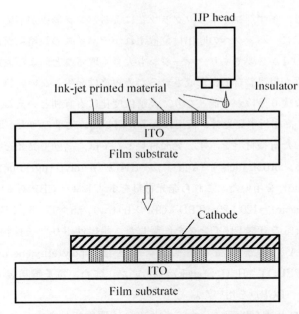

図6　自己整合インクジェットプロセスの概略図

有機ELインクの溶媒が絶縁性ポリマー薄膜を溶解し，スルーホールが形成され，同時に有機EL材料が同位置に形成され，有機ELデバイス部が形成される。周辺部は自己整合的にバンクとなる。最後に，対向電極を形成し，デバイスが完成する。

白色有機 EL 照明技術

図7　自己整合マルチカラーフレキシブル有機 EL パネル

　本プロセスの利点は，まず，フォトリソグラフィによるバンク形成が不要であることから形成が簡単といえる。第二に，バンクへの吐出は位置ずれがデバイスの短絡に繋がるため，インク吐出時に精密な位置合わせが必要であり，マージンも大きく取ることおよび表面処理が必要であったが，本法ではバンクが自己整合的に形成されるため短絡は発生しない。第三に，ドットの重なりを気にせず，自由な塗り分けが可能となり，高解像度化にも有利といえる。更には，自己整合有機 EL においては，高屈折率発光材料使用による光閉じ込め効果の増大が期待できる。

　図1に実験に使用した有機材料を示す。発光材料としては，高効率発光を実現可能なりん光材料として知られる，btp2Ir(acac)（Red），fac-tris(2-(p-tolyl)-pyridine)iridium（Ir(tpy)$_3$）(Green)，FIrpic（Blue）を用いた。これら発光材料をホスト材料 CBP あるいは TPD と混合し，各々，CBP：btp2Ir(acac)＝120：20，TPD：CBP：Ir(tpy)$_3$＝5：95：5，CBP：FIrpic＝120：20のクロロホルム 0.5wt％の有機 EL インクを作製した。絶縁性ポリマー材料として poly(methyl methacrylate)（PMMA），ホール注入バッファ層として poly(ethylene dioxythiophene)/poly(stylenesulfonate)（PEDOT：H. C. Starck）を用いた。また，電子輸送層・ホールブロック層として bathocuproine（BCP）を用いた。

　自己整合の作製プロセスを以下に示す。まず ITO 透明電極付きポリエチレンナフタレート（PEN）基板を洗浄し，UV オゾン処理後，PEDOT をスピンコート法により成膜し，大気中 200℃，5分間ベークを行った。その後，PMMA をテトラヒドロフラン（THF）溶液からスピンコート法により成膜した。次に，PMMA 薄膜上に IJP 法により，有機 EL インクを吐出し，真空中で 60℃，1時間ベークを行った後，BCP（20nm）/LiF（1 nm）/Al（70nm）を形成した。デバイス構造は ITO/PEDOT（30nm）/PMMA（30nm）←Ink/BCP（20nm）/LiF（1 nm）/Al（70nm）である。

第3章　溶液プロセスを用いた低分子系有機ELの作製

インクジェット装置（ブラザー工業製）の概要を以下に示す。インクジェットヘッドはセラミック製で，128個のノズルを持ち，ピエゾ駆動方式である。ノズルの直径は$40\mu m$，解像度は150dpiであり，平均液滴量は50plである。吐出液滴数100shot/s，基板移動速度25mm/s，基板とヘッドの距離0.5mm，印刷されたドットピッチ$170\mu m$，発光領域の直径は$100\mu m$であった。

図7に得られた自己整合マルチカラーパネルの発光写真を示す。パネルサイズは100mm×100mm（有効面積70mm×70mm），解像度は150dpiであり，富山県鳥の雷鳥の発光パターンとなる。パネルに6Vを印加したところ，綺麗な発光パターンが得られた。

6　まとめ

溶液プロセスを用いた低分子系有機ELの作製について述べた。溶液プロセスは必ずしも高分子材料の成膜プロセスに限られたものではなく，低分子材料においても可能なプロセスであるといえる。ここでは必ずしも溶液プロセスに適した低分子材料ではなく，蒸着系で用いられている材料を中心に紹介したが，今後溶液プロセスに適した低分子材料開発により，低分子材料の高純度，高性能などの特徴を生かし，かつ低コスト化によって，ハイパフォーマンスなデバイスの実現に期待したい。

謝辞
ここで紹介した研究の一部は地域新生コンソーシアム【ものづくり革新枠】「自己整合技術を用いた有機光高度機能部材の開発」のプロジェクト成果であり，関係各位に感謝する。

文　　献

1) C. W. Tang and S. A. VanSlyke, *Appl. Phys. Lett.*, **51**, 913 (1987)
2) 佐藤，矢島，金井，第52回秋季応用物理学会学術講演会予稿集，1093 (1991)
3) S. Naka, K. Shinno, H. Okada, H. Onnagawa, and K. Miyashita, *Jpn. J. Appl. Phys.*, **33**, L1772 (1994)
4) W. F. Feehery, *SID 07 Dig.*, 1834 (2007)
5) M. Ooe, S. Naka, H. Okada, and H. Onnagawa, *Jpn. J. Appl. Phys.*, **45**, 250 (2006)
6) T. Echigo, S. Naka, H. Okada, and H. Onnagawa, *Jpn. J. Appl. Phys.*, **41**, 6219 (2002)
7) T. Echigo, S. Naka, H. Okada, and H. Onnagawa, *Jpn. J. Appl. Phys.*, **44**, 613 (2005)
8) J. Kido, M. Kohda, K. Okuyama, and K. Nagai, *Appl. Phys. Lett.*, **61**, 761 (1992)
9) R. Satoh, S. Naka, M. Shibata, H. Okada, H. Onnagawa, T. Miyabayashi, and T. Inoue, *Jpn. J. Appl. Phys.*, **43**, 7725 (2004)
10) R. Satoh, S. Naka, M. Shibata, H. Okada, H. Onnagawa, T. Miyabayashi, and T. Inoue,

Jpn. J. Appl. Phys., **45**, 1829 (2006)
11) K. Matsui, J. Yanagi, M. Shibata, S. Naka, H. Okada, T. Miyabayashi, and T. Inoue, *Mol. Cryst. Liq. Cryst.*, **471**, 261 (2007)

第6編

白色有機 EL 照明の応用技術

第1章　照明用白色有機ELの現状

菰田卓哉*

1　はじめに

　2011年3月11日に起こった東日本大震災以降，特に人口・工業密集地帯である関東地域の電力の不足が懸念される中，電力使用量の約20から25％を占める照明の省エネルギーが急務となってきている。近年，発光ダイオード（LED：Light Emitting Diode）の特性改善が急速に進み，省エネルギーが期待できる次世代照明用光源として注目されるようになってきた。LEDは点光源が得意な光源だが，一方で面光源を得ることは苦手である。昨今，白色有機ELの効率や寿命の改善が進み，省エネルギー平面照明光源としての有力な候補になりつつある。両者とも高効率化による省エネルギー性だけではなく，水銀を用いない，環境にやさしい照明デバイスとして注目を集めている。しかしながら，実用的な照明という観点からは，照明としての更なる特性

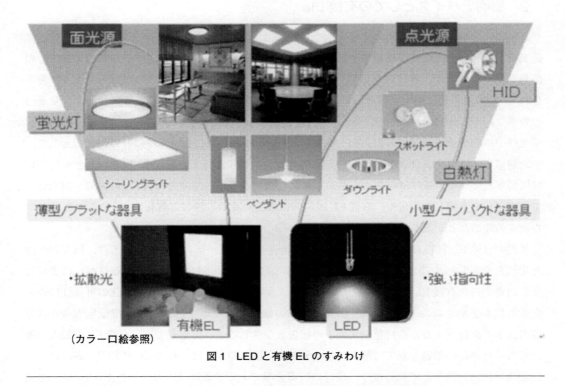

（カラー口絵参照）

図1　LEDと有機ELのすみわけ

＊　Takuya Komoda　パナソニック電工㈱　先行技術開発研究所　技監

の向上や諸特性のバランスの取れたデバイスの開発が求められている。たとえば，照明には，存在を認識させるための明るさがあればよい照明と，存在物の色を認識するための照明の2つの役割があるが，前者はトンネル灯などに代表される光の量を中心に特性追求したもの，後者としては，家庭やオフィスで使われる一般照明，美術館照明などの，光の質を重要視した高品質照明というものである。前述したようにLEDは点光源としては優れた可能性を秘めているが，単一のLEDで面光源を得ることは困難であり，複数個のLEDを用いるしか現在のところ方法がない。一方，有機ELは，有機半導体を用いたLEDであり，OLED（Organic Light Emitting Diode）とも呼ばれる。このLEDと有機ELがさらに発展してくると，従来の白熱灯，蛍光灯に代わる高効率で無水銀な照明光源が実現でき，また，点光源のLEDと面光源の有機ELをうまく使いこなすことにより，これらが織り成す新たな上質な照明空間実現が期待される。これらが次世代照明光源と称されるゆえんである。図1に有機ELとLEDのすみわけ方向を示す。拡散光源は有機ELに，指向性光源はLEDに置き換わっていくものと期待される。

本章では，次世代照明の要のひとつである，有機EL照明技術の現状と将来展望について概説する。

2 照明デバイスとしての有機EL

高効率な有機EL構造を初めて提案したといわれる，Tangらの発明がきっかけで，有機EL発光デバイスの研究開発が世界中で急速に進展し始めた[1]。当初はディスプレイ応用用途中心の開発が進められたが，特に白色に発光する有機ELが1993年に山形大学の城戸らによって発表され[2]，その後急速に照明光源としての有機EL技術の活用が議論されるようになった。蛍光灯の効率（約100 lm/W）を凌駕する高効率白色光源となり得るポテンシャルを有するとともに[3]，蛍光灯や冷陰極蛍光ランプ（CCFL）を代替可能な水銀を含有しない環境適合型の光源として，また超薄型・フレキシブル等の可能性をも併せ持つ次世代面発光光源としてLEDとともに大いに期待されている。近年は複数の企業および研究機関から，白色発光有機ELの光源・照明としての実用化を意図した報告や，有機EL照明の試作品の展示，さらに商品化アナウンス，サンプル販売の開始などが数多くなされている。

最近の有機EL材料およびデバイスの進化はめざましく，一部の特性に関しては，既存の光源と比較しうるレベルにまで達しつつある。効率の観点では，50 lm/Wを越えるレベルにまで達した高効率白色有機EL素子が種々報告されるようになり，有機ELの高効率化の可能性は既に実験的にも証明されたといえる[4〜12]。また寿命の観点では，輝度5,000 cd/m^{2}で推定寿命が3万時間以上の高輝度・長寿命白色発光素子の報告もなされるようにもなり[13]，有機ELの最大の懸念であった寿命の問題も着実に解決されつつある。以上のように，有機ELの効率，寿命は，それぞれ単独の特性として見る限り，現行の照明光源である蛍光灯（電力効率約100 lm/W，半減寿命1万時間以上，輝度数千〜1万cd/m^2）の特性に近づいてきたとも言える。

第1章 照明用白色有機ELの現状

しかし今後，有機ELを照明光源として実用化するためには，効率・寿命をより高いレベルで両立することだけではなく，照明光源としての特性，たとえば，対象物を明るく照らせること（大光束化），対象物の色調を正しく再現できること（高演色性化），などを確保していくことが必要である。たとえば，家庭用の蛍光灯照明には6,000 lm程度の光束を放射するものが用いられているが，同等量の光束を有機ELで得るには，輝度 5,000cd/m^2・60cm角など，高輝度かつ大面積発光が可能なものが求められる。また，高演色性の白色発光を得るためには，青―黄色等の補色による白色構成ではなく，RGB3波長の発光を呈する素子構造などを用いる必要がある。よって，高輝度・長寿命化技術，高演色性化技術，大面積素子の均一発光化技術および製造技術など，実用化に即した技術開発への注力が，今まで以上に重要となると考えられる。

さらに，光取り出し効率の改善も効率向上に大きく寄与する技術である。50 lm/Wを越える高効率が得られた白色素子のほとんどは，光取り出し構造が付与されたものである。光取り出し効率向上のためには，基板モードの光取り出し，外部放射モードの増加，素子内導波モードの抑制・取り出しなど，各種の検討が行われているが[14]，具体的には，基板表面にピラミッドアレイを形成したり，光学フィルムを貼付することによって，取り出し効率を1.6～1.7倍程度に高めた例などが，基板モードの光の取り出しの例として知られている[15, 16]。また，素子内導波モードを考慮し，基板と電極間に低屈折率層や散乱構造を設けることによって1.4～1.6倍程度の光取り出し効率向上を実現した報告もある[17, 18]。しかし現在のところ，いずれの方法でも光利用効率は40％程度に留まるため，今後の検討によるさらなる取り出し効率向上が望まれる。

3 高演色性マルチユニット白色有機ELパネル

3.1 デバイス構造

積層型（マルチユニット型）有機ELデバイスは特に照明応用に適しているとされ，高輝度と長寿命を同時に実現することが出来るデバイス構造としてよく知られている。しかしながら，複数の薄膜を積層する構造をとることから，光学的な干渉効果により光の放射角度による色調の変化が観察されることがある。我々は，高品質な高CRI（Colour Rendering Index）白色発光デバイスを得るため，また，製造のやりやすさや諸特性の再現性を考慮して，青色蛍光発光ユニットと赤／緑燐光発光ユニットを積層した二層構造のマルチユニット構造を採用した[19]。

図2に開発した二層タイプのマルチユニット構造白色有機ELデバイスの模式構造を，表1に得られた特性を示す。高演色性を実現するために，ピーク波長が460nm以下の非常に深い青色発光（Deep Blue Emission）を示す蛍光材料（Fluorescent Material）を開発し，青の発光ユニットに用いた。緑と赤の混色層には高効率な燐光発光材料（Phosphorescent Material）を用いた。燐光発光ドーパントの特性を十分引き出すために，エネルギーを効率よく発光ドーパントに集約する特性と，高い電荷輸送性を有する輸送材料やホスト材料を選択した。これにより，高効率・低駆動電圧を実現した。2つのユニットを結合するための中間層には，ホールと電子がそれぞれ

白色有機 EL 照明技術

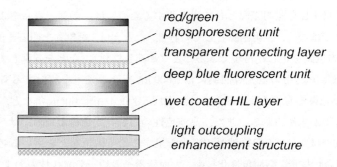

図2 開発した二層タイプのマルチユニット構造白色有機 EL デバイスの模式構造

表1 開発した二層マルチユニット型有機 EL 素子の特性

平均演色評価数（CRI：Color rendering index）	95
色温度	4,590K
CIE 色座標（x,y）	(0.36, 0.36)
発光効率	37 lm/W (@ 1,000cd/m^2)
	47 lm/W (@ 100cd/m^2)
輝度半減寿命 @ 1,000cd/m^2	40,000h（推定寿命）

の輸送層に注入できる特性を持つ材料を選択している。また，ITO 上に最初に形成するホール注入層（HIL）には，塗布型のホール注入材料を選択し，高効率・低電圧駆動を実現するだけでなく，ITO 電極の表面の欠陥などをカバーする役割も持たせている。

最近，ENERGY STAR で，"Solid State Lighting Luminaries, Eligibility Criteria" が定義された。これによれば，色変化の範囲は，CIE 1976 (u', v') 色座標において，色度の角度依存性が 0.004 以内と定められている。この値は，一般的に良く用いられている CIE 1931 (x,y) 色座標上では，概ね 0.01 以内に相当する。図3に有機 EL 素子の角度依存性の一例と今回開発に成功した有機 EL 素子の一例を示す。我々は，新たに光学設計した構造を採用し，マルチユニット構造にもかかわらず，図3に示すように，角度依存性を上述の 0.01 以内に飛躍的に小さく抑えることに成功した。試作した白色有機 EL デバイスの特性を表1に示す。試作したデバイスは，色温度が 4,590 K，CRI が 95 で，発光色の位置は，ちょうど黒体輻射線上に乗っている。電力効率は，37 lm/W で輝度 1,000 cd/m^2 での推定半減寿命は約 40,000 時間と推定される。これらの特性を同時に満たすことが可能になった。このように非常にバランスの取れた特性を得たデバイスは今まで報告されたもののなかでも最高の性能と考えられる。なお，最近 IDMC2011（International

第1章　照明用白色有機 EL の現状

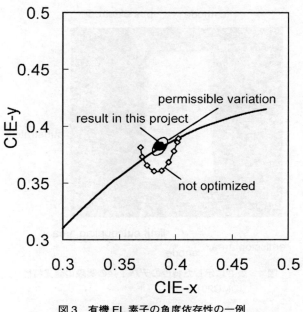

図3　有機 EL 素子の角度依存性の一例

表2　最新のマルチユニット構造を用いた白色有機
　　　EL デバイスの特性（IDMC2011）

luminous efficiency	56 lm/W
CRI	91
luminance	1,000cd/m^2
color coordinate	(0.42, 0.41)
color temperature	3,200K
half decay lifetime	>150,000h

Display Manufacturing Conference 2011）で発表された最新データでは，同様の構造で，光取り出し技術を改善したもので，56 lm/W という高効率が報告されており，蛍光・りん光ハイブリッドタイプでも蛍光灯を面発光に用いたときより高効率になるデバイスが実現し始めている。実際のデータを表2，図4に示す[20]。

3.2　白色有機 EL の開発事例

図5に，2010年4月に，ドイツのフランクフルトで開催された Light and Building 2010 で展示されたパナソニック電工が開発した8×8 cm 角の白色有機 EL パネルの点灯時の様子を示す。左側の写真が単一パネル，右側の写真がこれを16枚つなぎ合わせた面状光源である。トータル厚み1 mm 以下の発光体から高品質な白色発光が得られていることがわかる。このパネルの演色

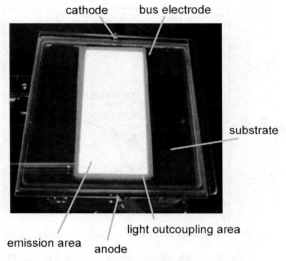

図4 表2に示した特性のデバイスの実際の発光特性
（IDMC2011）

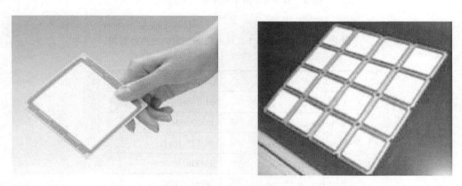

図5 パナソニック電工が2010年4月にドイツのフランクフルトで開催されたLight and Building 2010に展示した白色有機ELパネルの点灯時の様子

性は90であり，色温度は約5,000Kである。

4 省資源型有機EL製造技術

　有機EL照明を広く普及させるためには，電球や蛍光灯のような，既存の照明光源に対しても，コスト競争力を持てるようにならなければならない。そのためには，製造プロセスも劇的に進化・改善されなければならない。有機EL開発においては，この点も十分視野に入れ，早期に実用化・立ち上げできるように，省資源型・環境配慮型のプロセス開発をあわせて行った。インラインの塗布・蒸着ハイブリッド型の方式を採用し，生産性と材料の使用率の向上を図った。

第1章　照明用白色有機ELの現状

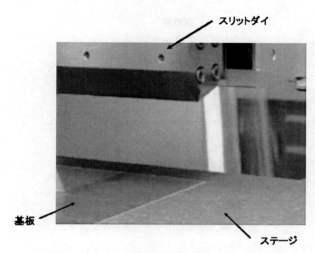

図6　開発されたダイ・スリットコートシステムのスリットダイと，塗布する基板，および，基板をセットするステージ

4.1 高速薄膜塗布プロセス

　ダイ・スリットコート方式は，薄膜形成プロセスとして広く知られたもののひとつであり，ディスプレイ用のカラーフィルターや反射防止用のフィルム用の薄膜作製に広く用いられている。これは，ダイ・スリットコート方式が，高速，かつ，高材料使用効率が可能な方式で，安定に塗布できるからである。ダイ・スリットコートシステムの一例を図6に示す。

　有機ELで要求される膜厚を高速で塗布するには通常のダイ・スリットコーティング方式では非常に困難を伴う。よって，現状の装置そのままでは有機ELに適用できるような塗布性能をもったプロセス特性を得ることはできない。このため，本プロジェクトでは有機ELに適用できる，高速・薄膜ダイ・スリットコーティング技術を開発した。開発に当たっては，塗布に用いる材料インクの挙動解析のため，*In-situ*でのスローモーションビデオ観察や，CADを用いた流体ダイナミクスシミュレーションを実施した。

　本装置で実際にA4サイズのガラス基板（210×300mm）に塗布用ホール輸送材料を200mm/sの塗布スピードで塗布・乾燥させ，膜厚が30nm±3％の精度で形成されていることを確認した。

4.2 高速・高材料使用効率蒸着プロセス

　ホットウォール蒸着源とは，暖められた筒状の壁が，蒸着源の坩堝と，基板の間に存在するシステムである。坩堝で蒸気になった有機材料は，温められた筒状の壁面で弾性衝突したり，吸着したものが再度蒸発したりということを繰り返しながら基板に導かれる。このように自律的に蒸着材料が方向付けられることにより，材料の使用効率が約70％に達し，蒸着レートも2nm/sと比較的速い結果がすでに得られている。しかしながら，さらにハイスピードな蒸着レートやより高い材料使用効率，さらには，長時間の連続蒸着での安定性などが求められるようになった。

白色有機EL照明技術

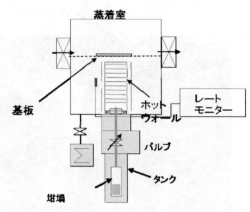

図7 改良されたホットウォールシステム

図8 ホットウォールの形状設計を行うための分子ダイナミクス
シミュレーション結果の一例

　図7に示すような改良されたホットウォールシステムを開発した。ホットウォールの形状設計を行うために，分子ダイナミクスシミュレーションを活用し，蒸気化した有機分子の空中分布を一様にするような形状を求めた。シミュレーション結果の一例を図8に示す。ある有機材料では，A4サイズ基板（210×300mm）一面に対して，8 nm/sという，従来の蒸着技術と比較して10倍も高速な蒸着速度の下でも，±3％という膜厚精度を得ることができた。さらに，今回開発したシステムは，蒸着スピードを，0 nm/sから10nm/sの範囲で，たいへん精度のよいリニアリティでもってコントロールできる。以上述べたホットウォール蒸着システムを搭載したインライン蒸着システムをあわせて開発した。

5 結論

　次世代照明としての有機ELについて概説した。基盤的な技術開発から実用化開発のステージに進んできており，高い演色評価数をもち，高効率で長寿命の白色有機ELが実現されてきている。有機ELについては今後効率が飛躍的に向上することが期待され，ここ3年から5年のうちにはLEDと有機ELは肩を並べるレベルになるだろう。製造技術も進展してきており，有機ELの本格的な市場投入は近いと考えられる。最近では，2011年3月29日に，パナソニック電工が出光興産と合弁で，有機ELパネルの製造・マーケティングを目的とした会社を設立するというアナウンスがあった。

　LEDと有機ELは基本的には点光源と面光源ということですみわけが可能であり，両方のデバイスを組み合わせることにより，更なる高品質な照明が実現できると考えられ，省エネルギーと快適を両立した次世代照明空間が実現される日も近いと期待される。

謝辞

　本章に述べた結果のうち有機ELに関しては，㈱新エネルギー・産業技術総合開発機構（NEDO）からの委託事業により生み出されたものである。共同受託した出光興産㈱，タツモ㈱，共同研究企業である長州産業㈱からのデータ・材料提供に感謝申し上げる。また，さまざまな材料を供給いただいた数多くの皆様，とりわけ新日鐵化学㈱，日産化学工業㈱，Universal Display Corporationに感謝申し上げる。学術的な観点からは，青山学院大学の重里教授，東京大学の山口教授，山形大学の城戸教授はじめ，たくさんの先生方にたいへん有益なご助言・ご指導を賜った。ここに感謝の意を表します。

文　　献

1) C. W. Tang and S. A. VanSlyke, *Applied Physics Letters*, **51**, 913 (1987)
2) B'Andrade, J. Esler, C. Lin, M. Weaver, J. Brown, "Extremely Long Lived White Phosphorescent Organic Light Emitting Device with Minimum Organic Materials," SID 08 Digest, 940 (2008)
3) J. Kido, K. Hongawa, K. Okuyama, K. Nagai, *Appl. Phys. Lett.*, **64**, 815 (1994)
4) B. W. D'Andrade and J. Esler, "Realizing white phosphorescent OLED efficiency limits," SPIE Optics + Photonics, 7051-23 (2008)
5) J. Kido, 2006 MRS Spring Meeting, L3.4 (2006)
6) N. Ide, T. Komoda, J. Kido, SPIE Optics and Photonics, 6333-22 (2006)
7) J. Kido, Y. Fujita, N. Ide, K. Nakayama, 2007 MRS Spring Meeting, O10.8 (2007)
8) T. Nakayama, K. Hiyama, K. Furukawa, H. Ohtani, SID 2007, 19.1 (2007)
9) B. W. D'Andrade, J.-Y. Tsai, C. Lin, M. S. Weaver, P. B. Mackenzie, J. J. Brown, SID

2007, 19.3 (2007)
10) T. Nakayama, K. Hiyama, K. Furukawa, H. Ohtani, "Development of Phosphorescent White OLED with Extremely High Power Efficiency and Long Lifetime," *SID 2007 Int. Symp. Digest Tech. Papers*, **38**, 1018 (2007)
11) B. W. D'Andrade, J. Esler, C. Lin, V. Adamovich, S. Xia, M. S. Weaver, R. Kwong, J. J. Brown, "102 lm/W White Phosphorescent OLED," IDW'08, OLED1-4L, 143 (2008)
12) N. Ide and T. Komoda, "High-performance OLEDs and their application to lighting," *Proc. SPIE Optics and Photonics*, **7051**, 705119-1 (2008)
13) 小田敦, 有機 EL ハンドブック, 203-228, リアライズ理工センター (2004)
14) S. Tanaka, Y. Kawakami, Y. Naito, SPIE Annual Meeting, 5519-33 (2004)
15) 小田敦, 05-2 有機 EL 研究会（高分子学会）, 14-15 (2005)
16) T. Tsutsui, M. Yahiro, H. Yokogawa, K. Kawano, M. Yokoyama, *Advanced Materials*, **13**, 1149 (2001)
17) H. Bechtel, W. Busselt, J. Opitz, SPIE 49th annual meeting, 5519-34 (2004)
18) B. W. D'Andrade, J. Esler, C. Lin, V. Adamovich, S. Xia, M. S. Weaver, R. Kwong, J. J. Brown, "102 lm/W White Phosphorescent OLED," IDW'08, OLED1-4L, 143 (2008)
19) T. Komoda, H. Tsuji, N. Ito, T. Nishimori, N. Ide, "High-Quality White OLEDs and Resource Saving Fabrication Processes for Lighting Application", SID2010 Int. Symp. Digest Tech. Papers XLI, 66.4, 993 (2010)
20) T. Komoda, N. Ide, H. Tsuji, K. Yamae, K. Varutt, Y. Matsuhisa, "White OLEDs for Next Generation Solid State Lightings", IDMC2011 Proc., S23-02 (2011)

第 2 章　白色有機 EL パネルの生産技術と性能改善
―量産経験の開発知見から―

赤星　治*

1　はじめに

　有機 EL が業界においてディスプレイや光源用途としての高い優位性が謳われて久しいが，実際の製品採用は小型ディスプレイなどの一部を除いて，なかなか進まぬ実態がある。
　ディスプレイ用途においては，自発光による高コントラストやバックライト不要といった，従前の液晶ディスプレイに対する大きな優位性を持ち，光源としても面発光や水銀フリーなどの現状普及品に対する大きな優位性があるにも拘らず，一般マーケットでの普及が思ったように進んでいない。
　これらは様々な要因はあるものの，大別して材料を含む性能と，生産技術の二つの要因に分けることが出来ると考える。本章ではこのように期待されながらも普及にはなお，課題のある OLED，とりわけ照明用白色 OLED について述べて参りたい。

2　OLED 開発および事業化の現状

　現在まで OLED の開発は，ディスプレイ用途と光源用途に大きく二分され研究開発がなされてきた。いままで単独で，また企業間のコラボレーションなどで進められてきた基礎開発および製品開発はここへ来てひと段落し，新たなステージへと進化している。
　その内容は今までの開発の方向性に則したゴール設定に，良くも悪くも一応の結果が見えて，そのまま更にブラッシュアップされる技術や並行した開発の一方，技術をシュリンクし現在優先するべき選択技術を明らかにしたものなど，様々なポジショニングの統廃合が行なわれてきている。
　これらは様々な業態各社のベース技術からくる優位性の囲い込み戦略や，アドバンテージ維持などの思惑が入り乱れていたが，ここに来て現在できることと将来目標とするものが大きな意味でベース技術や業態の違いを超えて共通化してきたように感じる。この背景には，材料開発や生産技術の向上，様々な試みに対するある程度の結果が得られたことにより，技術が洗練されてきたことが大きな要因と考える。
　これらは先に述べたように技術や事業の統廃合やスクリーニングを経て，いよいよ実用化のステージに入ったことを予感させるに足るものである。

---

　*　Osamu Akaboshi　㈱アイエスジェー　代表取締役

高付加価値ニッチマーケット分野活用事例

図1　有機EL照明の採用が期待される特殊マーケット

　その手始めに，一部製品が既に採用されているが，家庭で使われるような一般型照明と異なる特殊用途の高付加価値照明としてのニーズからスタートすると見られる。一例を挙げれば美術館や商業施設，自動車や電車車両，医療や検査，食物栽培などのOLEDならではの特性が生かせる高付加価値用途から採用が進むと見ている。

3 性能における問題点

それでは今までに大規模マーケットに対する普及の阻害要因となっているスペック上の問題点はどのようなものか。大きくは4つに集約ができると考える。

①発光効率
②寿命
③輝度
④発熱

これらの市場要求定義には諸説あるが，当社が今までの活動でヒアリングしてきた数字を掲載している。それぞれがトレードオフなど，おおよその因果関係を持つが，発光効率に関してはマーケットの要求は蛍光灯の70〜80 lm/Wと比較して差別化が可能な100 lm/W以上の要求であり，その際の寿命はやはり蛍光灯と比較して最低でも30％程度の長寿命化が必要となり，おおよそ現状蛍光灯の7,000〜8,000時間程度から1万時間超えが市場要求と捉えている。

輝度については蛍光灯での現状，1万カンデラ程度が要求されているが，当然ながらその際の電気エネルギーの発熱ロスは極力排除しなければならない。現在の材料（一般的な低分子蛍光材料）ではより良い効率を得ようとした場合に，あまり輝度の高いポイントでは熱ロスが高いことや熱ダメージにそもそも弱い有機材料は寿命を短くしてしまうため，要求輝度を満たそうとすれば発光効率の低下，発熱による寿命低下などの複合的な問題が起こり，これらスペックの市場要求追従には材料や構造を含めた大きな改善が必要となる。

また，表1にあるように市場が要求を決めるもうひとつのファクターは先行する次世代照明であるLED照明のスペックにも起因する。従来使用されている蛍光灯や白熱灯に対してLED照明への置き換え需要が既に始まっており，今後これらのスペック対コストにOLED照明がどのように追従できるかがポイントとなる。

表1　照明比較

項目	白熱電球	蛍光灯	LED照明	OLED照明	LED照明	OLED照明
時期（年）	現在	現在	2010	2011	2018	2018
光源形状	点	線	点	面	点	面
特徴	低価格	低価格	省エネ	薄い	省エネ	薄い 省エネ
効率（lm/W）	10〜20	80〜100	60〜80	20〜40	120〜160	120〜150
寿命（h）	2千	8千	6万	1万	8万	6万

（出典：㈱アイエスジェー）

4 生産における問題点

次に生産における問題点を挙げておきたい。複合的に多くの技術事情が絡み合うが，大きくは以下の4点に集約して説明する。
　①大判化
　②高真空
　③検査
　④歩留まり

昨今のパネルビジネスは，当然ながら生産する基板サイズを大判化して取り個数を増やして生産効率を上げるというのがトレンドである。当然製品に対する市場要求は軽薄短小であるから，薄い基板のハンドリング問題もあり，重力に逆らい無限に基板サイズが大きくなることはありえないが，少なくとも液晶では既に第10世代基板が実用化され，更にその先には3,350×3,950mmの第12世代基板の採用が視野に入ってきている。

これらを鑑みればOLEDも同様に生産性を上げ，コストダウンを行うためには早急に大判化の道筋をたどるのが必定とされるが，そこには液晶ディスプレイと同じ目線で語ることの出来ない致命的な問題がある。

それが②で挙げている高真空プロセスである。大判化の際には当然ながら現在では真空プロセスの必要な低分子蛍光型の材料を使用する限り，高真空の中で大型基板の取り扱いをしなければならない。

これらは同時にダスト対策やマスクの熱膨張および歪による問題やクリーニングの問題を引き起こし，適正な対処をしなければ殆ど良品の取れない状況となりうるからだ。これらは如何にしてプロセスの脆弱性を排除するかが大きなポイントとなり，現状材料におけるひとつの有効な手立てとしてはプロセス中の真空を極力，暴露しない方法が最有力である。

これには圧力環境の変化などのリスク要因もあるが，最大要因は有機材料の吸湿劣化と輝点や黒点の原因となりえるダスト付着を防ぐことにある。

これらを実現するために我々は従来型のガラス封止方式ではなく，CVDによるパッシベーション膜をインライン（成膜と同様の真空中）によるプロセスとすることで相当なリスクの排除を実現している。

〈ガラス封止におけるリスク要因〉
- 樹脂UV硬化時のUV錯乱光による有機膜劣化リスク
- 樹脂硬化時のUV硬化樹脂からのアウトガスによる有機膜劣化リスク
- 封止樹脂とガラス界面からの外気侵入による有機膜劣化リスク
- 封止ガラス加工リスク
- 乾燥剤使用リスク

併せて③で挙げている検査においてはこれらの潜在的な不具合をどのようにして炙り出すかが

第2章　白色有機ELパネルの生産技術と性能改善―量産経験の開発知見から―

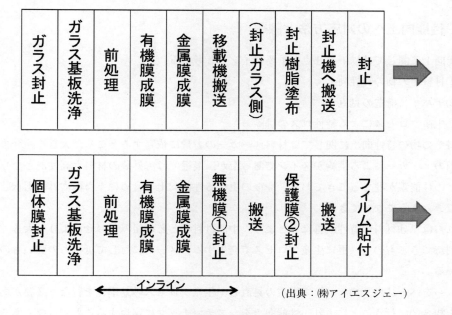

図2　封止プロセスの比較

大きなノウハウであるが，これもまたトレードオフの部分がある。大きな負荷を掛ければ問題は発見しやすいが，その検査そのものが不良を作る可能性も否めず，検査手法も含めて総合的に④の歩留まり向上へとつなげなくてはならない。

よって，ダメージを与えずに故障検出率を上げるための検査ノウハウは非常に重要なファクターとなる。

5　課題と今後の対策

大判化への対応方法と課題について一例を説明する。大判化を実現するには多くの課題があるがその中でも①ダスト対策，②基板洗浄技術，③マスク対策，④基板搬送技術等への対策が必要であり，良品をとるためにはすべてが及第点となる必要がある。

大判化すると当然ながらその他の成膜技術なども新しい対策が必要となるが，今までの流れから大判化による多くの問題点は，大判化により直接的，物理的にリスクの増えるダスト対策や同様に洗浄，基板搬送など相当にブラッシュアップしなければならない項目がある。

中でも搬送とマスクの取り扱いについては基板などを垂直に立てて運用するバーティカルタイプなどが今後の主流になる可能性が高い。

6 性能向上への対応方法と課題

性能向上に関しては以下の3点が重要ポイントと考える。
　①材料その物の特性向上
　②デバイス構造の見直し
　③生産プロセスによる特性ロスの排除

材料その物の特性向上に関しては材料メーカーの力量に依存するところが大きく，今までは日本国内のメーカーによる供給がメインであったが，最近では海外製の材料も高性能となり，国産材料との性能差が埋まってきており，今後の更なる性能向上も含め様々な国内外の選択肢拡大が期待できるようになってきた。

それらは単独材料の特性改善はもとより，中間材料などとの組み合わせにより，大きく特性向上が期待できるものや，更に生産プロセスで発生するダメージに対して抵抗力の強いものが出てきている。

これらをベースに②のデバイス構造の見直しや生産プロセスの効率化を行なう必要があり，これらを複合的に行うことにより，性能向上をシステマチックに実現することが重要である。

今後のデバイスのトレンドとして図3に記載されるようにガラス封止から膜封止，将来的にはフィルム封止実現が現実味を帯びてきている。

我々が現実に量産経験を持つ個体膜封止では，その特徴として低コストや高排熱性能など多く

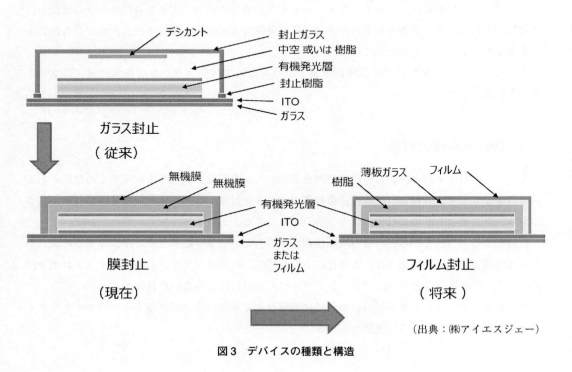

図3　デバイスの種類と構造

第2章　白色有機ELパネルの生産技術と性能改善―量産経験の開発知見から―

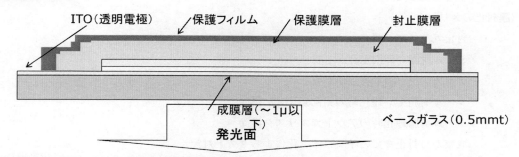

図4　膜封止のメリット

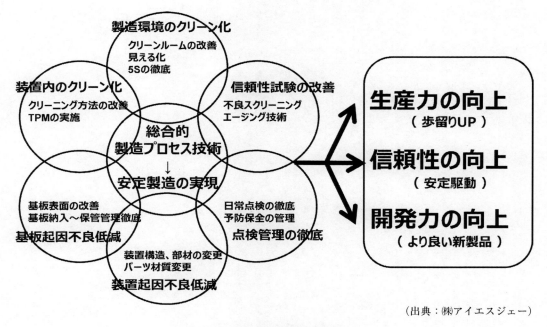

図5　必要な技術対策要素

のメリットを享受した。

〈膜封止のメリット〉
- 封止ガラスが不要
- シール樹脂の印刷工程が不要
- デシカント（吸着材）が不要
- シール樹脂UV硬化時の錯乱光リスク排除
- シール樹脂硬化時のアウトガスリスク排除
- 成膜から封止までのインライン化によるダスト対策

7　おわりに

　このように依然として様々な問題点や急ぎ乗り越えなくてはならない必須課題など，多数の克服すべき部分はあるが，やはり何といってもその潜在的なパフォーマンスの高さや生産技術が進捗した際の低コスト化など，大きな潜在的魅力にかげりはなく，安全性の高さや有害物質の低減などをとっても今後，未来社会へ向けて大きく貢献できる技術であることには疑う余地がない。
　我々は自らの生産経験や開発知見を持って，精力的にこれらの課題解決にまい進するとともに技術開発やそのサポートを通じて広く社会に貢献して参りたい。

第 3 章　デザインからみる有機 EL 照明
―照明デザイナーからの視点を活かしフロンティアを獲得する―

長根　寛*

1　はじめに

　次世代照明として，有機 EL は照明デザイン界においても，大きな期待をもって話題に上がることが少なくない。同じように次世代照明として台頭した LED がわずか数年の間に大きく飛躍し，実際の物件において普通に使用されるようになるとは，わずか 8 年ほど前には想いもよらなかった状況である。

　これほどまでに LED 市場が出来上がってしまっては，有機 EL には照明事業としての活躍の場がないのであろうか？　否である。照明としての有機 EL はまだまだ開発の段階から脱却し切れていないのが現状であるが，いわゆる照明メーカーが牽引する照明業界の垣根を取り払った，さまざまな分野に展開できる可能性を秘めている。

　広大な数々あるフロンティアが手付かずで存在する世界が有機 EL 照明によって開かれる時が訪れようとしているのだ。では，そのフロンティアはどこにあり，どのような有機 EL を作っていけばよいのだろう。闇雲に性能だけを目指す開発では膨大なコストと時間が必要であり，もはやそのような時代は終ったのではないだろうか。

　照明デザイナーは常にクライアントの立場で空間やプロダクトを創造する立場にいる。いうなれば，「欲しいものを知っている」ということである。

　この章では，最終的にフロンティアを獲得するために，開発すべき方向のヒントを，照明デザイナーから提案するものである。

2　照明デザインとは何か？

　この書籍をご覧になっている方々には照明関係者以外にも，建築家，インテリアデザイナー，コーディネーターまたランドスケープデザイナーなど主に空間を創造する方々，プロダクトデザイナーや技術者のように主に物を生み出していく方々，そして，それを運営したり，流通させたりすることに関わっている皆さん，「光」というキーワードに対し，実にさまざまな職種の方々がいらっしゃると思われる。

　この，すべての皆さんに共通する目的が一つある。

　「人」である。我々すべての仕事の根本に「人の気持ちを満足させる」という目的があり，そ

＊　Hiroshi Nagane　東京デザインパーティー　代表，照明デザイナー

図 1 何気ない生活と照明デザイン

の手段としてさまざまな職種というアプローチがあるのだと思う。そして，いま「光」というキーワードにみなさんが集まっていることからもわかるとおり，「光」を素材とし人の気持ちをコントロールし，サポートすることを仕事としている照明デザインという仕事は，そのどの分野ともコラボレーションが可能，言い換えると，どの分野にも必要で，もしかしたらみなさんが普段何気なくこなしてしまっている仕事の一つともいえるのではないか．

3 なぜ光が大事なんだろう？

3.1 「照明って大事だよね！」

パーティー会場などで初めてお会いした人と名刺交換をしたときなどによく言われる．それは私の名刺に〈照明デザイナー〉と書いてあるからだが，実は，言った本人も光に深く関わって生活や仕事をしていることに気がついている方はあまり多くはない．

"人は情報の 80％ 近くを視覚情報から得ている" なにかの書物で得た知識だが，本当かどうか？　私にはわからないが，人が多くの情報を"視覚"つまり目で見たものを情報と認識しているということである．

では，目で見るとは何を見ているのだろう？　それは光である．人は「光」を「目」という器官を通じて取り入れ「脳」が情報としてとらえる．人はその情報からさまざまな感情を生み出す．

すごい！　こわい〜，やさしそう，つめたそう，懐かしい，うれしい，ほっとする…さまざまな感情の約 8 割を光が担っているのである．つまり，人が見るもの＝光を効果的に使うことが，ビジネスとしても，暮らし方としても大切なのだ．

第3章 デザインからみる有機EL照明

図2 いのる，うれしい……さまざまな感情の8割を光が担う

図3 光の活用と照明デザイナー

4 光の活用とは？

　すでに多くの職種において「光」が効果的に活用されている。我々，光の専門家である照明デザイナーもランドスケープ，建築，インテリア，プロダクト，イベント，開発の場など，さまざまな場面でプロデューサとして，コンサルタントとして，デザイナーとして，アドバイザーとして，携わる機会を頂いてきた。

　誤解を恐れずにいうならば，人の介在するところすべての場面に「光」の専門家としてなんらかの効果的な方法を示していけるのが照明デザイナーの得意なポジションなのかもしれない。

　では，照明デザイナーの光の専門家としての強みとは何だろう。それは職業病ともいわれるか

もしれないが，毎日毎日光から受ける人の感情を無意識に考え，とらえ直し，それを人工的に作り出す方法を思い巡らせている点であろう．

さまざまな専門職業の方々には遠く及ばず，けっして主役になるべき職業ではないが，名脇役にはなれるかもしれないのが照明デザイナーなのかもしれない．うまく照明デザイナーを活用して頂ければ幸いである．

5 有機EL照明器具『ELRING』

ELRINGは有機エレクトロニクス研究所が主催したコンペティションにおいて最優秀賞を獲得し，2010年度の「ライト＆ビルディングショー」にて世界中に発表された有機EL照明器具で，長根寛と小野さやかのデザインによるものである．

蒸着方式のパネルを用いた器具で，Φ1200という巨体にもかかわらず，空中に軽く浮遊するがごとく器具を見せながら存在感は感じさせないデザインとして評価されたものである．有機EL照明は，その薄いパネルという特性を活かすことで，これまでにない，光の形態を生み出していくことだろう．

図4 有機EL照明器具「ELRING」

第3章　デザインからみる有機EL照明

図5　有機EL照明器具「ELRING」の概観（カラー口絵参照）

図6　2010年度ライト＆ビルディングショー「OLED JAPAN」ブース

6　有機EL照明実用化に向けての課題

　有機EL照明の開発を進めるに当たり，実用化に対する課題をよく質問される。ここで大事なポイントは，「何をするための実用化なのか？」であるが，実はこの大事なポイントを決めないまま開発を進めていることが少なくないようだ。
　では，一般的に言われている実用化の課題とはなんであろう？　私があくまで一般論としてお

221

答えするのは以下の内容である。ひとつずつ私の考えを説明する。
① 技術面1：照度アップ／寿命アップ／低コスト
② 技術面2：実用に耐えうる生産方法の確立
③ 供給面：製作会社不足と流通形態
④ ソフト：使用目的による開発の方向性
⑤ 社会性：有機EL照明の宣伝と基準

6.1 技術面1：照度アップ／寿命アップ／低コストについて

　一般にLEDは白熱灯の代替に，有機ELは蛍光灯の代替になっていくだろうと言われている。これは，白熱灯の得意分野が点光源としての優位性を活かした集光性の高いスポットライトなどに多用されるためだが，LEDもその形状から点光源としての優位性を持っているため，白熱灯の代替と言われるわけである。

　反対に，有機ELは面発光であるために，蛍光灯のように四方八方に光が放射されるため，広く全体的に照らすことに長けている光源といえるだろう。

　では，この蛍光灯に置き換わる存在として現状を捉えなおすと，いろいろと目指すものが見えてくる。情報によると，蒸着による有機ELパネルが研究所レベルで$5000cd/m^2$を達成し蛍光灯と同等程度までの明るさを出せるようになったということで，いよいよ照明として使える有機ELパネルが出現してきそうである。

　だがコストはどうだろうか？　現在の生産方法だと1枚あたりの金額は5万円ほどになるそうだ。これを量産することで5千円以下を目指すということだった。このときの寿命は不明だが，現在の蛍光灯が12,000時間の長寿命で，尚且つコストは1千円以下となると，蛍光灯と同レベルの明るさが出せたとしても同じ土俵で勝負をしようとする限り，ビジネスとしては難しいものがある。

　実際，私が空間ライティングの提案をクライアントにする場合に，現在の蛍光灯でできることは蛍光灯で提案する。長寿命でコストもリーズナブル，色温度も豊富で，なによりも一般のクライアントが近所のホームセンターなどで簡単に手に入る。蛍光灯は日本人が慣れ親しんだ扱いやすく便利な光源といえるだろう。

　では，この便利な蛍光灯に置き換わるべく，明るさ，コスト，寿命，色温度，演色性すべてのことで勝る必要があるのだろうか？　これを達成するためには，大変な投資と時間が必要で，尚且つそれができたとしても，今の蛍光灯と同じになるだけなのである。わずかに上回ったな，と考えても，そのときには蛍光灯のほうも進化しているだろう。

　私がお伝えしたいのは，まさにこのことで，闇雲に蛍光灯と同様のスペックを目指して開発することはあまり意味のないことであり，的を絞った製品を開発することで，蛍光灯には真似のできない光源となりうるのである。有機EL照明が蛍光灯ではできない照明として開発され，その光がこれまでの暮らしをより豊かにしてくれる光であるならば，自信をもってクライアントに提

第 3 章　デザインからみる有機 EL 照明

案できることだろう。
　「人が，どんな気持ちで，どんな空間で，何を行うために必要な光を作ろうとしているか！」を目標として，人の気持ちに沿った開発をしない限り，現実的なビジネスにはつながっていかないのではないだろうか。

6.2　技術面 2：実用に耐えうる生産方法の確立

　現在世の中で見ることのできる有機 EL 照明パネルは，ほぼ真空蒸着法にて製造されたものと言っていいだろう。大型化が困難ではあるが，品質の点ではこの蒸着方法での有機 EL 照明パネルが実用化の一歩先を行っていると考えられる。
　ところが，この蒸着方法は大量生産に向いておらず，その対処法としてロールトゥロール製法や塗布方式の研究が進んでいる。照明デザイナーとしては，品質のしっかりしている蒸着方式でのパネルには照明器具用光源としての期待をするところだが，建築や内装レベルの使用方法を想像すると，より大きな面を安く，大量に使える，ロールトゥロール製法や塗布方式の製品が，早く一般商品として実売されることが楽しみである。

6.3　供給面：製作会社不足と流通形態

　LED の爆発的な普及の裏には，1970 年代から着実にステップを重ねてきた生産体制があったのは間違いがない。
　照明用 LED としての世界的な動きが始まったのは 2004 年のフランクフルトの「ライト＆ビルディングショー」が印象的であったが，サインや遊戯用光源としてすでに工場のラインや生産と販売の体制ができていたことがこの動きに俊敏に対応し行動に移れた要因であると考えられる。
　対して，有機 EL の場合は，生まれたばかりの会社が数社，または，これまでに有機シートなどの化学繊維を取り扱っていた企業が研究開発をしている段階であり，具体的に一般販売している例はほとんど聞かない。
　そういう意味では，LED のように爆発的な動きは，もう少し先のことになるのかもしれない。逆にいち早く有機 EL 照明界の専門分野を確立し，その第一人者になることがブランドの確立の意味でも，有意義な結果に結びつくだろう。

6.4　ソフト：使用目的による開発の方向性

　6.3 項のことからも解るとおり，有機 EL 照明の分野においては，なんにでも対応可能をめざすのではなく，今までに培った自社の技術や営業分野を活かした方法で開発を進め，いち早くその分野でのブランドを確立する必要がある。
　これは，確実に戦国時代のような他分野からの参入が予想される有機 EL 照明の分野では，ブランドの確立が大きな力となり，逆にブランドを作りきれなかった企業は段々と淘汰されていく運命が予想されるからである。

現状の照明器具の置き換えのみを狙い，他分野での利用を目指せる有機EL照明パネルを開発することは間違いではないが，それに10年もかかっていたのでは，出来上がったころには参入の機会を逸していたということにもなりかねないのである。

特に，有機EL照明に参入しようと開発を手がけている会社の多くは，比較的大きな会社が少なくなく，大量生産を常とした業務形態となっており，照明業界のロット数とは2桁，3桁の常識感の違いを感じる。

有機EL照明に参入しようとしている会社の多くが，納入ロット1万とか10万とかいわれるのに対し，照明業界では100とか大量購入でようやく1千という単位での取引である。小さな会社では20，30ということも珍しいことではない。

この点からも，開発分野は，現状の照明業界のいわゆる照明器具への光源としての開発だけではなく，ひろく医療，ステーショナリー，家具，建材，内装材，服飾，飲食の分野まで，広い視野にて選出する必要がある。

これまで光らなかったものが光ることで，より豊かな暮らし方につながるのであれば，明るさや寿命，コストとは別のところで購入したい商品となりうるのである。

何度もいうが，「人が，どんな気持ちで，どんな空間で，何を行うために必要な光を作ろうとしているか！」

これが，開発を進める上での大事な要素である。

6.5 社会性：有機EL照明の宣伝と基準

LEDを見たことがあるひとは星の数ほどもいるが，有機EL照明パネルを見たことがある人は1000人に一人いないのではないか。スーパーにもホームセンターにも専門店でもほとんど見つけることは困難である。見たことがないものは，評価もできないし，使いたいとすら思わない。

有機EL照明を実現可能なものにするには，「すごい！　こういうのに使いたい！」「こういう風だったらもっとよかった！」などなど，消費者側からの声が沸き起こってくる状態がなければ完成しないだろう。

そのためには，完璧完全なものができるまで研究室で開発し続けるのではなく，おもちゃのような段階でも，どんなにコストが高くても，寿命がとても短くても，どんどん市場に出していき，人の目に触れさせることが必要である。

その上で，有機EL照明による，すばらしい近未来の様子をビジュアル的に見せる活動をする必要があると考える。さまざまな声が集まりだすことで，よりしっかりした生活に根付いた製品に結びつくことだろう。

同時に，有機EL照明の基準作りも急務である。寿命の表記も，どのポイントを寿命というのか？　明るさが半減した時点なのか？　それとも3割減の時点なのか？　新光源ならではの，新基準が必要である。

我々，照明デザイナーがクライアントに「これどのくらいもつの？」ていわれて，パキっとお

答えできるようにしたいものである。

7 有機EL照明の将来性

ときどき照明業界の市場規模のことを聞かれることがある。その中で，どの程度，有機EL照明が占めることができるのかを質問されるのだが，あまり意味のない質問である。

なぜならば有機EL照明は，これまでの光源とは全く異質の光源であり，その可能性は照明業界のような小さな市場にとどまらないからである。シート状のものが光るという状況はさまざまな分野への応用が可能である。

例えば，仮に寿命が7日間しかもたないとしても，逆に7日間の時間を表現できるメッセージになるのである。それは賞味期限の表示や，伝言メッセージカードの時間の経過や，医療用のシップ材の効き目期限の表示，芳香剤の寿命表示などなど，光る寿命があり，段々と暗くなっていくことが，時間を表現する手段にもなりうるのである。

また，建材との組み合わせでいえば，ガラス用の飛散防止フィルムなどは有機ELシートでの応用がきくのではないか。窓が光るということは，古来からの日本人が美しいと感じた光の位置関係と重なる。月明かりを楽しみ，障子越しのやわらかい光を楽しんできた暮らし方が再び戻ってくるのかもしれない。

また，窓が光るということは，なにも，夜だけのためとは限らない。例えば，窓の設置しにくい環境でも擬似的な窓を作り出すことが可能である。

朝の光が不十分な雨や曇り勝ちの日などは，なかなか目覚めにくいものだが，朝の光に近い色温度の高い6000ケルビン付近の光を人工的につくりだすことにより，気持ちよく目覚めることができるようになる。

これは，光による目覚まし時計のような機能を窓に持たせてしまう訳だが，けっして冗談のような話ではなく，朝に人工光を浴びて，脳を覚醒させ体内時計をリセットさせる治療として，不眠治療の現場でも現実に行われている療法の一つである。

そのほかにも，家具の分野，ステーショナリーの分野，お菓子の分野，私が今思いつくだけでも多くの分野で有機EL照明の活躍の場が想像できる。楽しく豊かな暮らしのために，有機EL照明の今後に期待している。

8 デザイン例

ここでは，有機EL照明より，病院の大部屋やホテルの客室がどのように変化するかデザインしてみた。

8.1 病院の大部屋の例

従来の一般的な光治療の空間

図7は大きなボックス状の蛍光灯照明器具を無造作に設置している。

有機EL照明により，窓のない各ブースにも擬似的に窓を設けることができる。

図8は朝の光を各個室にて快適な環境で得ることができる。

図9は夜には暖色系の光でゆったりとした睡眠を助ける。

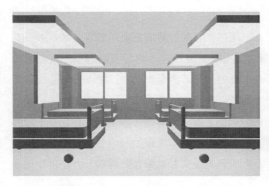

図7　大きなボックス状の蛍光灯照明器具を無造作に設置

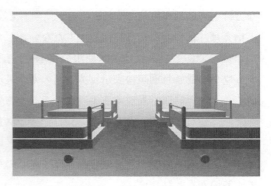

図8　朝の光を各個室にて快適な環境で得る

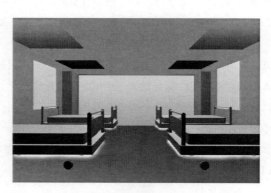

図9　夜には暖色系の光でゆったりとした睡眠を助ける

第3章　デザインからみる有機EL照明

8.2　ホテルの客室の例

有機EL照明により，クロスのような貼り方が可能になってくる。

照明器具を設置するというイメージではなく，天井自体が光る空間が誕生する。

図10は朝はサイドの擬似窓やクロスのような光る天井から，朝日のような白いマットな光が注がれる。

図11は夜には擬似窓に暖色系の光が灯り，薄いスペースでも設置可能な間接照明が心を落ち着かせてくれる。

図10　朝はサイドの擬似窓やクロスのような光る天井から，朝日のような白いマットな光が注がれる

図11　夜には擬似窓に暖色系の光が灯り，薄いスペースでも設置可能な間接照明が心を落ち着かせる

第4章　有機ELディスプレイ市場と有機EL照明の展望

増田淳三[*1]，金谷末子[*2]

1　はじめに

　電球が誕生したのは1880年頃，今その時代が静かに幕を閉じようとしている。1940年の始め頃，面発光の蛍光灯が誕生した。同じ頃，ブラウン管が実用化されテレビ放送が始まった。蛍光灯もブラウン管の何れも蛍光体が発光して光を発生する原理で，前者は紫外線で蛍光体を励起して発光，後者は電子線で励起して発光している。そして共通材料である蛍光体の進化が照明の演色性と発光効率を向上し，ディスプレイでは明るいテレビを生み出し，照明とCRTディスプレイは発光技術進化の両輪であった。その後，省エネの観点から電球が歴史の幕を下ろし，照明用LEDが台頭し，CRTが引退，液晶パネルが主役となり現在に至る。

　技術の進歩は誠に急で次世代として有機EL照明と有機ELディスプレイが期待されている。両者は何れも自己発光デバイスで有機材料を発光させ光を取り出す原理は共通である。つまり，両者の次世代デバイスは再び共通の技術上にあり両輪である。有機ELのディスプレイと照明の両者について現状と開発の意義を述べる。

2　有機ELディスプレイ―小型は普及した，大型開発はこれから―

　有機EL（Organic Light-Emitting Diode＝OLED）ディスプレイは1997年日本が世界で最初にパッシブ型を製品化した未だ10年＋の新しいディスプレイである。有機ELディスプレイは自発光，固体，超薄型（発光部は数十ナノミリメーター）で究極の次世代個体ディスプレイとして発展が期待されている。

　有機ELディスプレイは発光素子を制御する方式においてパッシブ型とアクティブ型に分類され，前者は小型用途，後者はサイズ制限なくフルカラー表示が可能である。

　小型（10インチ以下）のアクティブ型は昨今急速に発展しているスマートフォンに採用され急速に普及が進んでいる。しかし，テレビ用途の大型分野は期待を担って登場した世界初の有機ELテレビが販売中止に至るなど沈滞気味である。有機ELディスプレイの現状と今後の市場動

[*1]　Junzo Masuda　IHSアイサプライ・ジャパン㈱　京都オフィス　ディスプレイディレクター，山形大学　客員教授
[*2]　Sueko Kanaya　㈱ビジュアル・テクノロジー研究所　代表取締役社長，金沢工業大学　客員教授

第 4 章　有機 EL ディスプレイ市場と有機 EL 照明の展望

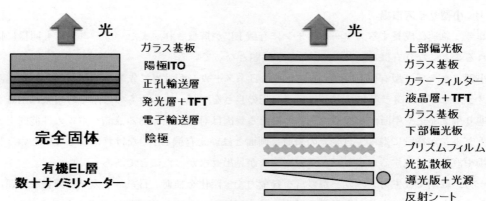

図 1　有機 EL　シンプルな固体構造

向を考察する。

2.1 有機 EL ディスプレイの構造

　有機 EL ディスプレイの断面構造は図 1 に見るように発光層とガラス基板や ITO 層でサンドイッチ化した固体自発光デバイスである。一方，現在主流の液晶ディスプレイは数点の部品を合体している。今日まで技術の進化は多くの電子デバイスを固体化し，古くは真空管から半導体，昨今で電球から LED 照明と枚挙に暇がないが，ディスプレイの固体化は最後に残ったエンジニアのロマンである。

　主流のアクティブ型有機 EL を細分すると，発光材料は高分子，低分子，蛍光体，燐光体等があり，発光層の形成方式は，蒸着式，印刷方式，基板は a-TFT，LTPS，光の取り出し構造はトップエミッション，ボトムエミッション，ピクセル構造は R，G，B 塗り分けか白色にフィルターなど組み合わせは多数存在し，未だ最良の組み合わせが決まったわけではない。しかし小型は既に大量生産が始まっており，低分子材，蒸着方式，RGB 塗り分け，LTPS 基盤で製品化されている。

　一方，期待される大型テレビ用は現行の液晶ディスプレイの進歩が目覚ましく，コストや性能面が一段と進化して，有機 EL が現行デバイスを凌駕するハードルは高い。その克服にはコスト，量産技術，性能など課題山積で，しかもそれらの解は小型技術の単純な延長線上にはないようである。その意味において，大型有機 EL ディスプレイの開発は緒についた所と言える。

2.2 有機ELディスプレイの市場動向
2.2.1 アクティブ型
(1) 小型サイズ市場

　昨今，急速に成長するスマートフォンに有機ELが搭載され，また，ゲーム機にも同様に搭載されることになり有機ELディスプレイが話題となっている。

　小型アクティブ型有機ELディスプレイは日系メーカーが世界に先駆けて製品化，携帯電話，カメラ，ビデオカメラ等に搭載され自己発光の良さをアピールしたものの，その事業は困難な道を辿り事業廃止や中断が相次いだ。その最たる要因は対抗製品である液晶パネルの性能向上とコストダウンが格段に進み，自発光の綺麗な画面とはいえ有機ELでなければならないという特定市場や液晶に対抗するコストパフォーマンスが見出せなかったことであろう。

　一方，韓国では主力メーカーが豊富な資金力で量産化を推進，日系メーカーと同様な課題に直面しつつも，幸いにも強力な携帯電話機の社内需要に支えられ事業継続が進んだ。それがここ1～2年のスマートフォンの急速な発展により有機ELパネルが一気に脚光を浴びることになった。それはスマートフォン必須のタッチパネルが有機ELの救世主となったと言っても過言ではない。

① タッチパネルと有機ELの相性

　タッチスクリーンは指で触れ加圧して作動させる。液晶パネルの場合，加圧により模様が現れ，これが問題とされる。液晶パネルにはVA方式とIPS方式が存在するが，タッチパネルとの相性で見ると，テレビでは主流のVA方式は相性が悪くIPS方式，あるいはその類似方式に限られる。一方，有機ELは固体構造ゆえ，どんなに強い圧力を加えてもスクリーン上に何らの影響は無く有機ELとタッチスクリーンの相性の良さが認識され浮上した。

② 低消費電力

　モバイル機器の省電力化は課題でディスプレイも低消費電力が求められる。普及している液晶パネルはバックライトが常時点灯で消費電力は画面にかかわらず一定である。一方，有機ELの発光は電流により制御されるので消費電力は画像に従属する。実用画像で液晶と比較すると平均50～66％節電できる。比較例を図2に示す。節電はセット側にとって有機EL採用の大きな魅力であり有機ELは省エネデバイスなのである。

　勿論，スマートフォンやiPadに代表されるタブレットPCの主流は液晶パネルである。しかし，過去自己発光だけでは事業が成り立たなかった有機ELは，タッチパネルとの組合せと低消費電力の利点を訴求して価格，性能面で競合できることになったのである。

　今後，発展するスマートフォン，タブレットPC，デジカメ等はタッチスクリーン付きが必須となる。その最適なディスプレイとして小型有機ELディスプレイがその一翼を担う。小型アクティブ有機ELの市場予測を図3に示す。モバイル用途をメインに2015年には25億ドル（2,200億円）市場に成長すると予測している。

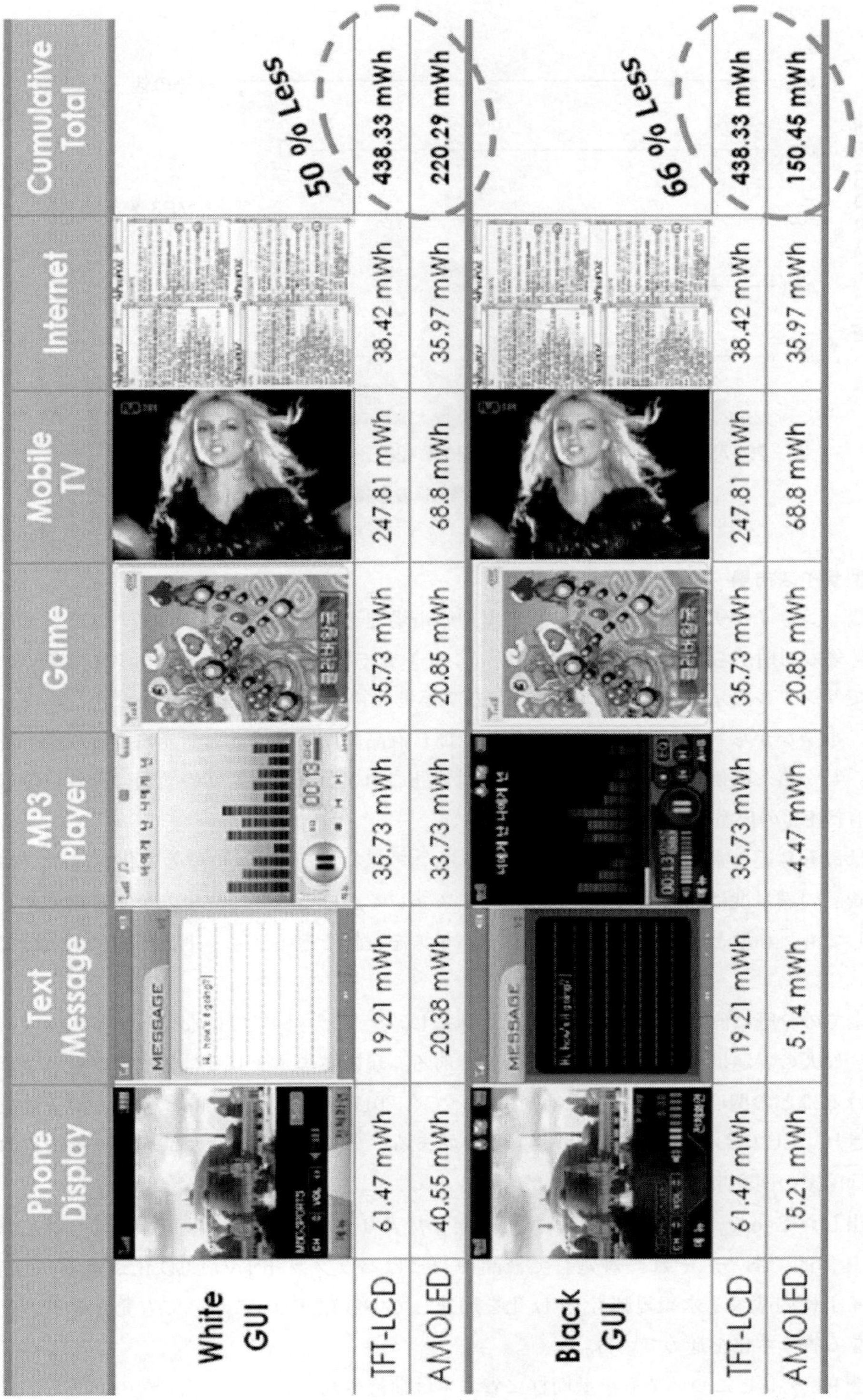

第 4 章　有機 EL ディスプレイ市場と有機 EL 照明の展望

		Phone Display	Text Message	MP3 Player	Game	Mobile TV	Internet	Cumulative Total
White GUI	TFT-LCD	61.47 mWh	19.21 mWh	35.73 mWh	35.73 mWh	247.81 mWh	38.42 mWh	438.33 mWh
	AMOLED	40.55 mWh	20.38 mWh	33.73 mWh	20.85 mWh	68.8 mWh	35.97 mWh	220.29 mWh (50% Less)
Black GUI	TFT-LCD	61.47 mWh	19.21 mWh	35.73 mWh	35.73 mWh	247.81 mWh	38.42 mWh	438.33 mWh
	AMOLED	15.21 mWh	5.14 mWh	4.47 mWh	20.85 mWh	68.8 mWh	35.97 mWh	150.45 mWh (66% Less)

図 2　消費電力比較（有機 EL と液晶）

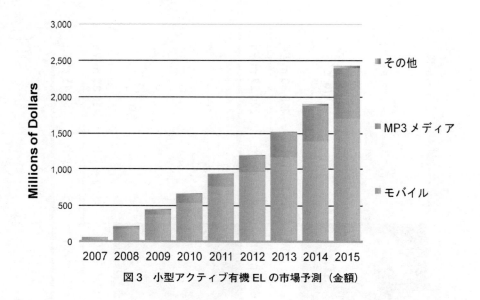

図3 小型アクティブ有機 EL の市場予測（金額）

(2) 大型サイズ市場

大型市場（＞9インチ）とは PC やテレビ用途の市場である。特に期待されているテレビ用は有機 EL 開発の初期から大型テレビ（最大40インチ）がデモされ，20インチクラスは多くの会社が世界でサンプル展示をしてきた。そして2007年世界初の11型有機 EL テレビがソニーから発売され，小型ながら有機 EL の特徴を存分に発揮し液晶画面とは違う自発光による映像の魅力を示した。しかし，高価であった。その後販売は中止され有機 EL テレビの話題はそれ以降静寂である。有機 EL の出番はないのであろうか？

テレビは最も身近な家電製品である。液晶テレビやプラズマテレビは格段の進化を遂げ，性能，価格等消費者の満足度は高い。大型有機 EL ディスプレイが技術的には究極のテレビ用ディスプレイだとしても，小型と同様に総合的に現行デバイスを凌駕できるメリットは何処にあるのであろうか。

近年，全ての分野に渡りグリーン化の時代が到来し，テレビも例外ではない。テレビの大型化が進む中，最大の課題はやはり消費電力の低減である。現に省エネテレビは日本政府もエコポイントを付けるほどの関心事項であり，米国においても2011年5月よりテレビの電力消費量表示が義務化され，EU においても同様な表示義務が始まる。テレビの大型化が進む中，その電力消費量低減は国家の関心事項なのである。

米国が出した Energy Star の Vr.5 では2012年5月より50インチ以上は108W 以下が基準値で目標が具体的である。それに対処して液晶テレビはバックライトの LED 化が進み（CCFL バックライトに内蔵する水銀規制も LED 化を加速している），PDP においても発光効率の改良などで更なる省エネ化を進めている。

では有機 EL テレビについても小型同様に省エネは期待されるのか？ Yes なのである。日本

第4章　有機ELディスプレイ市場と有機EL照明の展望

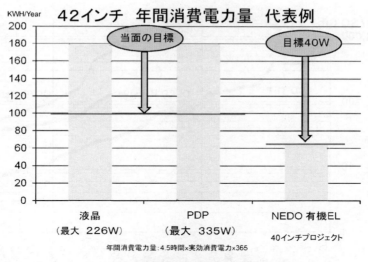

図4　省電力化はテレビの課題

では世界唯一の大型有機ELの国家プロジェクト（NEDO）が進んでいる。基本計画書の目標は「フルHD40インチ有機ELディスプレイの消費電力が40Wとなる事を示す（抜粋）」とされる。テレビセットの消費電力の現状は図4に見るように42インチテレビの平均的なセットの年間消費電力量はカタログ表示で平均180kWh/年となっているが，各社とも当面の目標はこれを100kWh/年としており，新製品も販売されている。有機ELのNEDOプロジェクトの目標40W（平均消費電力として）が実現すると60kWh/年となり現行デバイスより半減する。有機ELの大型テレビの実現はこの省エネ化こそが最大のメリットであると言える。課題はそれを製品化（価格を含む）できるかである。2010年9月には中間報告が行われ，計画通り推移しているとのことであり，更なる進展を期待したいものである。

では，世界のテレビの電力消費量はどれ程であろうか。温暖化防止策で基準年とされる1990年，世界のテレビ販売台数は9,430万台であった。当時の平均的な電力を100Wとすると，総電力量は943万kWhに相当する。2010年は2億3千万台の販売で仮に同じ100Wの場合，2,300万kWhとなる。これは柏崎刈羽原子力発電所821万kWの約3倍に該当する。毎年それだけの電力消費のテレビを販売していることになる。もし，40インチ40Wの有機ELテレビが実現できるならば，2010年でも1990年の総電力量に戻すことができる。

大型有機ELは自己発光，極薄型で究極の個体ディスプレイである。そして最も期待できるファクターは省エネディスプレイ，これが開発目的ではなかろうか。

しかし，大型有機ELが技術的に完成したとしても最も重要なファクターは価格であろう。到達価格は現行薄型デバイスと近似でないと次世代とは成りえない。因みに，液晶と有機ELの価格低下の推移を面積単価で示す（図5）。液晶パネルの面積単価は下がり続けているが，有機ELについても，実績は小型ながら同様に下降している。興味あることに有機ELと液晶単価の同価

白色有機EL照明技術

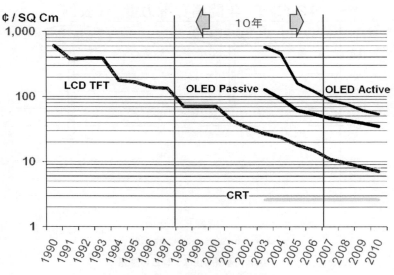

図5 パネル価格は下がり続ける

格は10年のスパンがあることである。有機ELは10年遅れで液晶価格に到達している。大型は未だ本格的に製品化されていない。しかし，民生機器の雄であるテレビに有機ELが次世代として登場するためには，このような激しい価格低下と現行デバイスに匹敵する価格を実現しなければならない。それに対応できる，材料，性能，工法であらねばならない。それには個体の特長を活かした工法であるべきではないか。印刷方式，有機半導体，高分子有機EL材料等，開発課題は山積であると言える。

その意味において大型有機ELの開発は緒についた所であり，過去のデバイス同様に日本の緻密な技術の積み上げで有機EL大型テレビの実用化は，是非，日本で実現されることを期待したいものである。

2.2.2 パッシブ型

パッシブ型は，有機ELが最初に商品化された方式で誕生以来15年を経過した。用途は携帯電話機のサブディスプレイ，カーステレオ，MP3プレイヤー等に使用され，いまや通常のディスプレイとして市場に浸透している。製造拠点も日本，韓国，台湾に加え中国でも製造販売されている。この市場は単価も安く金額的にも世界市場は約200億円で成長市場ではないが，有機ELの特長を生かして特殊分野で使用されている。また，最近超大型ディスプレイ分野で新たな試みがなされており注目したい。

(1) **自動車関連**

有機ELは液晶に比較して視認性が良いとして，米国や英国のスポーツカーに最初に採用され，今は日系自動車メーカーの高級車や大型バイクにも搭載されている。自動車の使用条件は苛酷で，使用温度条件は通常−30〜+95℃正常動作を必要とし寿命も長時間要求される。パッシブ

第4章　有機ELディスプレイ市場と有機EL照明の展望

写真1　パッシブ有機EL　超大型画面

型はそのような過酷な寿命条件をパスする特性を持っている。自動車での採用は有機ELがタフなディスプレイであることを証明しており今後も更なる使用拡大が進む。

(2) **超大型パッシブ型有機ELディスプレイ**

155インチの有機ELディスプレイが三菱電機㈱（オーロラビジョンOLED）より発売され（写真1），また2011年3月から日本科学未来館のGeoCosmosという巨大地球儀が有機ELで誕生する。これは技術が成熟しているパッシブ型有機ELでRGB三色の数センチ角のブロックを作り，それを繋ぎ合わせて大型画面を形成した新たな発想のディスプレイである。現在，155インチクラスの超大型ディスプレイは液晶，プラズマ，LEDボードがあるが，有機ELも参入を図るのである。液晶やプラズマの超大型は可搬に課題があるが，超大型有機ELはユニットを繋ぎ合せる方式で現行デバイスの問題点を凌駕する。そこに日本が最初に開発したパッシブ型有機EL（東北パイオニア製）が採用されることは日本の強みを生かした製品であり今後の進展に注目したい。

2.3　まとめ

有機ELディスプレイは小型分野では急成長するスマートフォンやタブレットPC市場でタッチパネルとの組み合せに活路を見出し成長，今や生産能力＝市場という状況になった。しかし，大型はこの小型技術の延長線上にはない。グリーンというKeyワードに対し，有機ELディスプレイがそれに対応できる可能性を秘めている。それを現実のものとするには材料から製法まで全ての分野でコラボレーションが必要である。大型の有機EL開発はこれからが挑戦である。有機ELディスプレイの開拓者である日本勢の奮起を期待したい。

3 有機ELディスプレイ照明の市場展望―光環境の視点から―

3.1 はじめに

2020年に照明の世界市場規模は10兆円になると予測されている。LEDや白色有機ELの研究開発が急速に進み，次世代照明が国の成長戦略の基軸となってきた。LEDや白色有機ELなど次世代照明の100％化を2020年に実現する方針も策定された。

白色有機ELは，基礎研究から半世紀を経て新規市場開拓に向けた実用化へのステージに移行しつつある。これまでの表示用やディスプレイなどの"発光体"としての用途から一般"照明"用光源へと拡大しつつある。

本節では，有機EL照明を光環境の視点から展望する。

"照明"の目的は，さまざまな生活の場で人々が安全・安心して行動でき，視的不快感や視的疲労感を生じることなく，視作業を効率よく，かつ快適に継続できる光環境を実現することである。

白色有機ELを表示用やディスプレイに用いる場合には，エネルギー変換効率，発光効率，寿命など，白色有機EL固有の特性が重要視されてきた。しかし，今後，白色有機ELを一般照明用光源として広く普及させていくためには，白色有機EL固有の特性を向上させるだけではなく，白色有機ELで照らされる空間の光環境の質的な向上を合わせて検討する必要がある。

換言すれば，照明のハードと照明のソフトの両面から白色有機ELの照明特性を検討する段階にあるといえる。

白色有機ELで照らされる空間を適切な光環境にするには，視覚快適性，視覚作業性，視覚安全性を確保することである。視覚快適性とは，人々がその空間を満足できる状態であると感じられることである。視覚作業性とは，作業者が厳しい環境下および長時間の作業であっても迅速，かつ正確に視作業を行えることである。視覚安全性とは，作業周辺が見え，危険を感知できることである。

3.2 照明システム効率

図6は，照明システム効率の構成である。照明システム効率は，ランプ効率，器具効率，照明率などの物理的効率と，ランプや照明器具を活用した空間の光環境による視覚生理的効率・心理的効率によって構成される。

光源固有の特性にはエネルギー変換効率，ランプ効率（発光効率），発光強度，発光スペクトル，色温度，演色性，寿命，発熱特性，指向性などがある。特に，従来，ランプ効率（発光効率：lm/W）はランプ開発の重要な指標であった。ランプ効率は，器具効率（照明器具に用いるランプから放射される全光束に対する，そのランプを照明器具に取り付けたときに照明器具から放射される全光束の比），照明率（照明器具に用いるランプから放射される全光束に対する，照明対象とする面（作業面）に到達する光束の比）と同様，物理的効率である。物理的効率に対して，

第4章　有機ELディスプレイ市場と有機EL照明の展望

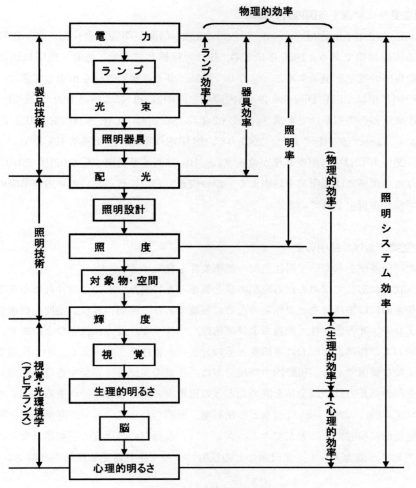

図6　照明システム効率

ランプや照明器具を用いて照明された空間の光環境は人々にさまざまな影響をおよぼす。人々が感じる見え方（アピアランス）は，生理的効率と心理的効率で表わされる。

　照明の目的は前述したように，人びとが安全で効率よく仕事ができて快適に暮らせるようにすることである。次世代光源として期待される白色有機EL照明は，従来の物理的効率の向上だけではなく，生理的効率・心理的効率を含む照明システム効率の向上を目指して開発が推進されることを期待したい。

　白色有機EL照明の照明システム効率を向上させるために，物理的効率の改善を主体とした開発研究と生理的明るさと心理的明るさなどの視覚生理・心理的効率の改善を目指した開発研究が密接に連携した取組みが必要である。

237

3.3 光環境要件に関連する国内外の動向

CIE（Commission Internationale de L'eclairage：国際照明委員会）は，光・色彩・照明技術に関する国際機関である。1986年にISO，IECと提携して，光・色彩・照明に関連する技術分野の国際規格の策定を担当することになり，既に，多くの国際規格を出版してきた。屋内照明作業場の照明基準は，CIE Division 3（屋内環境と照明設計）に設置されたTC3-21（CIE/ISO屋内照明作業場の照明基準）で審議され，2002年にISO 8995（CIE S 008/E 2001）Lighting of indoor work places[1] が発行された。2007年にJIS屋内作業場の照明基準 JIS Z 9125：2007[2] が策定され，2010年にはJIS照度基準が改正され，JIS照明基準総則 JIS Z 9110：2010[3] が制定された。これらの規格には視作業を効率よく，かつ快適で安全に行うための屋内作業場の照明設計基準，照明要件が規定されている。

3.4 居住空間における照明の要件

上述した照明基準を基づいて居住空間の照明要件を概説する。

照明は，状況に応じて求められる照明の量と質をともに満たすものでなければならない。照明の量は，基本的には生活行為と視作業のための照度であり，照明の質は，空間の輝度分布，明るさ分布，グレア，光の指向性，光色および演色性，フリッカ，昼光，保守などである。

作業領域および作業近傍における照度とその分布は，視作業を効率よく，かつ快適で安全に行うための主要な要因である。視野内の輝度分布は，作業の視認性に影響する目の順応レベルを左右する。空間の見え方は空間全体を眺めたときの視野内の明るさ分布で決まる。明るさ分布は，空間を構成する壁，天井，床，什器などの反射率，照明のむらによって作り出され，明るさ画像を用いて定量的に検討することができる。グレアは，視野内の高輝度の照明器具などによって生じる不快グレア，減能グレア，光沢面などの反射によって生じる光幕反射や反射グレアがある。

表1 照明要件一覧表

室・作業・活動のタイプ	Em（lx）	UGR	Ra
事務所			
ファイリング，コピー，配布など	300	19	80
文書作成，タイプ，閲覧，データ処理	500	19	80
製図	1000	16	80
執務室	750	19	80
CADワークステーション	500	19	80
会議室，集会室	500	19	80
受付	300	22	80
文書保管	200	25	80

注）Em：維持照度，UGR：屋内統一グレア評価値（UGR）制限値，Ra：平均演色評価数（Ra）の最小値

（JISZ 9125：2007）より抜粋

第4章 有機ELディスプレイ市場と有機EL照明の展望

指向性のある照明は，物体を際立てたり，質感を表現したり，空間内の人の見え方を工場させるために重要であり，モデリングで表現されている。

次に，光色と演色性である。光色は光源自体の色で，相関色温度で表示される。光源の演色性は，光源によって照明された視対象物の色の見え方であり，平均演色評価数を用いる。フリッカは，注意力の低下や頭痛などの生理的影響を引き起こす場合がある。保守はそれぞれの作業に応じて設定した照度を維持するために保守率を用いる。

JIS Z 9125：2007 屋内作業場の照明基準には，それぞれの作業内容に対して維持照度，グレア制限，演色性に関する照明設計基準を規定している。表1に，事務所の照明設計基準を示す。

3.5 省エネルギー対策と新しい照明方式

地球規模での環境問題に加えて，深刻な電力不足に直面しているわが国の喫緊の課題は，省エネルギー対策である。これまで以上により少ない電力で，より多くの光を供給できる新しい光源が求められ，白色有機ELへの期待は高まっている。より多くの光を供給する新光源の特性を活かして適切な光環境を実現する技術，それが照明のソフトウェア，照明技術である。

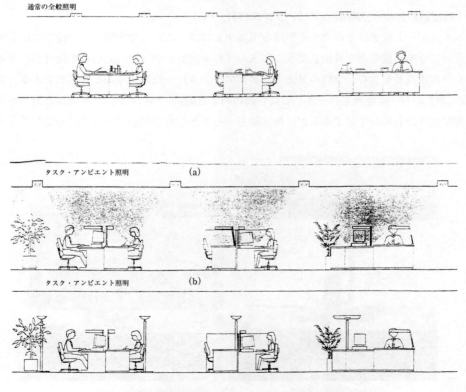

図7 通常の全般照明とタスク・アンビエント照明の例

照明技術の研究成果を活かして省エネルギーと快適性を両立する光環境を実現する照明手法として注目されているのが，オフィス照明では，全般照明方式からタスク・アンビエント照明方式へ，住宅照明では，従来の一室一灯照明方式から多灯分散照明方式[4,5]への転換である。

Uniform Lightng（均一照明）から Non-uniform Lighting（不均一照明）への転換である[6,7]。Non-uniform Lighting（不均一照明）は，より少ない電力で適切な照明の効果を実現するための照明手法である。タスク・アンビエント照明方式は，タスク（作業面）とアンビエント（周辺部）とを別々に照明する方式で，作業をする領域には所要の照度を与え，周辺部には作業領域より低い照度を与える照明方式である。図7に，従来の全般照明とタスク・アンビエント照明方式の例を示す。

一室一灯照明は，室内の天井中央部に照明器具を取り付けて室内をほぼ均一に照明する。いっぽう，多灯分散照明方式は，一室一灯の標準的ワット数を目安として小型で高効率な複数の照明器具を必要な箇所に分散して配置し，生活行為に応じて点灯・調光制御して省エネルギーをはかろうとする照明方式である。

不均一な照明で使用目的に応じて適切な光環境を実現するには，空間構成や空間の見え方（アピアランス）を予測・分析する照明技術が不可欠になってくる。

3.6 「照度設計」から空間の「アピアランス設計」へ

省エネルギーと快適性を両立する照明を実現するには，これまで照明施設の使途に応じて光束法を用いて平均照度などを算出してきた従来の「照度設計」から空間の明るさ設計へ，さらに，空間の明るさ設計を含む，空間の見え方（アピアランス）へ転換することが必要である。従来の「照度設計」から「輝度値をベースとした空間の明るさ設計」への転換は，照明用電力エネルギーの節減に向けた有効な手段であるが，輝度値をベースとした空間の明るさ設計を論じようとする

図8　昼間と夜間の窓を背にした人の顔の見え方

第4章 有機ELディスプレイ市場と有機EL照明の展望

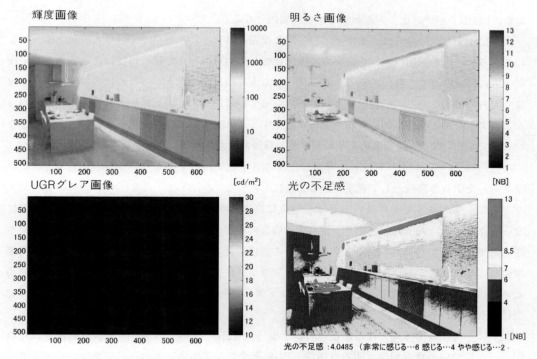

図9(a) セキスイハウス㈱くらしのあかり館 ダイニング・キッチンの照明シーン

図9(b) セキスイハウス㈱くらしのあかり館 ダイニング・キッチンの照明シーンのリアル・アピアランス画像

場合，「順応」と「対比」がきわめて重要な要因となる。

　図8に示す2枚の写真は，オフィスの昼間と夜間の窓を背にして座っている人の顔を撮ったものである。室内の照明は昼間も夜間も同様に点灯しているので人の顔の輝度は同一であるが，夜間の人の顔は明るく，昼間の明るい窓を背にした人の顔は暗く見える。これは視対象物（窓を背にした人の顔）を見る人の目の感度状態が異なっていることに起因している。即ち，私たちの目がどのような順応状態にあるのかを適切に推定することなく，輝度の効果を論じることはできないことである。また，視対象物とその背景との輝度対比が異なれば，視対象物の明るさは異なる。

　中村らは，「順応」と「対比」を考慮した明るさを表す尺度を提案し，空間の見え方（アピアランス）を明るさ画像として表示できるようにした[8, 9]。

　さらに，省エネルギー対策への要望が急速に高まるなか，自然光の有効利用の検討も重要になってきている。人工光と昼光とを併用する場合の空間の見え方や，輝度画像を基に対比効果や順応効果を加味した明るさ尺度，見えやすさの程度を表わす視認性評価，輝度画像を基に照明環境に順応した状態での見え方（リアル・アピアランス）表示，不快グレアの表示など，空間の明るさだけではなく，空間の見え方（アピアランス）を統合的に評価分析できるシステム[10]の実用化が進みつつある。

　図9に，セキスイ株式会社の住まいの夢工場 展示住宅「くらしのあかり館」に設置された照明シーンについて輝度画像，明るさ画像，UGR不快グレア画像，光の不足感画像，リアルアピアランス画像を測定分析した結果の一例を示す。くらしのあかり館の照明は，全室にLED照明を用い，季節・時刻の変化やさまざまな生活シーンに適した照明シーンを設定できるように設計されている。建材や家具と一体化したLED照明方式を随所に採用するなど，次世代の住宅照明への提案が数多い住宅である。図9に示すように，従来の照度や照度分布だけでは検討できなかった，空間のアピアランスを多面的に解明できるようになってきた。測光量に基づいたCGシミュレーション，輝度画像，明るさ画像，視認性画像，グレア画像などを分析することにより，設計プロセス全体を通じてアピアランスを定量的に検討できる統合的な設計支援ツールとして今後の活用が期待されている。さらに，これらの測定分析は，白色有機ELの開発設計目標値の設定にも有用なツールである。

3.7　白色有機EL照明と創る，あかり新時代

　時代の流れに呼応するように，身近な住まいにもさまざまな変化が見られる。空間構成の変化，家具什器の変化，住まいへの意識の変化などである。比較的シンプルであった住まいの空間構成は，新築の戸建住宅やマンションなど，重層化した空間構成が多く見られるようになってきた。また，空間を構成する素材や質感も変化してきた。このような空間構成や素材の変化は，照明計画や居住者にも影響を与えることになる。住まいと家具，人々の意識も変わってきた。住まいのインテリア・家具什器に関するアンケート（首都圏の20代から60代の男女を対象）では，家のなかにはできるだけモノを置かず，すっきりした空間にしたい，という多くの意見があり，また，

第4章　有機ELディスプレイ市場と有機EL照明の展望

写真2　アルミ構造体を用いた環境共生型住宅の照明
(a)リビングエリアの照明，(b)ダイニングエリアの照明，(c)寝室エリアの照明（カラー口絵参照）

生活者の住まいに対する意識調査によれば，メリハリのある暮らしかた，メリハリのある時間の過ごしかたを要望が際立っているという。

さらに，地球規模での環境問題に加えて，深刻な電力不足に直面している今，照明用電力の大幅な節減が喫緊の課題であることは言うまでもない。

このような状況のなかで，白色有機EL照明，LED照明への期待は急速に高まってきている。これらの要望に応えるには，単に既存の白熱電球や蛍光ランプに「代替する」のではなく，白色有機ELの特性を最大限に活用することである。

今後，白色有機ELを用いた照明が普及することを期待しているが，現時点では白色有機EL照明の事例は少ない。写真2は，アルミ構造体を用いた環境共生型住宅にLED照明を設置した事例である。アルミ構造体を用いた環境共生型住宅の照明[11,12]は，室内構成の多層化や空間を構成する素材，家具什器，生活行為などの変化に対応してLEDの優れた照明特性を発揮した次世代の居住空間の照明例として高い評価を得ている。

今後，白色有機ELの特徴を存分に活かした，あかり新時代の創出を期待したい。

文　　献

1) ISO 8995 (CIE S 008/E 2001) Lighting of indoor work places
2) JIS 屋内作業場の照明基準 JIS Z 9125 (2007)
3) JIS 照明基準総則 JIS Z 9110 (2010)
4) 三木保弘, 戸倉三和子, 浅田秀男, 松下進：小型高効率ランプを月いた多灯分散照明の提案とリビング・ダイニングにおける被験者評価及び省エネルギー性評価—住宅における多灯分散照明による光環境の質と省エネルギー性の両立に関するその1, 日本建築学会環境系論文集 No.603, pp.9-16 (2006)
5) 金谷末子, 居住空間における多灯分散照明に関する評価実験, 照明学会誌, **94**(10), (2010)
6) 金谷末子, オフィス照明環境をグレードアップするために, 労働の科学, **49** (4), (1994)
7) 省エネルギーと快適性を両立するオフィス照明検討会実験報告書　省エネルギーと快適性を両立するオフィス照明検討会編, 財団法人建築環境・省エネルギー機構 (2009)
8) 中村芳樹, 輝度画像と「見え方」, 照明学会誌, **93** (12), (2009)
9) 中村芳樹, 照明計画と省エネルギーの可能性, IBEC, No.176 (2010)
10) REALAPS (REAL APPEALANCE DESIGN SYSTEM, (2011)
11) S. Kanaya, N. Orii, T. Miyashita, Y. Nakamura, Y. shimokawa Proposal of residential lighting with LEDs combining energy conservation and comfortableness - Lighting of new house using aluminum structure-, CIE Conference 2010, "Lighting Quality & Energy Efficiency" (2010)
12) 金谷末子, 居住空間における多灯分散照明に関する評価実験, 照明学会誌, **94** (10), (2010)

白色有機EL照明技術 《普及版》 (B1215)

2011年 6 月30日 初　版 第1刷発行
2017年 8 月 8 日 普及版 第1刷発行

監　修　三上明義　　　　　　　　　　　Printed in Japan
発行者　辻　賢司
発行所　株式会社シーエムシー出版
　　　　東京都千代田区神田錦町 1-17-1
　　　　電話03 (3293) 7066
　　　　大阪市中央区内平野町 1-3-12
　　　　電話06 (4794) 8234
　　　　http://www.cmcbooks.co.jp/

〔印刷　株式会社遊文舎〕　　　　　　　Ⓒ A. Mikami, 2017

落丁・乱丁本はお取替えいたします。

本書の内容の一部あるいは全部を無断で複写（コピー）することは，法律で認められた場合を除き，著作者および出版社の権利の侵害になります。

ISBN978-4-7813-1208-8　C3054　¥4900E